# 典型地理要素的智能化制图综合方法

钱海忠 等 著

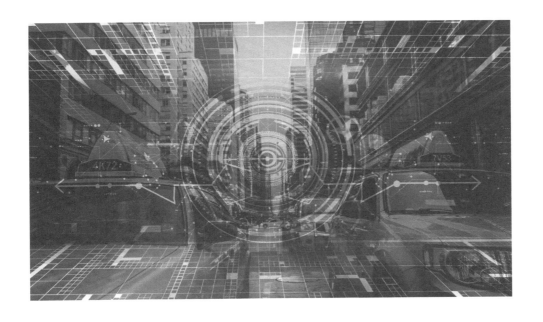

科学出版社

北京

# 内 容 简 介

本书以中小比例尺道路、居民地、河系等典型地图要素为研究对象，从制图综合的自动化与智能化两个方面展开研究。本书简述与分析制图综合的基本概念、自动化和智能化制图综合的研究过程及其发展；辨析制图综合模型与制图综合知识；实现道路网自动化综合方法、道路网智能化综合方法、居民地自动化综合方法、居民地智能面状综合方法及河系智能化综合方法；介绍典型的制图综合知识服务架构及系统实现。

本书可供数字地图制作、地理信息系统、电子地图制作、地理空间信息智能处理与应用等领域的科研人员和工程技术人员阅读，也可供地图学与地理信息工程专业的研究生和相关专业人士学习参考。

**图书在版编目（CIP）数据**

典型地理要素的智能化制图综合方法 / 钱海忠等著. —北京：科学出版社，2023.6

ISBN 978-7-03-075578-0

Ⅰ. ①典 …　Ⅱ. ①钱 …　Ⅲ. ①地理要素－地图制图－方法研究　Ⅳ. ①P283

中国国家版本馆 CIP 数据核字（2023）第 089233 号

责任编辑：杨帅英　赵　晶 / 责任校对：郝甜甜
责任印制：吴兆东 / 封面设计：图阅社

科学出版社出版
北京东黄城根北街 16 号
邮政编码：100717
http://www.sciencep.com

北京中科印刷有限公司印刷
科学出版社发行　各地新华书店经销
\*
2023 年 6 月第 一 版　开本：787×1092　1/16
2023 年 6 月第一次印刷　印张：18 1/4
字数：433 000

**定价：160.00 元**
（如有印装质量问题，我社负责调换）

# 本书作者名单

钱海忠　　何海威　　郭　　敏

谢丽敏　　段佩祥　　王　　骁

胡慧明　　钟　　吉

# 序

基础研究是整个科学体系的源头。坚持自主创新，增强创新能力，是打开"第一公里"大门的第一把钥匙。钱海忠教授所在的科研团队是一个朝气蓬勃、富有基础创新能力的教研群体，他们二十余年来一直瞄准制图综合这一地图学核心问题展开孜孜不倦地潜心研究，取得了持续性的研究成果。

地图综合是重构现实世界的科学抽象方法、制作地图的主要方法与技术，是人脑思维、科学技术与艺术的复杂结合体，也是地图生产、地理信息多尺度表达、多尺度地理数据库派生、跨尺度空间数据更新等的主要方法与技术，在物联网、大数据时代，更是多源数据集成、融合过程中迫切需要解决的难题。

作者在国家自然科学基金与河南省杰出青年科学基金等的支持下，以中小比例尺道路、居民地、河系等地图要素为研究对象展开制图综合的自动化、智能化方法研究，具有很强的创新性。作者丰富了制图综合模型与制图综合知识内涵，不仅研究了层次骨架控制、三元弯曲组、主成分分析法、层次分析法等比较常用的制图综合模型，而且把卷积神经网络、决策树、KNN、SOM、朴素贝叶斯、支持向量机、案例类比推理与归纳推理等人工智能前沿方法引入进来，开展智能化制图综合方法研究，有着很强的时代发展特征和应用价值。

祝贺该书出版，也希望钱海忠教授团队继续努力，攻克更多科研难题，取得更多创新成果，推动学术进步。

王家耀

中国工程院院士

2023 年春

# 前　言

　　地图综合是地图生产、数据更新、地理信息多尺度表达等必须要解决的难题，也是地图学的核心难题。长期以来，国内外地图学家和专业技术人员进行了艰苦卓绝的研究，取得了持续的突破。十余年来，随着人工智能的再度兴起并方兴未艾，制图综合的智能化研究也被赋予了更为广阔的空间和更多的期待。制图综合如何向智能化方向发展，成为近年来研究的焦点。

　　本书以作者近十年来的研究成果为基础撰写而成。全书共分 8 章，以中小比例尺道路、居民地、河系等典型地理要素为研究对象，从制图综合的自动化与智能化两个方面展开研究。其中，第 1 章引言，主要介绍了制图综合的概念、算子和对象，智能化制图综合的概念、背景和意义，智能化制图综合的研究进展、存在问题和未来方向。第 2 章制图综合模型与制图综合知识，介绍了道路网骨架层次模型、道路弯曲化简模型、居民地重要性影响因子模型等制图综合模型，以及制图综合知识的概念与形式化、基于案例的制图综合知识获取、基于案例学习的制图综合等。第 3 章道路自动化综合，主要阐述了基于道路网层次骨架控制的道路选取方法、基于三元弯曲组划分的道路形态化简方法和基于弯曲的道路化简冲突避免方法。第 4 章道路智能化综合，实现了基于案例类比推理、归纳推理的道路网智能选取方法，并考虑到立交桥对道路网综合的重要性，研究了基于卷积神经网络的立交桥识别方法；在此基础上研究了道路网化简算法及参数自动设置的案例推理方法，进一步加强了道路网综合的智能化水平。第 5 章居民地自动化综合，阐述了采用主成分分析法、层次分析法、顾及分布特征的面状居民地自动选取方法。第 6 章居民地智能化综合，介绍了基于决策树算法、KNN 算法的面状居民地智能选取方法，顾及多特征、道路网约束的点群居民地 SOM 聚类选取算法。第 7 章河系智能化综合，建立了基于朴素贝叶斯的树状河系分级方法、规则约束下朴素贝叶斯辅助决策的树状河系选取方法以及基于支持向量机的河系化简方法。第 8 章基于 CGC 的制图综合知识服务架构及系统实现，介绍了基于 CGC 的制图综合知识模型、CGC 的获取及存储、CGC 知识库组织管理和使用、CGC 知识管理服务系统设计及基于 CGC 的自动制图综合系统案例的制图综合系统架构。

　　本书在国家自然科学基金项目（编号：41571442、41801396、42101453）、河南省杰出青年科学基金项目（编号：212300410014）等的支持下完成，同时得到了信息工程大学地理空间信息学院基础前沿科技创新基金的大力支持。

本书由钱海忠、何海威、郭敏、谢丽敏、段佩祥、王骁、胡慧明、钟吉等撰写，段佩祥、郭漩、赵钰哲、陈国庆、崔龙飞、王迪、孔令辉、韩立建、陈月、牛心雨等整理编辑，武芳教授整体审阅。

由于作者水平有限，书中疏漏之处在所难免，恳请专家与读者批评指正。

作　者

2023 年 3 月

# 目　　录

# 第1章 引　言

## 1.1　制图综合概述

### 1.1.1　制图综合概念

制图综合（Cartographic Generalization）是地图学的基本理论和方法之一，也是地图制作中的关键技术之一。制图综合作为制图学中一个永恒的研究主题，一直以来是地图制作中的核心问题（王家耀等，1993）。作为实际地物模型化的成果，地图承载了大量的信息。由于地图信息载负量的限制，以及人眼识别度的影响，地图在由大比例尺向小比例尺转化的过程中，面临着抽象、概括等操作。可以说，没有制图综合，就没有精致准确的地图。因其复杂性和求解的困难性，无论过去、现在或将来，制图综合都是现代地图学中最具挑战性和创新性的研究领域（武芳等，2017）。

对于制图综合的理解，不同的专家学者有着不同的观点。

1921 年，Eckert M 对制图综合的概念做了首次论述，强调对象的取舍和概括是制图综合的实质，地图用途对其起到主导作用。祝国瑞和尹贡白（1982）认为，制图综合就是根据地图的用途、比例尺和制图区域的特点，以概括、抽象的形式反映出制图对象带有规律性的类型特征和典型特点，而将这些对地图来说是次要的非本质的物体舍掉。王家耀等（1993）认为，制图综合是在地图用途、比例尺和制图区域地理特点等条件下，通过对地图内容的选取、化简、概括和关系协调（即位移），建立能反映区域地理规律和特点的新的地图模型的一种制图方法。Meng（1997）认为，制图综合是以改进地理数据应用和时空实体及其关系的高层次视觉感受为目的，调整内容和图形的一个过程。郭庆胜（1998）认为，制图综合是一定条件下的抽象概括，是兼具艺术与科学的创造性过程。地图的用途、比例尺和制图区域的特点是其遵循的条件，通过取主舍次反映出地图制图对象类型的特征和典型特点。毋河海（2000）认为，制图综合就是抽象概括（综合的同义语）这一认知方法在空间数据处理应用中的一个特例，其本质就是地理信息的变换，即根据一定的条件把初始状态下的实体集和关系集变换为新条件下的实体集和关系集。武芳等（2017）认为，制图综合是指在大比例尺空间数据缩编为小比例尺空间数据时，对空间数据进行抽象、概括的工程、技术和科学，它是空间数据尺度变换、集成与融合、分析与挖掘等的基本手段之一。

总的来看，制图综合的目的是达成地图详细性与清晰性的统一和准确性与关系正确性的统一，其原则是表示主要的，舍去次要的，对象是地理空间数据，主要方法有抽象、概括等。

### 1.1.2　制图综合算子

　　制图综合的算子是指在制图综合过程中采用的各种操作或方法，是完成制图综合的基本步骤。要想实现制图综合，则制图综合的各种方法就必须转化为一系列计算机可执行的步骤，这些步骤即由制图综合的算子来定义，如选取、化简、合并、移位等。每个制图综合的算子都必须由制图综合算法来实现。通常一个制图综合的算子可以由多种算法来实现，这些算法所要达到的目的是相同的，但实现的算法却各具特色（武芳等，2017）。正是有了众多基础的制图综合的算子互相联合、互相作用，才能完成复杂的制图综合任务。

　　目前，各专家学者对制图综合的算子的划分不尽相同，业内尚未达成统一的认识，还有待进一步研究定论。已有的对制图综合的算子分解模式包括：信息变换类、图形再现类的 2 算子模式（毋河海，2000），分类、归纳、化简和符号化的 4 算子模式（Robinson et al.，1984），聚合、合并、化简、移位和选择性删除的 5 算子模式（Keates，1989），9 算子模式（Beard and Mackaness，1991），12 算子模式（Mcmaster and Shea，1992），包含 12 算子的自动综合算子集（武芳和钱海忠，2002），基于 Arc/Info 建立的 GenTool 中的 7 算子模式（Schlegel and Weibel，1995），MGE（modular GIS environment）中的 9 算子模式（Lee，1995）和 20 算子模式（Mackaness，1994）等。制图综合的算子划分如表 1.1 所示。

表 1.1　制图综合的算子划分表

| 要素类型 | | 制图综合的算子 |
|---|---|---|
| 点要素 | 单点 | 删除、放大、移位 |
| | 点群 | 聚合、区域化、选择性删除、（结构）化简、典型化 |
| 线要素 | 单线 | 移位、删除、比例尺驱动综合、局部修改、去点、光滑、典型化 |
| | 线网 | 收缩、移位、增强、兼并、选择性删除 |
| 面要素 | 单面 | 收缩、移位、删除、夸大、化简、分割 |
| | 面群 | 毗邻化、聚合、融合、融解、兼并、重排、（结构）化简、典型化 |
| 体要素 | 三维表面 | 删除、夸大、简化、移位、专题典型化 |
| | 三维要素 | 聚合、典型化、分割、合并 |

　　下面对 4 种常见的制图综合的算子进行介绍。

1. 选取算子

　　选取是在对地物分布特征、重要性进行评价的基础上，计算选取数量并对大量地物进行取舍的过程。选取是制图综合中最重要和最基本的方法。它主要解决两个方面的问题：一是选取多少，二是选取哪些或者具体删除哪些。前者是根据地图载负量来确定选取数量，常用方法有开方根模型法（何宗宜，2004）、回归模型法、等比数列法、地图适宜面积载负量法等。后者是根据重要性程度来确定具体的取舍对象，常用方法有基于简单指标的选取方法、基于数学模型的选取方法、基于知识的选取方法等。不同类型要素的重要性程度因子不尽相同，需要具体问题具体分析，其中主要包括点群选取、线网选取和面群选取。

2. 化简算子

化简是简化物体的内部结构和外部轮廓，去掉制图对象轮廓形状的碎部而代之以总的图形特征的一种方法。化简的基本原则是尽量保持与地图比例尺的表示能力相适应的基本地理特征。线要素是地图上存在最多、最基本的地图要素，对地图表达的详细程度影响很大，因此线要素化简是制图综合的重要研究内容。线要素化简实际上就是分析线划的几何特征，选取特征点，删除非特征点，从而裁弯取直，概括线划的碎部并揭露其整体特点。线要素化简的基本要求是保持弯曲形状或轮廓图形的基本特征，即总的图形的相似性；保持弯曲的特征转折点的精确性；保持不同地段弯曲程度的对比。

按化简单元划分，线要素化简方法可以分为基于节点的化简方法和基于弯曲的化简方法；按智能化程度大致可以划分成两类：基于普通算法的线要素化简方法和智能化线要素化简方法。

3. 合并算子

合并是在比例尺缩小的过程中，某些物体的图形及间隔缩小到不能详细区分时，采用合并同类物体的细部，以反映制图物体主要特征的方法（江南等，2017）。合并算子一般多应用于大比例尺地图的居民地街区综合，建筑物面要素合并是居民地街区综合的一个重要环节。

建筑物的合并主要分为两种：一种是拓扑邻近的合并，即建筑物之间具有共边的情况，删除公共边即可实现合并；另一种是对视觉邻近的建筑物合并。建筑物多边形合并的常见方法有缓冲区法、缝合法、引力方向投影法以及三角网法（郭庆胜等，2021；郭沛沛等，2016），近年来出现了利用智能化算法的建筑物合并方法（He et al.，2018）。

4. 移位算子

移位是指通过平移或变形的方式来解决空间占位性冲突的综合操作。随着比例尺的缩小，地图符号之间可能会出现压盖甚至重叠的现象，这就需要移位算子来解决地图要素间的空间冲突。

移位的实现主要解决两大问题：冲突检测（定位空间冲突的位置和目标）和冲突消解（即移位，移动次要目标位置至无冲突）。空间冲突探测方法主要有两类：一类是矢量方法，主要通过符号的定位信息及符号的尺寸信息，计算出目标间有无冲突发生，如直线求交、多边形求交等；另一类是栅格方法，通常把矢量数据转换成栅格形式，再用叠置分析的方法进行要素符号间的冲突探测。目前，常用的移位方法大致可以分为最优化方法和几何方法两类，也可以分为增量移位和整体移位（Aslan et al.，2012）。其代表性方法分别为弹性力学模型、Snake 算法、遗传算法等（Burghardt and Meier，1997；侯璇，2004；吴小芳等，2008；刘远刚等，2021），以及基于数学形态学、场论、三角网、多层次移位、仿射变换的移位算法等（艾廷华，2004；李国辉等，2014；武芳等，2017）。

### 1.1.3　制图综合对象

制图综合是地图编制的核心环节，可以说任何地图要素都是制图综合的对象。按几何维度来划分，制图综合对象包括点（群）要素、线（群）要素、面（群）要素、三维（群）要素。按地理意义来划分，制图综合对象包括道路、居民地、水系、地貌、植被、境界以及测量控制点、独立地物、管线和垣栅等。

下面对制图综合对象中 3 种常见的地图要素进行介绍。

#### 1. 道路

道路是人类活动轨迹的记录，是人类社会政治、经济面貌的侧面反映，是社会生产力发展水平的一种体现。道路网就是陆地上的道路，属于交通网的一部分。道路网是地图中十分重要的地理要素，也是地理要素中变化最频繁的要素之一，正确反映道路网的分布特征对于客观反映制图区域地理特点具有重要意义。

道路网综合相关的算子主要为选取、化简和移位。一直以来，国内外专家学者对道路网的选取和化简做了大量的研究工作，其中道路网自动选取是重点研究内容。道路网选取的一般原则如下：①道路网的取舍要与居民地的取舍相适应；②保持道路网平面图形的特征；③保持不同地区道路网密度的对比。从道路网自动选取研究的发展进程来看，其可以分为三个阶段：一是早期基于道路网等级的简单选取；二是基于图论的道路网自动选取；三是基于智能化方法的道路网自动选取。从处理手段上看，道路网自动选取可以分为基于数学模型的定量化方法和无模型控制方法。

道路化简则被视为曲线化简的范畴，也是研究热点。虽然在线要素化简的研究中没有直接将道路作为研究对象，但一般认为道路要素在本质上也是一条曲线（双线道路可由中线代替），其解决思路依然是线要素化简的思路。

#### 2. 居民地

居民地是人类居住和开展各类活动的中心场所，在政治、军事、经济和文化等方面具有重要意义。居民地在地图上应该表示出其位置、形状、类型、质量特征、行政等级和人口数等。居民地要素是地图上最重要的要素之一，在地图上的面积载负量占有较大的比例，所以居民地综合的质量直接影响着地图的科学性和使用价值。居民地综合不仅需要反映居民地的分布特征，如分布特点、相对密度和要素间的相互关系等，而且需要满足清晰易读的要求，同时还需要保证居民地在地图上的载负量。

居民地在地图上主要表现为点状居民地和面状居民地，其综合方法和要求亦有较大差异。居民地综合相关的算子较多，经总结主要有以下几种：选取、化简、降维、位移、合并、聚类、典型化等。其中，选取是居民地综合中最基本的操作。居民地选取原则可概括为：按居民地的重要性选取；按居民地的分布特征选取；反映居民地密度的对比。居民地选取方法可以划分为两类：一类是传统的基于模型和算法的居民地自动选取方法；另一类是基于智能化方法的居民地选取方法。

3. 水系

水系是最常见、种类最多的地图要素之一，是海洋、湖泊、水库、池塘、河流、运河、沟渠、井、泉等的总称。它同自然界和人类社会有着密切的联系，影响着地貌和社会经济要素的分布，在国民经济建设中的作用也是多方面的，对从事工农业生产的人类的生活有着巨大影响，江河湖海则是发展水上交通的重要条件。水系也是影响部队行动的重要因素之一，是部队行军、航空飞行的良好方位物，战时可以起到防御或障碍作用。在制图作业中，水系常被看成是地图的"骨架"，作为编绘其他要素的控制基础。水系的综合包括河流综合、湖泊综合、海岸（岛屿）综合、水系物体名称注记的取舍等。

河系是大小不同的河流从各方汇合在一起所形成的河流系统（王家耀和张天时，2016）。河系综合操作包括河系结构化、河系选取、河流化简等内容。地形图上河系综合的要求有：保持河系要素的位置准确，并且形状与实地相似；正确反映河系的类型与其形态特征；正确反映河系的分布特点与密度对比；正确反映河系各河流之间的内在联系以及与其他要素的关系。

## 1.2　智能化制图综合概述

### 1.2.1　智能化制图综合概念

制图综合经历了由客观化向定量化、模型化、算法化，以及基于算法和模型的协同化和系统化这一系列演变过程，制图综合的自动化程度得到了很大的提高，但并非所有的制图综合问题都能模型化和算法化。制图综合的过程是一个极为复杂的智能分析、评价、决策过程，其中包含着许多制图人员的创造性劳动，在许多问题的处理中，制图者或制图专家的知识、长期积累的经验以及自身的综合判断能力起着重要作用。这使得在计算机环境下，自动制图综合的研究不可避免地将朝着智能化的方向发展。

"智能"一词的定义为：能够在各类环境中自主或交互地执行各种拟人任务（蔡自兴和蒙祖强，2010）。智能化则是指使对象具备灵敏准确的感知功能、正确的思维与判断功能，以及行之有效的执行功能而进行的工作。综合来看，智能化制图综合就是在制图综合知识等的支持下，运用人工智能等方法，使对象能够在各类制图环境中通过模拟人的思维方式来自主或交互地执行各种制图综合任务。

王家耀院士指出，"解决制图综合的关键在于知识，制图综合本质上是一个高度智能化的过程，而智能离不开知识，有知识才算得上智能"。事实上，制图综合的自动化与智能化两者之间的内涵是相互统一的，制图综合的高度自动化，即意味着制图综合的智能化——机器具备自主或交互处理制图综合问题的能力。要推动制图综合的智能化，必须要让机器成为能自主学习的个体，授之以渔，具备自主分析和解决制图综合问题的能力，其中具备获取知识的能力最为关键。

一般来说，制图综合知识的获取有三种途径：第一种途径，从专家那里获取。第二种途径，从现有的规范中找。第三种途径，从现有的地图中获取。对于大多数制图员来说，翻看同一区域同一尺度的地图综合成果图，对指导新的制图综合操作有着很大的帮助。当前计算机获取知识的前两种途径已经实现，一是专家通过设计各种算法模型控制计算机完成简单的制图综合操作，二是研究人员通过参照制图规范建立各种度量算子来完成地图的初步综合过程。然而，要想实现真正的智能必须依靠第三种途径。第三种途径与机器翻译和语音识别的实现原理是类似的，从大量的已有专家制图综合案例中挖掘出制图综合知识。对于地图生产来说，每一张成图中都蕴含着丰富的制图综合信息，每天制图专家都要重复上万次综合操作，这些信息和操作记录即"制图综合案例"，若能合理地提取并管理起来，其将成为一座内涵丰富的制图综合知识宝库，同时若能合理地把统计学习的方法移植到制图综合知识挖掘中来，让机器自动推理出有用的制图综合知识，将大大提高制图综合的智能化程度。

## 1.2.2 智能化制图综合背景

从时间域上看，地理空间信息数据的生产朝着更快的更新速度和更短的更新周期迈进；从空间域上看，随着我国经济和外交政策更加开放，对地理空间信息数据的需求从国内范围向全球范围扩展；从信息来源上看，海量的多源空间传感器数据以及互联网众源数据正逐渐成为地理空间信息数据更新的重要数据源；从技术发展上看，地理空间信息数据相关测绘技术经历了从模拟测绘到数字化测绘的发展历程，如今正朝着与大数据和人工智能相结合的智能化测绘方向发展。海量时空大数据推动着地图制图的发展，同时也对时空大数据的地图表达提出了前所未有的挑战（李志林等，2021）。支持高效的地理空间信息数据更新，保障全球覆盖的地理空间信息数据建库，以及实现多源数据向成果数据的高效转化，对制图综合技术的自动化和智能化提出了更高的要求。

王家耀（2000，2010，2013）深刻指出，在当今地理信息获取手段极为丰富的时代，地理信息的获取突破了时间和空间的限制，形成了极大的数据流和信息流。当前地图学的重点要放在地理信息深加工和使用的最终产品上来。数字环境下空间数据的自动综合仍是现代地图学面临的核心问题之一。与传统的制图综合相比，如今的制图综合迎来了以大数据为基础、以数据分析和数据挖掘为解决渠道的新局面。面对丰富的信息，自动化水平决定了制图综合的效率，智能化水平决定了制图综合的质量。

同时，王家耀等（2011）指出，模型算法的不断发展和知识工程的不断进步，将促使制图综合智能化。在制图综合研究过程中，下一步的发展将是为各类地物的综合建立规则库、样本库和知识库，满足人工智能算法的自主学习和智能推理要求。

武芳等（2008）认为，地图数据生产过程中的地图综合概括起来仍然是最复杂和最重要的环节，它也是一个信息智能深加工的过程，地图制图综合迫切需要利用人工智能技术来解决一些问题。他指出，关注人工智能研究方面的最新方向和成果，结合地图学理论研究来提高自动制图综合智能化水平是我们应该努力的方向。

郭庆胜和任晓燕（2003）也认为，制图综合必须要自动化，自动化发展到一定水平就是智能化。制图综合的智能化仍然是公认的难题，其巨大的需求促使各学者在这个领域进行着不断的探索。

国际地图制图学协会（ICA）制图综合工作组原主席 Anne Ruas 于 2014 年在制图综合工作组合著的 *Geographic Information in a Data Rich World：Methodologies and Applications of Map Generalization* 的开篇中描述道："我们正迈进制图综合 3.0 时代"，制图综合的智能化是研究的趋势。

艾廷华（2021）认为，深度学习从一个新的角度为制图综合智能化解决开启了大门。基于大量尺度表达的案例学习训练，获取图形简化、信息抽象、特征概括的规则知识，然后通过学习模型实施输入新数据的尺度变换。

在人工智能技术的引领下，制图综合开始了智能化发展的新途径。人工智能领域经历了 20 世纪 70 年代和 90 年代两次低谷，21 世纪以来随着案例推理、统计学习以及神经网络等技术的出现和不断改进，人工智能技术的发展逐渐进入了一个崭新的阶段。特别是 2006 年，Hinton 在神经网络的深度学习领域取得突破，基于大数据挖掘和深度神经网络的机器学习算法在机器翻译、语音识别和自动驾驶等领域取得了前所未有的成功。当前人工智能领域的成熟技术和计算机算力的高速飞跃，为智能化的制图综合方法研究提供了孵化的土壤。

## 1.2.3 智能化制图综合意义

制图综合是地图制作中的核心问题之一，是地理信息加工的重要组成部分，无论是地图制作、数据库派生、空间数据多尺度表达，还是空间数据更新等，只要涉及空间数据比例尺变换环节都离不开制图综合。实现制图综合的自动化与智能化一直以来是众多专家学者孜孜以求的目标。制图综合走向智能化的意义可归纳为以下四个方面：

（1）智能化的制图综合方法具有通用性，能够减少研发人员对算法和模型的研发投入，减少研发成本，同时智能化的方法还能够改善和增强已有算法和模型的应用效果。

（2）智能化的制图综合方法自动化程度更高，能进一步减轻制图员的手工综合作业的负担，提高了地理信息数据生产的效率，为地图缩编、多尺度数据库派生和数据级联更新等提供了有力保障。

（3）现有专家制图成果中存在着大量有用的制图知识，若能实现机器对制图案例的自主学习，则挖掘已有综合成果的隐含价值，实现已有数据成果效益的最大化具有十分重要的意义。

（4）智能化的算法具有智能的交互机制，能够有效地与制图员进行互动，串联处于同一工作组下的制图员。在执行制图综合任务过程中，人与机器之间信息互通，人与人之间知识共享，在网络环境下实现人机一体化的高效协同制图综合。

因此，提高制图综合的智能化程度，对于提高计算机自主解决复杂制图综合问题的能力和自动化程度具有十分重要的意义。

# 1.3 智能化制图综合发展

## 1.3.1 研究进展

在早期的手工生产纸质地图时期，制图综合的对象为纸质地图。这时的地图设计领域着重研究由现实地理环境到地图内容过程中的技术实现和表达问题，如抽象概括、地图投影、表示方法、制作工艺等。这一阶段前期，多是在经验丰富的专家的带领下，由手工制图人员依据经验和技巧来完成，缺乏系统的理论和方法指导。后期，制图综合理论和方法慢慢形成且逐步完善，同时各类制图规范也逐步制定。

20世纪70～80年代，伴随着PC机、Workstation和数据库应用等计算机技术的发展，计算机辅助制图被广泛应用，制图综合也经历了从手工制图到计算机辅助制图的变革。其间，制图综合技术取得了能够运用于实际制图作业的突破性成果，一定程度上解决了手工制图人工成本高、效率低等问题。

20世纪90年代至今，制图综合迎来了人机交互的智能化设计时代。地图资料的数字化和制图任务的加重，促使制图综合研究向自动化和智能化方向不断探索。制图综合中关于计算机制图综合的研究、专家系统、人机协同理论与知识推理也引起了众多学者关注，使得制图综合逐步走向人机交互的智能化设计阶段。

21世纪以来，随着机器学习的发展，智能化的制图综合在计算机技术和人工智能的催生下正在发挥着重要的作用。在此期间，自动化的研究成果层出不穷，制图综合迈向了更加自动化、智能化和系统化的时代。

目前，从研究角度来看，智能化制图综合方法可以分为两类：一类是自适应角度的智能化制图综合方法，另一类是知识运用角度的智能化制图综合方法。

1. 自适应角度的智能化制图综合方法

1) 基于遗传算法的制图综合

基于遗传算法的制图综合原理为：计算要素对象的几何与拓扑等指标，建立几何分布，对参数集进行编码，构建 $N$ 种可执行的操作方案；然后根据适应度指标评价当前群体的适用性，在满足终止条件之前，不断进行基于遗传算子迭代，最终得到顾及空间分布和适度综合程度的最优结果。遗传过程中包含三个基本算子：选择、交叉和变异。其流程如图1.1所示。

邓红艳、武芳等利用遗传算法全局并行搜索简单、快速、稳定性强的特点，将其应用到制图综合中并取得了一系列成果。例如，基于遗传算法的点群目标选取模型、线划要素化简模型、道路网综合模型以及河流自动选取模型等（王家耀和邓红艳，2005；武芳和邓红艳，2003；邓红艳等，2003）。

2) 基于智能体（Agent）的综合

Agent的概念起源于分布式智能控制领域，其本质为处于某个特定环境中的封装好的计算实体，可以自主地进行消息处理和推理。

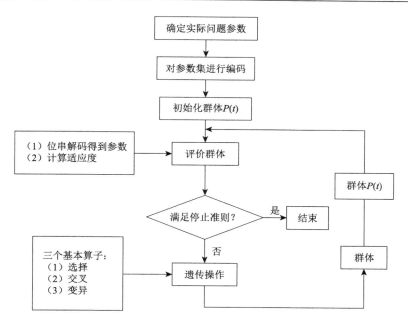

图 1.1 基于遗传算法的制图综合流程框架图

图 1.2 为一个简单且典型的 Agent 结构。它包括一个 Agent 接口、消息处理机制、推理机以及数据库（DB）和知识库（KB）。国外基于 Agent 的制图综合研究将 Agent 视为制图综合软件系统的算法组织形式，并将 Agent 应用于具备自适应能力的制图综合系统设计（Galanda and Weibel，2002；Duchêne and Cambier，2003；Jabeur and Moulin，2005；Jabeur et al.，2006，2007）。钱海忠等（2005）提出将 Agent 与不规则三角网（Triangulated Irregular Network，TIN）两种技术相结合，构建基于智能体的不规则三角网模型（Agent Based TIN Model，ABTM）算法，用于居民地建筑物合并、点群要素选取和线要素化简。

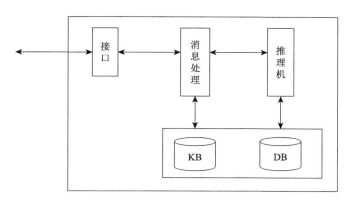

图 1.2 一个简单且典型的 Agent 结构示例

到目前为止，基于算法和模型的协同综合 Agent 系统在要素冲突处理、不同类型的区域综合以及任务协同等方面取得了系列的研究成果。但在综合过程中，计算机自主运用知识进行智能辅助决策的作用没有得到有效发挥，距离期待的制图综合自动化，特别是智能化要求还有不小的距离。

### 2. 知识运用角度的智能化制图综合方法

王家耀（2018）指出，制图综合智能化的根本问题在于知识的运用。他提出了关于制图综合知识运用的 4 个关键问题：①地图制图过程中到底有些什么样的知识在起作用；②从哪里和如何获得这些知识；③地图制图知识，特别是那些模糊性或不确定性知识怎样提取和表示；④怎样对这些知识进行处理，以及建立什么样的适合地图制图特点的演绎推理机制和控制策略。当前对于制图综合知识运用的研究可分为两类：一类是基于专家系统的制图综合；另一类是基于机器学习方法的制图综合。

#### 1）基于专家系统的制图综合

基于专家系统的制图综合的原理是将制图专家知识形式化表达，并构建知识库，利用知识库中的规则进行制图综合相关的判断决策。该方法实现的关键是如何将地图缩编相关标准、规范进行形式化表达，得到计算机能够执行的规则。该方法相比固定的模型或算法，能够更加全面地顾及要素的各项空间属性，更符合制图专家制图综合的思维模式。在该系统中，制图综合知识以规则（If-Then Rules）的形式存在，由前提和结果（或动作）两部分组成，一般表达式为 If（$P$）Then（$Q$）。

从 20 世纪 80 年代开始，学者们针对基于规则的制图综合方法进行了大量研究。例如，Nickerson 和 Freeman（1986）设计了 8 种与要素类型无关的参量，并基于以上参量构建各类型要素的综合规则；Armstrong（1991）认为制图综合需要三种知识：几何知识、结构知识和过程知识，并采用基于框架的方法进行知识表达；刘春和丛爱岩（1999）将形式化的规则应用于水系要素的综合，并研究了专家系统知识获取的一般过程（图 1.3）；高文秀和潘郑淑贞（2004）将规则应用到植被要素综合中；齐清文和姜莉莉（2001）系统性地从地理特征的角度研究了指标体系和知识法则的建立方法及其在制图综合中的具

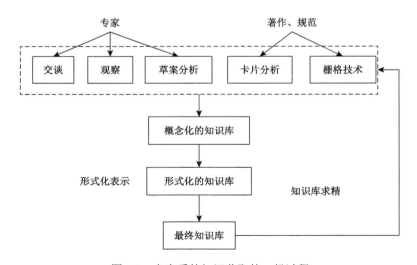

图 1.3　专家系统知识获取的一般过程

体应用；蔡忠亮等（2002）提出了综合规则六元组表达方式；Kang 和 Lau（2003）采用面向对象方式对地图综合规则进行表达；武芳等（2007）把水系要素综合相关的知识划分为三类：空间知识、属性知识及综合规则，分别对其获取方法和形式化表达手段进行研究，进而得到可用于水系要素综合的规则库。这些研究从不同角度探讨了地理数据综合过程的综合规则或综合知识，为地图综合专家系统的研制奠定了基础。专家系统在 21 世纪 90 年代初经历了一次研究的热潮后陷入低谷，主要有两个方面的原因：①缺乏详细和精确的专家知识，无论是制图规范上的描述或是专家脑海中的制图经验，大多是模糊的，只可意会不可言传；②知识的形式化表达困难，制图综合知识不仅存在模糊性，并且数量庞大，难以通过人工的形式对其逐一形式化。

以上方法在一定程度上推动了制图综合的自动化，使得自动化制图综合不仅仅局限于特定的模型和算法，同时还具备了自适应和运用知识的能力。但要进一步推动制图综合的智能化，还必须让机器成为能自主学习的个体，具备获取知识的能力，而不是依靠人工建立各种模型、形式化各种制图综合知识来控制机器的制图行为。

2）基于机器学习方法的制图综合

当前国内外众多学者对制图综合知识来源进行了拓展，结合新的机器学习技术，开辟了从制图综合专家经验数据中挖掘制图综合知识的新途径。该方向的研究可分为两个阶段。

阶段一：20 世纪末，展开了智能化制图综合的探索性研究。

Weibel 等（1995）在人工智能发展的机遇中，看到了利用计算智能对制图综合知识进行挖掘的可能性，提出如果在特定的制图综合任务中能够发挥计算智能的特别优势，将大大提高制图综合的自动化程度。他认为，当时机器智能算法中的四大学习方法，即类比推理法（从正反案例中引导得出综合相关知识）、归纳学习法（对大量案例的规律进行挖掘）、自适应的遗传算法和人工神经网络算法，将是未来突破制图知识获取瓶颈（knowledge acquisition bottleneck）制约的重要手段。这一论述为后续基于机器学习方法的制图综合研究奠定了重要的基础。

Plazanet 等（1998）首次将机器学习方法应用于制图综合实践，在线要素的综合中介绍了三个用监督和非监督分类技术进行知识获取的实验。通过 K 均值聚类对线要素类型进行划分，不同类别的线要素或者线段适用于不同的地图综合算法；利用决策树算法归纳出不同线要素所采取的综合方式。

Mustière 等（2000）提出采用机器学习算法获取知识的方式可以应用于解决制图综合知识的获取问题。区别于以往的制图综合知识获取手段，该方法在系统中将知识的获取和表达作为整体进行考虑（图 1.4）。

阶段二：近二十年，基于案例的制图综合研究取得初步成果。

具有代表性的研究成果有：Duchêne 等（2005）提出利用分类案例对建筑要素的直角边进行探测的方法；Mustière（2005）、Steiniger 等（2010）、Lee 等（2017）提出基于分类案例的建筑要素分类及选取方法；郭敏（2013）提出基于道路选取案例进行类比和归纳的道路选取方法；刘凯等（2016）提出利用道路选取案例训练 BP 神经网络的道路网选取方法；何海威等（2016）、谢丽敏等（2017）分别提出利用中小比例尺居民地综合案

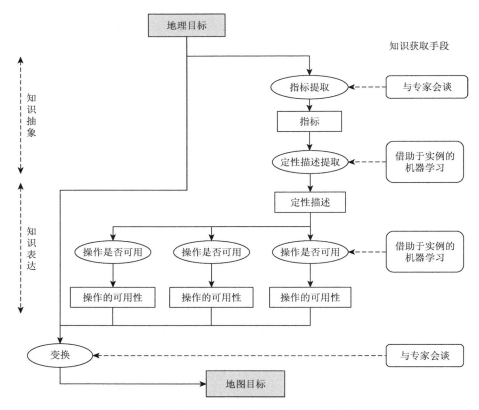

图 1.4　基于机器学习算法获取知识的流程

例构建决策树和 K 最邻近（KNN）模型的居民地综合方法；Zhou 和 Li（2016）对 9 种监督学习方法在道路选取中的应用效果进行对比研究，证明监督学习方法能够有效应用于道路选取，并且 ID3 决策树（Iterative Dichotomiser 3 decision tree）算法在各类算法中表现最稳定；Karsznia 和 Weibel（2018）提出利用专家选取结果作为案例进行城市点要素筛选的方法；段佩祥（2019）提出基于案例学习的河系智能化综合方法；何海威（2019）系统研究总结了案例驱动的智能化制图综合方法；钟吉等（2020）提出顾及多特征的散列式居民地自组织映射（Self-organizing Map，SOM）聚类选取算法；郭漩等（2021，2022）提出利用本体组织案例进行知识推理的道路网选取方法和多源道路选取方法。

## 1.3.2　存在问题

从智能化制图综合的发展进程可以看出，制图综合知识的形式化表达是智能化制图综合研究的关键，将机器学习技术应用于制图综合知识挖掘是当前研究的趋势和热点。通过对国内外研究现状分析，将当前制图综合存在的问题归纳为以下 4 个方面：

（1）仅依靠数学模型的综合方法还不能从根本上解决好制图综合问题。其主要表现在难以有效地对模糊性决策过程进行建模。例如，用于制图综合程度控制的开方根模型、等比数列法、最小可视距离、载负量约束等（江南等，2010；王家耀等，2011）

在制图过程中具备一定的指导意义，然而由于其都是采用统一的模型描述，阈值参数理论值与实际值往往存在较大偏差，在实际应用中难以兼顾不同区域、不同要求下的制图需求。再如，当采用多个指标对专家综合过程进行模型构建时，指标间的权重值关系由研究者主观设定，因此不可避免地产生知识畸变，从而偏离专家的综合意图；并且，针对部分对视觉判断依赖程度较高的模式识别问题，人工设定的特征指标极易受到数据质量问题、要素局部形态差异以及复杂要素环境等的干扰而难以建立有效的判别模型。

（2）缺乏高效的制图综合知识获取手段是当前制约制图综合智能化发展的瓶颈。并非所有制图专家的领域知识和经验都能模型化和算法化，制图综合是一个不易准确定义的问题（Ill-defined problem），具有半结构化特征，需要在算法和模型之外寻求新的自动获取专家知识的手段。当前的自动制图综合研究初步实现了工具化，但对于知识的自动收集与应用仍缺乏有效机制。制图综合过程对专家经验有着较高的依赖，对经验知识的获取与运用是制图综合智能化的关键。然而，当前专家知识的来源、形式化手段和表现形式单一，且知识库的维护高度依赖于算法研发人员，而非制图综合软件的实际使用者，导致在生产环节中没有任何知识的学习和积累，知识也难以在生产者之间得到有效共享。

（3）当前采用机器学习的制图综合方法研究仍处于初级阶段，对于机器学习的客体对象（案例）缺乏深入研究，推理过程仍停留在简单样本训练阶段，没有深入挖掘专家案例的内涵。其主要表现在，缺乏对专家制图综合案例的准确定义，以及对案例自动获取方法的研究；缺乏从多角度对专家案例可能存在的表现形式进行归纳和总结；缺乏对不同类型案例的表现形式、存储格式和推理方式的区分研究。例如，综合前后要素的矢量形态也可以作为案例的表现形式的一种，通过类比推理的方式为执行新的制图综合任务提供参照；再如，机器视觉的技术可以对人的视觉判断过程进行有效模拟，而机器视觉样本的表现形式为栅格图像。

（4）当前制图综合知识的管理手段仍停留在产生式规则管理阶段，缺乏对专家案例的有效组织和管理，从而难以为当前案例驱动的智能化制图综合提供科学支撑。产生式规则是专家系统中知识的主要表现形式。然而，随着案例概念的出现和机器学习手段的引入，制图综合知识的表现形式将不再局限于规则，而是向典型案例、分类模型等拓展；并且知识获取、管理和更新的手段也发生了变化。因此，需要建立基于案例的新型制图综合知识获取手段，及其适配的新型知识框架和知识管理系统。

## 1.3.3　未来方向

智能化制图综合方兴未艾，现有存在的问题并不能阻碍良好的发展势头，巨大的潜力和广阔的空间表明其未来大有可期。在眼下乃至不久的将来，时空大数据风起云涌，比例尺概念淡化模糊，知识表示模型推陈出新，人工智能算法层出不穷，它们都在影响着智能化制图综合的发展。总体来看，智能化制图综合的未来方向可归纳为以下几点：

（1）综合对象进一步拓展为时空大数据。从传统的地图和地图要素到地理空间数据再到时空大数据，综合对象的内涵和外延不断拓展，反过来，综合对象的变化对综合自身也产生了新的要求。

（2）综合的比例尺内涵发生演变。以往的制图综合中，往往针对系列比例尺数据开展，综合的比例尺是离散的比例尺。时空大数据综合中，多源、多尺度数据并存，且突破了系列比例尺概念，研究混合比例尺甚至连续比例尺综合成为发展的热点。

（3）知识表示模型不断创新优化。知识是智能化制图综合的关键要素，如何组织和表达知识对智能化制图综合的发展至关重要。以知识图谱为代表的新型知识表示模型，将对知识抽取、知识表示、知识融合和知识推理产生积极影响（慎利等，2021）。

（4）人工智能方法融入更多更深。制图综合本来就是一种智能化行为，智能化制图综合离不开人工智能方法的支持，随着机器学习、深度学习、强化学习等人工智能方法的不断突破，智能化制图综合将和人工智能方法结合得更广泛、更紧密。

（5）制图综合算子应用将会得到丰富和拓展。目前，智能化制图综合方法大多围绕选取、化简、合并、移位等较为常见的综合算子开展，复杂时空大数据下的智能综合期待更多的新算子出现。

# 参 考 文 献

艾廷华. 2004. 基于场论分析的建筑物群的移位[J]. 测绘学报, 33（1）：89-94.

艾廷华. 2021. 深度学习赋能地图制图的若干思考[J]. 测绘学报, 50（9）：1170-1182.

蔡忠亮, 杜清运, 毋河海, 等. 2002. 大比例尺地形图交互式综合系统数据库平台的建立[J]. 武汉大学学报（信息科学版）, 27（3）：289-295, 305.

蔡自兴, 蒙祖强. 2010. 人工智能基础[M]. 北京：高等教育出版社.

邓红艳, 武芳, 钱海忠, 等. 2003. 基于遗传算法的点群目标选取模型[J]. 中国象图形学报, 8（8）：970-976.

段佩祥. 2019. 基于案例学习的河系智能综合方法研究[D]. 郑州：中国人民解放军战略支援部队信息工程大学.

高文秀, 潘郑淑贞. 2004. 基于规则的植被地图综合的研究[J]. 地理与地理信息科学, 20（1）：7-11.

郭敏. 2013. 基于案例学习的道路网智能选取方法研究[D]. 郑州：中国人民解放军信息工程大学.

郭沛沛, 李成名, 殷勇. 2016. 建筑物合并的Delaunay三角网分类过滤法[J]. 测绘学报, 45（8）：1001-1007.

郭庆胜. 1998. 地图自动综合新理论与方法的研究[D]. 武汉：武汉测绘科技大学.

郭庆胜, 任晓燕. 2003. 智能化地理信息处理[M]. 武汉：武汉大学出版社.

郭庆胜, 黎佳宜, 曹元晖, 等. 2021. 建筑物白模多边形的自动合并[J]. 武汉大学学报（信息科学版）, 46（1）：12-18.

郭漩, 钱海忠, 王骁, 等. 2021. 道路网选取的案例与本体推理方法[J]. 测绘学报, 50（12）：1717-1727.

郭漩, 钱海忠, 王骁, 等. 2022. 多源道路智能选取的本体知识推理方法[J]. 测绘学报, 51（2）：279-289.

何海威. 2019. 案例驱动的智能制图综合方法研究[D]. 郑州：中国人民解放军战略支援部队信息工程大学.

何海威, 钱海忠, 刘闯, 等. 2016. 采用决策树算法进行居民地自动综合[J]. 测绘科学技术学报, 33（6）：623-628.

何宗宜. 2004. 地图数据处理模型的原理与方法[M]. 武汉：武汉大学出版社.

侯璇. 2004. 基于弹性力学原理的自动综合位移模型[D]. 郑州：中国人民解放军信息工程大学.

江南, 白小双, 曹亚妮, 等. 2010. 基础电子地图多尺度显示模型的建立与应用[J]. 武汉大学学报（信息科学版）, 35（7）：768-772.

江南, 李少梅, 崔虎平, 等. 2017. 地图学[M]. 北京：高等教育出版社.

李国辉, 许文帅, 龙毅, 等. 2014. 面向等高线与河流冲突处理的多约束移位方法[J]. 测绘学报, 43（11）：1204-1210.

李志林, 刘万增, 徐柱, 等. 2021. 时空数据地图表达的基本问题与研究进展[J]. 测绘学报, 50（8）：1033-1048.

刘春, 从爱岩. 1999. 基于"知识规则"的GIS水系要素制图综合推理[J]. 测绘通报, 9：21-24.

刘凯, 李进, 沈婕, 等. 2016. 基于 BP 神经网络和拓扑参数的道路网选取研究[J]. 测绘科学技术学报, 33（3）: 325-330.

刘远刚, 李少华, 蔡永香, 等. 2021. 移位安全区约束下的建筑物群移位免疫遗传算法[J]. 测绘学报, 50（6）: 812-822.

齐清文, 姜莉莉. 2001. 面向地理特征的制图综合指标体系和知识法则的建立与应用研究[J]. 地理科学进展, 20（s1）: 1-13.

钱海忠, 武芳, 谭笑, 等. 2005. 基于 ABTM 的城市建筑物合并算法[J]. 中国图象图形学报, 10（10）: 1224-1233.

慎利, 徐柱, 李志林, 等. 2021. 从地理信息服务到地理知识服务: 基本问题与发展路径[J]. 测绘学报, 50（9）: 1194-1202.

王家耀. 2000. 信息化时代的地图学[J]. 测绘工程, 9（2）: 1-5.

王家耀. 2010. 地图制图学与地理信息工程学科发展趋势[J]. 测绘学报, 39（2）: 115-119.

王家耀. 2013. 关于信息时代地图学的再思考[J]. 测绘科学技术学报, 30（4）: 329-333.

王家耀. 2018. 人工智能时代: 地图学与 GIS 从哪里来到哪里去[C]. 武汉: 第九届全国地图学与地理信息系统学术大会.

王家耀, 邓红艳. 2005. 基于遗传算法的制图综合模型研究[J]. 武汉大学学报（信息科学版）, 7: 565-569.

王家耀, 张天时. 2016. 制图综合[M]. 北京: 星球地图出版社.

王家耀, 李志林, 武芳. 2011. 数字地图综合进展[M]. 北京: 科学出版社.

王家耀, 等. 1993. 普通地图制图综合原理[M]. 北京: 测绘出版社.

毋河海. 2000. 地图信息自动综合基本问题研究[J]. 武汉大学学报（信息科学版）, 25（5）: 377-386.

吴小芳, 杜清运, 胡月明, 等. 2008. 基于改进 Snake 模型的道路网空间冲突处理[J]. 测绘学报, 37（2）: 223-229.

武芳, 邓红艳. 2003. 基于遗传算法的线要素自动化简模型[J]. 测绘学报, 32（4）: 349-355.

武芳, 钱海忠. 2002. 自动综合算子分析及算法库的建立[J]. 测绘学院学报, 19（1）: 50-52.

武芳, 巩现勇, 杜佳威. 2017. 地图制图综合回顾与前望[J]. 测绘学报, 46（10）: 1645-1664.

武芳, 钱海忠, 邓红艳, 等. 2008. 面向地图自动综合的空间信息智能化处理[M]. 北京: 科学出版社.

武芳, 谭笑, 翟仁健, 等. 2007. 基于知识表达和推理的河网自动选取[J]. 辽宁工程技术大学学报, 26（2）: 183-186.

谢丽敏, 钱海忠, 何海威, 等. 2017. 基于案例推理的居民地选取方法[J]. 测绘学报, 46（11）: 1910-1918.

钟吉, 钱海忠, 王骁, 等. 2020. 顾及多特征的散列式居民地 SOM 聚类选取算法[J]. 测绘科学技术学报, 37（6）: 643-651.

祝国瑞, 尹贡白. 1982. 普通地图编制[M]（上册）. 北京: 测绘出版社.

Armstrong M P. 1991. Knowledge classification and organization//Buttenfield B P, McMaster R B. Map Generalization: Making Rules for Knowledge Representation. New York: longman Group: 86-102.

Aslan S, Bildiricii Ö, Sìmav Ö, et al. 2012. An Incremental Displacement Approach Applied to Building Objects in Topographic Mapping[C]. Istanbul: Proceedings of the 15th ICA Workshop on Generalization and Multiple Representation.

Beard K, Mackaness W.1991. Generalization Operations and Supporting Structures[J]. In Auto-Carto, 10: 1-18.

Burghardt D, Meier S. 1997. Cartographic Displacement Using the Snakes Concept[C]// Proceedings of the Semantic Modeling for the Acquisition of Topographic Information from Images and Maps. Basel: Birkhaeuser Verlag: 59-71.

Duchêne C, Cambier C. 2003.Cartographic Generalisation Using Cooperative Agents[C]. Melbourne: The Second International Joint Conference.

Duchêne C, Dadou D, Ruas A. 2005.Helping the Capture and Analysis of Expert Knowledge to support Generalisation[C]. A Coruña: ICA Workshop on Generalization and Multiple Representation.

Galanda M, Weibel R. 2002. An Agent-based Framework for Polygonal Subdivision Generalisation[M]. Berlin: Springer.

He X J, Zhang X C, Yang J. 2018. Progressive amalgamation of building clusters for map generalization based on scaling subgroups[J]. ISPRS International Journal of Geo-Information, 7（3）: 116-132.

Jabeur N, Boulekrouche B, Moulin B. 2006. Using Multiagent Systems to Improve Real-time Map Generation[M]. Berlin: Springer.

Jabeur N, Boulekrouche B, Moulin B. 2007. A Multiagent-Based Approach for Real Time Mobile Map Generation[C]. Conference on Electrical & Computer Engineering. IEEE: 1702-1705.

Jabeur N, Moulin B. 2005. A Multiagent-based Approach for Progressive Web Map Generation[C]// On the Move to Meaningful Internet Systems: Otm Workshops. Berlin: Springer.

Kang S H, Lau S K. 2003. A Framework for Case-based Reasoning Integration on Knowledge Management Systems[C]// 7th Pacific Asia Conference on Information System. Adelaide: University of South Australia: 1327-1343.

Karsznia I，Weibel R. 2018. Improving settlement selection for small-scale maps using data enrichment and machine learning[J]. Cartography & Geographic Information Science，45（2）：1-17.

Keates J S. 1989. Cartographic Design and Production. Second Edition[M]. Harlow：Longman Scientific.

Lee D. 1995. Experiment on Formalizing the Generalization Process[C]// GIS and Generalization：Methodology and Practice. Bristol：Taylor，Francis：219-234.

Lee J，Jang H，Yang J，et al. 2017. Machine learning classification of buildings for map generalization[J]. International Journal of Geo-information，6（10）：309.

Mackaness W. 1994.Knowledge of the Synergy of Generalization Operators in Automated Map Design[C]//The Canadian Conference on GIS Proceedings/ACTES，Ottawa，Canada. The Canadian Institute of Geomatics，（1）：6-10.

Mcmaster R B，Shea K S. 1992. Generalization in Digital Cartography[C]. Washington DC：Association of American Geographers.

Meng L. 1997. Automatic Generalization of Geographic Data[C]. Stockholm：Proceeding of the 18th International Cartographic Conference.

Mustière S，Zucker J D，Saitta L. 2000. An Abstraction-based Machine Learning Approach to Cartographic Generalization[C]. Beijing：Proceeding of 9th International Symposium on Spatial Data Handing.

Mustière S. 2005. Cartographic generalization of roads in a local and adaptive approach：a knowledge acquistion problem[J]. International Journal of Geographical Information Science，19（8-9）：937-955.

Nickerson B G，Freeman H. 1986. Development of a Rule-based System for Automatic Map Generalization. Seattle（Washington）：Proceedings of the 2nd International Symposium on Spatial Data Handling.

Plazanet C，Bigolin N，Ruas A. 1998. Experiments with learning techniques for spatial model enrichment and line generalization[J]. Kluwer Academic Publishers，2（4）：315-333.

Robinson A H，Sale R D，Morrison J L，et al. 1984. Elements of Cartography. 5th ed[M]. New York：John Wiley & Sons.

Schlegel A，Weibel R. 1995. Extending A General-purpose GIS for Computer-assisted Generalization[C]. Barcelone：Proceedings of the 17th International Cartographic Conference.

Steiniger S，Taillandier P，Weibel R. 2010. Utilising urban context recognition and machine learning to improve the generalisation of buildings[J]. International Journal of Geographical Information Science，24（2）：253-282.

Weibel R，Keller S F，Reichenbacher T. 1995. Overcoming the Knowledge Acquisition Bottleneck in Map Generalization：the Role of Interactive Systems and Computational Intelligence[C]// International Conference on Spatial Information Theory. Springer Berlin Heidelberg，988（b）：139-156.

Zhou Q，Li Z L. 2016. How Many Samples are Needed? An Investigation of binary logistic regression for Selective Omission in a Road Network. Cartography and Geographic Information Science，43（5）：405-416.

Zhou Q，Li Z L. 2017. A comparative study of various supervised learning approaches to selective omission in a road network[J]. Cartographic Journal，18（4）：1-11.

# 第 2 章　制图综合模型与制图综合知识

　　制图综合模型是指描述制图综合中某些关系的数学表达式，即制图综合规律以数学方法表达的数学关系式（王家耀等，2011；钱海忠等，2012）。制图综合知识是指有关地理信息空间中的信息抽象、概括和特征化的知识与经验，是序列化的共性与隐性综合规则的集合（应申和李霖，2003；钱海忠等，2012）。在当前的制图综合研究中，制图综合模型和制图综合知识是解决制图综合问题的主要手段，基于模型和知识的制图综合方法成果也层出不穷。本章对后文中制图综合方法所需的道路网骨架层次模型、道路弯曲化简模型、居民地重要性影响因子模型、基于案例的制图综合知识获取和基于案例学习的制图综合等内容进行详细介绍。

## 2.1　制图综合模型

### 2.1.1　道路网骨架层次模型

　　层次结构是指根据描述信息的类型、级别、优先级等一组特定的规则对客观事物排列的组织形式。层次性是客观世界中常见的规律和现象，如一棵树在整体上表现出从主干到枝干层次的变化，并且在局部树叶上也呈现出叶柄到叶尾的层次性；河流中有主河道和支流之分，主河道较少，但是其构成了整个水系的主体，支流数量相对较大、覆盖范围广；同样对于道路网来说也存在着明显的层次性，其不仅在语义上区分明显的等级，而且也可以通过道路的长短和走向，利用人眼在地图上大致判断出一条道路的等级，如图 2.1 所示。

图 2.1　现实世界中的层次结构示例

　　道路的层次（也称为层级）划分思想早在 1933 年的《雅典宪章》中便出现。柯林布坎南（1963 年）在其专著《城市道路交通》中明确提出了道路网分级组成的方法，并被英美等国的道路网规划手册采用，具体的分层模式如表 2.1 所示（杨永勤等，

2006）。根据道路在城市道路系统中的地位和交通功能，我国的道路主要可以分为以下四类。

表 2.1 各国道路分层模式汇总

| 国家 | 道路分层模式（高—低） |
| --- | --- |
| 苏联 | 高速路、干道、地方性道路 |
| 日本 | 高速路、基干道路、次干道路、支路、特殊道路 |
| 英国 | 主要道路、次要道路、区域道路、地方路、出入口道路 |
| 美国 | 高速路、快速路、主干道路、次干道路、集散道路、区域道路 |

（1）快速路，主要是指设有中央分隔带并具有四条以上机动车道，以较高速度行驶的道路。该类道路主要是为城市中长距离、快速交通服务的。

（2）主干路，设有 6 条车道或 4 条机动车道，同时包含加有分隔带的非机动车道。作为城市的主要客货运通道，该类道路是连接城市各主要部分的交通干路，是城市道路的骨架。

（3）次干路，城市中占大多数的一般交通道路。其是某一区域内的主要道路，主要功能是配合主干路共同组成干路网，从而起到集散交通和广泛联系城市各部分的作用。

（4）支路，一般作为次干路与街坊路的连接线，以服务功能为主，解决局部地区交通。

不同国家有着大致相同的道路分类方式，其依据大多参照道路的功能性进行划分，如表 2.1 所示。

对于语义信息完整的道路网，其选取结果与道路语义等级有着重要的联系，在道路选取的基本原则中，首先就是"重要道路优先选取"，所谓重要道路，一是指道路的等级高，二是指道路具有某方面的特殊意义，如专用军事通道、可作为飞机临时跑道的道路等。

然而，实际中往往存在许多道路在语义等级信息缺失的情况下需要进行取舍的情况。一般来说，道路的语义等级与道路在实际中的功能性是相对应的，即使在语义信息缺省的情况下，道路网也呈现出一定的层次性，可以通过形态分析和量化指标进行评价和划分（周亮等，2012；马黄群，2012）。

因此，本节引入道路网骨架层次模型，通过建立近似于道路语义层级的道路层次骨架，来指导道路网的选取。下面着重介绍与道路网层次骨架划分相关的几个重要概念。

### 1. 道路骨架性

道路骨架性的概念常用于交通网络结构分析中，描述的是一条道路与其他道路之间的相对关系，以及其在整个路网中所占的结构性地位。叶彭姚和陈小鸿（2011）指出，与道路本身的物理特性（如车道数、铺面、横断面布置形式等）以及其使用功能（如车速、交通量）不同，道路骨架性与这些来自道路本身的特性关联并不大。其最突出的特点是，某道路骨架性改变只发生在该道路与其他道路之间的衔接关系变化时，而不是发生在物理特性和使用功能变化时，由此决定了骨架性在划分道路等级上最为稳定。Marshall（2004）指出，现实世界中的道路分级本质上也是遵循着道路在路网中的骨架性，因为一条道路的服务功能在很大程度上由其在整个路网中的结构性地位决定。因此，在对语义信息缺失的道路网进行选取时，可利用骨架性分析来弥补语义等级上的缺陷，从而进行有效选取。后文中基于道路网层次骨架控制的道路网选取方法，即建立在道路骨架性描述的基础上，对道路的层级进行划分，并建立起层次骨架控制的道路重要性评价机制，从而对道路进行有效选取。

### 2. Stroke

Stroke 由 Thomson 和 Richardson（1999）从道路连通性角度提出，指由长度较长、连通性好、没有分支且走向连贯的一组线段组成的道路。Stroke 在道路选取中的应用已经有了较多的研究（Thomson，2006；Thomson and Brooks，2007；邓敏等，2020），其突出作用是能够有效保持道路选取结果的连贯性。本书采用 Stroke 作为道路网层次骨架划分的单元。图 2.2（a）中有 26 条路段，经过计算后生成了 6 条 Stroke 道路和 6 条单个路段。本书中 Stroke 的作用主要有两个：一是作为道路网选取的最小单元，即在对道路网选取时，选取一条 Stroke（单个路段视为只包含一条路段的特殊 Stroke），则组成该 Stroke 的所有道路均进行保留。二是作为道路骨架性评价的最小单元，即在评价道路网骨架性时，把一条 Stroke 看作一个对象，通过其与其他 Stroke 的连通关系进行骨架性的评价。Stroke 作为选取的最小单元的优点是，保持了选取道路的连贯性，能够有效地提取出具有层次特性的骨架道路。

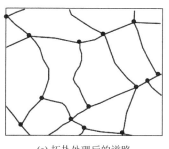

(a) 拓扑处理后的道路　　　　　　　(b) 构造生成Stroke

图 2.2　对道路网进行 Stroke 提取示例

### 3. 对偶法

对偶法（Dual Approach）是交通网络抽象描述的一种方式，其基本原理是将道路抽象为图论中的节点，将道路间的连通关系（交叉口）抽象为节点间的连线。另一种与之对应的描述方法为原始法（Primal Approach），原始法则简单地将道路交叉口抽象为图论中的节点，路段则抽象为节点间的连线。本书采用对偶法将构建的 Stroke 对象作为图论中的节点，Stroke 之间的连通关系抽象为节点间的连线。由于在分析道路网结构时，一条道路上的各个节点和弧段只是与其他道路连通时形成的"副产品"，原始法并不能有效地在本质上区分出这种道路衔接结构上的差异。如图 2.3 所示，A、B 道路在衔接关系上有明显差异，但采用原始法抽象得到的拓扑结构图却完全相同，对比采用对偶法得到的拓扑结构图则能区别出交通网络的布局特点和路线之间的空间关系，如图 2.4 所示。本书选择对偶法对 Stroke 进行描述的意义在于，可以用图论的中心性（Centrality）指标对 Stroke 在路网中的结构性地位（骨架性）进行评价。

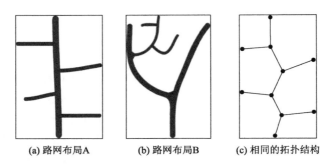

(a) 路网布局A　　　　　(b) 路网布局B　　　　(c) 相同的拓扑结构

图 2.3　采用原始法描述不同路网布局得到相同的拓扑结构

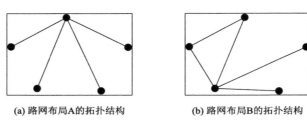

(a) 路网布局A的拓扑结构　　　　　　(b) 路网布局B的拓扑结构

图 2.4　采用对偶法描述不同路网布局得到的差异性拓扑结构

**4. 中心性（网络节点重要性评价）**

中心性是图论中评价复杂网络节点结构性地位的指标。根据不同的计算方法和评价侧重，中心性评价指标也五花八门，常用的中心性评价指标如表 2.2 所示（Freeman，1977，1979，1980；Brandes，2001；Newman，2005；Estrada and Rodriguez-Velazquez，2005；Porta et al.，2006a，2006b）。

表 2.2　常用的中心性评价指标

| 名称 | 英文名称及简写 | 计算原理 |
| --- | --- | --- |
| 中介中心性 | Betweenness Centrality，BC | 分析该节点对网络信息流动的影响，或在交通网络中分析节点对网络的连通性起到的作用 |
| 凝聚中心性 | Closeness Centrality，CC | 引入网络流特征，计算网络节点到达整个网络其他所有节点的难易程度 |
| 特征值中心性 | Eigenvector Centrality，EC | 节点的中心性由周围所有连接的节点决定，即一个节点的中心性指标应该等于其相邻节点的中心性指标的线性叠加 |
| 网络流中心性 | Flow Centrality，FC | 按照流通的方式确定网络的几何中心 |
| 随机行走中心性 | Random Walk Centrality，RWC | 基于节点对网络全局信息未知的情况下提出 |
| 子图中心性 | Sub-graph Centrality，SC | 根据网络节点在构造不同网络子图中的参与程度提出 |

续表

| 名称 | 英文名称及简写 | 计算原理 |
| --- | --- | --- |
| 信息中心性 | Information Centrality，IC | 评价当前节点被剔除后对全局路网出行效率带来的影响 |
| 直线中心性 | Straight-line Centrality，SC | 为当前节点至其他可达节点的欧式距离与路网距离的比值之和，用来评价当前节点至其他可达节点的直线出行效率 |

从表 2.2 可以看出，不同的中心性评价指标评价的侧重点不同，因此在使用中心性评价指标时需要根据需求进行合理选取。李清泉等（2010）对中介中心性与道路网之间的关系进行了深入研究，发现道路网中 BC 值从大到小在一定程度上反映了路段在网络中从骨干至次骨干再至末梢的层级性，这个结果反映出在城市道路网中，通过数学运算得到的 BC 值所呈现的层级性与道路语义上的层级性存在很强的相关关系。

BC 值的理论公式如下：

$$BC_i = \frac{1}{(N-1)(N-2)} \sum_{j,k \in N} \frac{n_{jk}(i)}{n_{jk}} (j \neq k; j,k \neq i) \qquad (2.1)$$

式中，$N$ 为网络节点数；$n_{jk}$ 为节点 $j$ 与节点 $k$ 之间的最短路径数量；$n_{jk}(i)$ 为节点 $j$ 与节点 $k$ 之间包含节点 $i$ 的最短路径数量。$BC_i$ 的取值范围为[0, 1]，当某 Stroke 取 1 时则表示图中所有 Stroke 之间的最短路径都必须通过该 Stroke，取 0 时则表示没有 Stroke 之间的最短路径通过该 Stroke。

李清泉等（2010）还选择上海、成都、武汉、深圳、西安和哈尔滨 6 个城市的整个道路网络进行分析，归纳得出6个城市的道路网弧段的标准BC值呈现出一些共同的特征：①不同城市道路网的 BC 值呈现出相同的分布规律；②BC 值在路网分布上有很强的层级性；③BC 值的层级分布与道路所属等级也有很强的相关性。

因此，本书选取 BC 值作为道路层次骨架划分的依据，在得到合理的划分结果后，在道路层次骨架的控制下进行道路网的选取。

## 2.1.2 道路弯曲化简模型

地图线状要素可以看作是赋予了特定地理属性的曲线，其化简的本质也是曲线化简，道路化简也是曲线化简的一部分。曲线化简按照化简方式可以概括为两种：一种是基于节点的化简方式；另一种是基于弯曲的化简方式。艾廷华等（2001）指出，单从几何特征出发设计的删除节点的曲线化简算法只能算作对曲线坐标串的几何压缩，而不是真正意义上的地图综合。由于通常曲线的弯曲特征在表达线状地理地物特征上具有重要意义，因此删除弯曲的化简方式在化简结果上更符合人类的认知规律。

1. 曲线弯曲化简模型

总体来说，基于弯曲的曲线化简流程可归纳为以下三个步骤。

1）要素弯曲提取

弯曲按照其结构性地位可以分为基本弯曲和复合弯曲。通过弯曲提取算法，如拐点法（毋河海，2003）、Delaunay 三角网法（艾廷华等，2001）、轴线递归法（操震洲等，2013）等，提取出符合人类一般认知规律的弯曲单元，称为基本弯曲。基本弯曲是曲线形态的最小结构单元。基本弯曲的一个重要性质是不包含任何其他弯曲。复合弯曲则由若干个相邻的基本弯曲组成，复杂的复合弯曲则由若干个相邻的复合弯曲以及基本弯曲相互组合而成，从而形成复合弯曲间的层层嵌套关系。

如图 2.5 所示，数字 1～10 所对应的弯曲即基本弯曲，弯曲Ⅰ、Ⅱ是两个复合弯曲，其中复合弯曲Ⅰ包含基本弯曲 1、2、3、4、5，复合弯曲Ⅱ包含基本弯曲 6、7、8、9、10，复合弯曲Ⅱ也可以看作是复合弯曲 A（包含 7、8、9）与基本弯曲 6、10 的组合。因此，为了合理地描述一条曲线上的复合弯曲与基本弯曲的嵌套结构，就需要建立一个曲线弯曲层次结构模型。

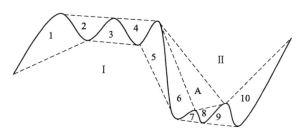

图 2.5　基本弯曲与复合弯曲示例

2）层次结构模型构建

常用的道路弯曲层次描述结构有二叉树、多叉树结构。基于二叉树的弯曲层次结构描述的主要原理是：首先，对弯曲的一侧以曲线的边为约束构建三角网，依据特征对 Delaunay 三角网进行分类，分为不同的特征三角形；然后，在三角网覆盖区域内，由外向里对三角形进行"剥皮"操作；最后，根据"剥皮"行进过程中记录的特征三角形识别并划分弯曲的层次结构，从而生成曲线弯曲的二叉树结构，如图 2.6、图 2.7所示。

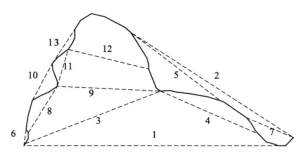

图 2.6　弯曲探测结果示例

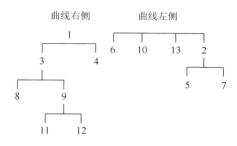

图 2.7　曲线弯曲的二叉树结构

翟仁健等（2009）提出，基于多叉树的弯曲层次结构描述的主要原理是通过"正向弯曲追踪"和"反向弯曲追踪"，逐级获取弯曲的层次关系和相邻关系，生成的曲线弯曲多叉树结构如图 2.8 所示。曲线弯曲多叉树结构相比二叉树结构的优势在于，弥补了二叉树结构对曲线两侧弯曲相邻关系描述的不足，实现了曲线形态的完全结构化，建立了曲线与弯曲、弯曲与弯曲之间较为完整的深度层次和平行结构上的空间关系。

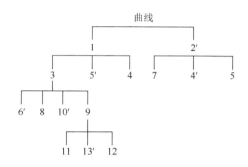

图 2.8　曲线弯曲的多叉树结构

3）弯曲删除的一般过程

在完成以上两个步骤后，开始对具体的弯曲对象进行删除操作。操作涉及两部分内容：一是弯曲删除阈值的确定；二是删除流程或称为删除策略的制定。

弯曲对象既可以看作一个弧段对象，也可以看作一个面状对象。弯曲的曲线长度、基线长度和面积等称为曲线的描述信息，也称为弯曲形态特征参量。在编程实现过程中，为了方便管理弯曲对象本身及其形态特征参量，下面定义三个层次弯曲相关的对象：

（1）基本弯曲对象。基本弯曲对象对应弯曲本身，其成员变量包括弯曲的弧段长度、弯曲的基线长度、弯曲面积、最大垂距等形态特征参量，几何部分包括基本弯曲的起止点坐标信息、曲线节点坐标信息，以及表示基本弯曲对象的 ID。

（2）道路弯曲集合对象。道路弯曲集合存储同一道路上的所有基本弯曲，包含由基本弯曲组成的链表对象（即同一条道路上所有弯曲的集合），以及与道路有相同标识的 ID。

（3）图层弯曲集合对象。图层弯曲集合存储同一图层中所有道路对应的基本弯曲集合对象的集合，包含由道路弯曲集合对象组成的链表对象，以及与图层有相同标识的 ID。

弯曲删除阈值所依据的标准可以通过弯曲形态特征的某一参量或参量的组合进行衡量，常用的弯曲形态描述参量（武芳和朱鲲鹏，2008；刘慧敏等，2014）如表 2.3 所示。

表 2.3　常用的弯曲形态描述参量

| 参量名称 | 参量定义 | 参量计算示例 |
| --- | --- | --- |
| 弧段长度（$L$） | 弯曲对应曲线弧段长度 | $L$ |
| 基线长度（$D$） | 弯曲起止点连线长度 | $D$ |
| 弯曲面积（$A$） | 弯曲弧段与基线围成的面积 | $A$ |
| 最大垂距（$H$） | 弧段上的节点距离基线的最大距离 | $H$ |
| 弯曲度（$F$） | 弧段长度与基线长度的比值 | $F = L/D$ |

根据以上参量即可进行化简条件的判断。弯曲的删除除了考虑以上阈值外，还需要考虑删除的策略问题。一是弯曲删除的顺序。从以上介绍的弯曲层次结构可知，弯曲删除应该按照从弯曲结构树自下而上的删除顺序，也就是对基本弯曲优先删除；二是弯曲删除的对象。由于曲线相邻两侧弯曲在删除时会相互影响，一侧弯曲删除后与其相邻的另一侧的两个弯曲将自动合并成一个大弯曲，因此需要制定一个合理的判断规则对删除对象进行合理分配。以上两个方面的策略制定将在很大程度上影响化简结果的整体形态特征和层次性保持。

### 2. 曲线弯曲化简的层次性

本书所提出的化简层次性是指不同化简阈值的化简结果之间形态的渐进变化。为了直观地展示化简的层次性概念，对其简单举例，如图 2.9 所示。假设原始曲线上的 8 个弯曲均刚好满足删除阈值，若采取直接按照阈值删除，则所有 8 个弯曲一次性全部删除，化简结果为一条直线。然而，事实上间隔性的删除就能使化简后的弯曲满足删除阈值，并且对弯曲的形态特性最大限度地保留。图 2.10 中间隔性地删除了 3 个弯曲，即得到了由 3 个大弯曲组成的曲线，使化简结果满足阈值要求，如化简程度 1 所示；若进一步扩大删除阈值，则可以得到如化简程度 2 所示结果，体现出曲线化简的层次性。

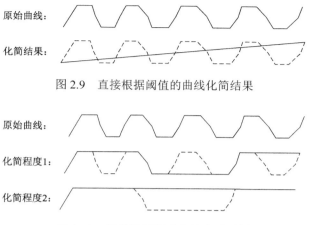

图 2.9　直接根据阈值的曲线化简结果

图 2.10　简单的间隔式化简方式示例

　　但是并不是所有曲线都可以简单地采取等间隔的弯曲化简，图 2.10 中的示例是在弯曲均匀分布时才适用，由于弯曲的形态各异，因此需要根据不同弯曲特点考虑弯曲删除策略所造成的误差大小。

### 3. 道路形态化简的特点

　　与简单的曲线化简不同，地图要素的化简需要结合要素的实际特点进行，本质上说，要素的化简与曲线的化简的区别主要在于加入了特定的限定条件。例如，等高线化简通常只考虑一侧的弯曲（地貌综合中通常将山岭、山脊、鞍部等地形特征称为正向地貌形态，把谷地、洼地、山间盆地等称为负向地貌形态），正向地貌综合中通常删除谷地，合并山脊（王家耀等，1993）；海岸线的综合则要求依照"扩陆缩海"的原则，同时保持不同部分的弯曲密度对比以及海岸线所处区域的地理环境特征，在对地理环境分析的基础上设计岸线的化简方法（刘欢等，2010；黄亚峰等，2013）。由此可见，地理环境特征约束是制图综合从理论走向实际应用的一个研究重点。

　　同样，道路的化简过程也不是一个简单的曲线化简，需要从道路要素自身的特点出发，对化简的方法和流程进行定制。虽然单个道路曲线在形态上相比其他地图上的线状要素要简单，在大比例尺地图上语义等级较高的道路，如高速路一般表现为直线或者弯曲角度很小的曲线，弯曲道路主要出现在盘山公路、乡村公路、城市中的支路等，但随着比例尺的缩小，高等级的道路也会慢慢呈现出一定的弯曲结构，因此化简的工作量并不小。同时，道路网与其他要素相比有着更为复杂的结构和空间关系，具体表现在以下两个方面：

　　（1）道路网自身的网状结构分布。道路相比其他要素相互间的连通关系更加紧密，一般呈现出网状的结构，在选取和化简时均要考虑保持道路的连通性特征。

　　（2）道路与其他要素的空间关系。道路与其他要素的空间关系主要表现在线状道路与其他点、线、面要素的拓扑关系上。本书中所考虑的空间关系主要是指道路与要素间的拓扑关系（附加道路与水系要素的角度关系）。

### 2.1.3　居民地重要性影响因子模型

居民地的取舍主要依赖于居民地的重要性程度。在地图上,重要的居民地要素应该被优先选取,制图人员可以根据居民地在地图上的重要性优先选取重要的居民地。居民地的大小、行政等级等属性在地图上都可以很直观地显示出来,专家在进行选取时很容易凭借这些属性选取重要的居民地,同时,在选取时,还应顾及居民地的位置特征,即居民地与其他地物的空间关系。居民地的位置特征在地图上也可以通过人眼识别出来,在计算机中,则需要通过对居民地与其他地物之间进行空间分析来判定居民地位置特征的重要性。本节对居民地重要性影响因子模型进行介绍,为后文中基于数学评价和案例推理的居民地选取提供理论基础。

在地图上,制图人员依据居民地的重要性决策居民地的取舍,重要的居民地会被优先选取(赵辉,2008),但重要性如何体现、复杂制图环境下需要考虑哪些影响因子等问题有待挖掘。本书在前人研究的基础上(何宗宜,1986;钱海忠,2002;蔡永香和张成,2006;郑春燕和胡华科,2012;王家耀,2014;胡慧明,2016;谢丽敏,2018),从制图专家的角度综合考量居民地所处的制图环境,归纳出三类重要性因子:居民地自身影响因子、居民地之间影响因子以及居民地与其他要素间影响因子,具体指标统计结果如表 2.4 所示。

表 2.4　居民地选取影响因子统计表

| 重要性影响因子分类 | 具体指标 |
| --- | --- |
| 居民地自身影响因子 | 面积、行政等级、人口数 |
| 居民地之间影响因子 | 全局密度、一阶邻近度、局部密度、邻近居民地距离、邻近居民地等级差、邻近居民地面积差 |
| 居民地与其他要素间影响因子 | 邻近道路等级、邻近水系等级 |

专家在居民地选取时很容易得到行政等级、人口数等影响因子,但在选取的过程中,居民地面积、居民地之间影响因子、居民地与其他要素间影响因子等虽然可以在地图上通过人眼识别出来,但在计算机中,则需要通过空间分析等方法来得到。

1. 居民地自身影响因子

居民地自身影响因子是指居民地本身所含有的对选取有一定决策作用的属性,包括居民地面积、行政等级、人口数等。其中,人口数可由统计数据得到,这里主要介绍面积、行政等级的求解方法。

1)面积

居民地面积的大小在地图上是居民地取舍的最直观的影响因素,在进行居民地的选取时,制图人员一般会舍弃面积较小的居民地,保留面积较大的居民地。计算居民地面积的方法一般为解析法,即通过坐标计算居民地的面积,其数学模型如下:

$$S = \frac{1}{2} \sum_{i=1}^{n} x_i (y_{i+1} - y_{i-1}) \qquad (2.2)$$

$$S = \frac{1}{2} \sum_{i=1}^{n} y_i (x_{i-1} - x_{i+1}) \qquad (2.3)$$

当 $i-1=0$ 时，$x_0 = x_n$；当 $i+1 = n+1$ 时，$x_n + 1 = x_1$。其中，$x_{i-1}$、$x_i$、$x_{i+1}$ 表示居民地的横坐标；$y_{i-1}$、$y_i$、$y_{i+1}$ 表示居民地的纵坐标。

2）行政等级

居民地面积不是决定其重要性的唯一因素。在进行居民地的选取时行政等级有最重要、最明显的影响，即某一居民地的行政等级越高，其被选取的程度也就越大，反之，其被删除的可能性也就越大。

将居民地按其行政等级进行划分，并对其进行数值化，如表 2.5 所示。

表 2.5　居民地行政等级数值化处理标准

| 行政等级名称 | 等级 |
| --- | --- |
| 地级市/自治州 | 一级 |
| 市辖区/县/县级市 | 二级 |
| 乡/镇 | 三级 |
| 村 | 四级 |

此外，地图中还存在某些具有特殊政治、经济、文化意义的居民地，它们要着重标记，并设置较高的行政等级后再进行选取和删除判断。

2. 居民地之间影响因子

制图人员在进行居民地选取时，不仅要考虑行政等级、面积等居民地自身所具备的属性，还要考虑居民地之间的相互影响。对居民地之间的影响因子进行归纳汇总，其中邻近居民地距离、邻近居民地等级差、邻近居民地面积差均是描述邻近居民地之间制图环境的影响因子，对这些指标的研究较为成熟，但目前对居民地全局密度、一阶邻近度、局部密度 3 个影响因子研究较少，本节重点对这三个影响因子展开研究，其具体求解方法介绍如下。

1）全局密度

居民地全局密度（Global Density，GD）采用约束 Delaunay 三角网提取居民地空白区域的骨架线（胡慧明，2016），通过在居民地之间的空白区域构建骨架线，完成居民地要素与骨架线网眼间一一对应的关系，从而将居民地邻近关系转化为骨架线网眼的邻近关系，网眼的大小反映了居民地分布密度情况（王骁，2015），其步骤如下：

（1）确定居民地数据边界。

（2）加密居民地节点。由于居民地数据节点较少，为了构建较好的 Delaunay 三角网，需要进行节点加密。

（3）构建约束 Delaunay 三角网。以居民地轮廓和边界为约束边，构建约束 Delaunay 三角网。

（4）提取空白区域骨架线，并提取 Delaunay 三角网的骨架线，形成面要素的 Voronoi 图，建立居民地要素的邻近图，如图 2.11（a）、图 2.11（b）所示。

这种方法与基于居民地重心构建的居民地邻近关系 Voronoi 图（蔡永香，2007）[图 2.11（c）、图 2.11（d）]进行对比，对图 2.11（b）、图 2.11（d）红色标注分析可知，对于面积稍大的居民地，基于重心构建的邻近结果不能保证居民地的完整性，而本书方法能很好地保证居民地的完整性，更好地反映出居民地之间的空间邻近关系和分布特征。

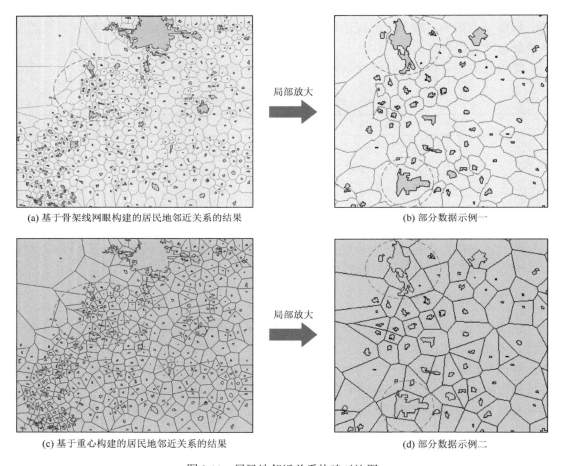

(a) 基于骨架线网眼构建的居民地邻近关系的结果　　　　　　(b) 部分数据示例一

局部放大

(c) 基于重心构建的居民地邻近关系的结果　　　　　　(d) 部分数据示例二

局部放大

图 2.11　居民地邻近关系构建对比图

居民地全局密度指标反映了居民地在全局中的分布和位置特征。从图 2.11 可以看出，居民地要素全局密度越大，对应的网眼面积相对越小，其被舍去的概率越大。居民地全局密度（GD）指标的计算公式如下：

$$GD(i) = 1 - \frac{S_{\text{Area}(i)}}{S_{\text{Mesh}(i)}} \tag{2.4}$$

式中，$S_{\text{Area}}$ 为居民地的面积；$S_{\text{Mesh}}$ 为居民地对应的骨架线网眼面积。GD 值越大，居民地被选取的概率越小，反之，被选取的概率越大。

2）一阶邻近度

面状居民地要素的选取除了要考虑居民地在全局中的分布和位置特征外，还要考虑其在局部区域中的相对重要性。本书引用居民地一阶邻近度和局部密度指标来反映其局部重要性（宋鹰等，2005）。

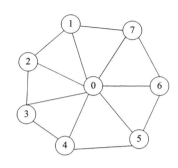

其中，一阶邻近度（First Order Proximity，FP）是在网络分析中描述居民地中心性的度量指标，如图 2.12 所示，节点 0 周围有 7 个节点，则一阶邻近度为 7。节点的一阶邻近度越大，则该节点在网络关系中越重要。在居民地选取指标中，一阶邻近度是指与目标居民地邻接个数的总和。其计算公式如下：

图 2.12　网络节点中一阶邻近度模型

$$FP(i) = \sum_{j=1}^{n} \delta_{ij}\,(i \neq j) \qquad (2.5)$$

式中，$FP(i)$ 为居民地 $i$ 的一阶邻近度；$\delta_{ij}$ 表示居民地 $j$ 是否与居民地 $i$ 具有邻接关系，如果具有邻接关系，则 $\delta_{ij} = 1$，否则 $\delta_{ij} = 0$。若目标居民地的一阶邻近度越大，则代表目标居民地的连通性越好，被选取的概率越大。

3）局部密度

居民地局部密度（Local Density，LD）通过居民地构建的骨架线网眼计算得到，如图 2.13 所示，其为截取图 2.12 部分数据构建的骨架线网眼示例，其中居民地局部密度（LD）的计算公式如下：

$$LD(i) = \frac{FP(i) + 1}{S(i) + S'(i)} \qquad (2.6)$$

式中，$FP(i)$ 为居民地 $i$ 的一阶邻近度；$S(i)$ 为居民地 $i$ 所在骨架线网眼的面积，即图 2.13 中紫色目标多边形的面积；$S'(i)$ 为居民地 $i$ 的一阶邻近骨架线网眼面积之和，即图 2.13 中绿色多边形面积之和。

3. 居民地与其他要素间影响因子

居民地与其他要素之间的影响因子主要是指居民地与邻近道路或水系之间的关系，即其位置特征。居民地要素的位置特征重要性可以依据地图上的其他要素（如道路网、水系等）凸显出来，若一个居民地要素处于道路交通枢纽的位置，则其重要性程度相对较大；若居民地为独立地物，周围无道路网与之相连或相邻，则其重要性程度相对较小；若居民地要素处于较为重要的水系附近，则其重要性程度亦很重要。因此，在判断居民地要素位置特征重要性时，需要通过与其相关联的其他地物要素来计算出居民地要素的

图 2.13　居民地局部密度模型

重要性程度。以道路为例，如图 2.14 所示，居民地处于多条道路交叉口，则其邻近道路数量越多，等级越大，其地理位置越重要，被选取的可能性越大。因此，在判断居民地要素位置特征重要性时，需要通过与其相关联的其他地物要素来计算出居民地要素的重要性程度。邻近道路等级和邻近水系等级的获取方法相似，下面对居民地邻近道路等级的获取方法进行详细介绍，邻近水系等级的获取方法不再赘述。

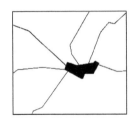 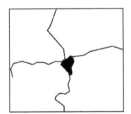 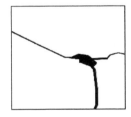

图 2.14　处于交通枢纽的居民地

居民地邻近道路等级（Neighbor Roads Grade，NRG）的计算公式为

$$NRG(i) = \sum_{i=1}^{n} N_r \times L_r \qquad (2.7)$$

式中，$NRG(i)$ 为最终的道路等级加权；$N_r$ 为第 $i$ 个居民地的邻近道路中 $r$ 级道路数量；$L_r$ 为第 $r$ 级道路对应的权重数。该影响因子获取流程如图 2.15 所示。

具体步骤为：首先，对道路数据依据编码进行等级化；其次，设置阈值，对居民地要素构建缓冲区；再次，将道路数据与居民地缓冲区数据进行叠加分析；最后，对与居民地要素相交的道路的数量与等级做统计和计算，得出结果，用以衡量居民地的重要性。

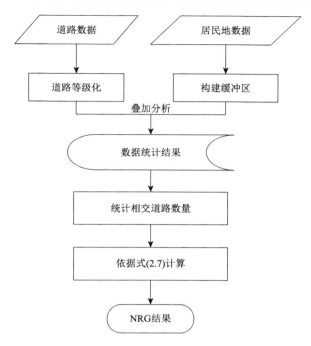

图 2.15　居民地邻近道路等级获取流程图

## 2.2　制图综合知识

### 2.2.1　制图综合知识的概念与形式化

1. 制图综合知识的概念

知识是人类在认识自然、改造自然的过程中所获得的解决问题的相关经验、规则、定理、定律和方法等的总称（郑振楣和石树刚，1990）。知识对人类的生产实践活动具有重要的指导意义。人类在进化过程中无时无刻不在创造知识，并且不断探索新的知识表示方法。图像、文字和语言是人类记录和传递知识的主要方式，从人类文明的起源到当今的信息化时代，人类的知识表示仍主要沿用这三种方式。

王家耀（2014）将制图综合知识定义为：根据地图用途、制图区域地理特点和比例尺等条件，通过科学地抽象和概括而形成的能够完成制图综合任务，并且建立反映区域地理规律和特点的地图模型的制图方法的统称。制图综合知识来源于既有的编图规范，以及地图生产实践过程中的经验积累。知识的获取过程，即形式化表达各项制图规范和专家经验的过程。

综上所述，制图综合知识是对制图综合中问题求解的规范化描述。制图综合知识的特点可概括为以下三点：

（1）存在形式上的多样性，具体体现在制图综合过程中制图员思维过程的多样性；

（2）主观与客观的结合，在遵循一定规则或规律的基础上包含一定的主观偏好；

（3）知识具备一定的模糊性，没有明确的标准，难以模型化和算法化表达。

制图综合知识的重要性体现为以下 3 个方面：一是制图综合前数据准备和制图综合后数据检查的依据可用来评估地图数据质量和制图综合结果质量；二是各类自动制图综合算法和模型实施制图综合的理论依据可为算法和模型的设计提供参照，同时也是算法和模型计算的约束条件；三是实施制图综合过程的依据确保制图综合过程有序实施。

### 2. 制图综合知识的形式化表达

在计算机被发明后，随着人类在计算机技术上的不断进步，人类不再满足于使用计算机进行简单的数值计算，开始探索其对知识处理的能力。计算机对知识处理时，由于计算机的逻辑运算方式和知识问题的复杂性，需要将知识问题以及问题的推理方式采用机器可执行的形式进行描述，随即出出引申出面向计算机的知识形式化表示问题。知识形式化表示的目的是将以非数值形式存在的语义和语义关系，转化为计算机能够执行逻辑运算的符号问题（危辉和潘云鹤，2000）。

选择知识表示方法时需要考虑以下 4 个方面：①充分表示领域知识；②有利于对知识的利用；③便于知识库的维护与管理；④便于理解实现。

面向计算机的知识表示方法可主要归纳为以下几种（Esfahani and Kellett, 1988；危辉和潘云鹤，2000；Grabowik and Knosala, 2003；汤文宇和李玲娟，2006；徐宝祥和叶培华，2007；Ayala, 2010；蔡自兴和蒙祖强，2010；梁柱和曾绍玮，2010）：

1）状态空间表示法

状态空间由初始状态集合 $S$、操作算子集合 $F$ 以及目标状态集合 $G$ 所组成的三元组 $<S, F, G>$ 构成。问题通过状态空间表示法求解的过程可简单描述为：由初始状态出发，通过操作算子不断改变状态，当达到目标状态时，由初始状态到目标状态所用的所有的操作算子的序列就是问题的解。该知识表示方法适用于问题状态容易描述、有明确状态变化过程，且对空间规模较小的问题求解。

2）一阶谓词逻辑表示法

一阶谓词逻辑表示法以谓词形式来表示动作的主体、客体，是一种叙述性知识表示方法。其描述方式为 $P(x_1, x_2, \cdots, x_n)$，$P$ 是谓词，$x_i$ 是个体（常量、变元或函数）。该知识表示方法适用于基于定理方法求解问题的系统。

3）产生式表示法

产生式表示法用"If-Then"的规则形式表示条件-结果的求解关系，If$<A>$Then$<B>$，$A$ 为规则的先决条件，$B$ 为规则的结论，可表示具有因果关系的知识类型。该知识表示方法常用于构建基于规则的专家系统。

4）框架表示法

框架表示法模拟人脑对问题及其场景的记忆，是一种集事物各方面属性和关系的描述。框架是面向以往经验和信息存储的一种数据结构，已解决的问题通过框架的形式进行"记忆"，新的问题可以通过从记忆中寻找相匹配的框架来分析和解释。如图 2.16 所示，框架表示法的数据结构分为三层。

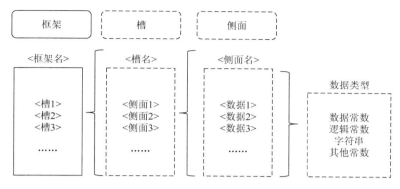

图 2.16　框架表示法的三层数据结构

由于框架表示法采用框架—槽—侧面的多层结构，可以将描述对象的各类属性、附属关系、特征以及变化等信息在统一框架下存储，通过匹配来得到对目标对象的分析和解释。当前，框架表示法已经得到广泛应用，在分类、预测以及行为模拟方面发挥了其独特的优势。

5）脚本表示法

脚本表示法（又称为剧本表示法）是框架的一种特殊形式。它模拟戏剧中场次依次出现的模式，用一组槽描述某些事件发生的序列。由于剧本采用固定出场方式对事件进行序列化表示，每个槽和侧面对应特定内容，因此脚本表示法属于一种特殊结构的框架表示方法。其应用的领域范围比较狭窄，主要面向有固定模式的知识表示，如活动策划、行动规划以及作战方案等。

6）语义网络表示法

语义网络表示法采用广义图的形式对知识进行表示。图的组成部分为节点和弧段，节点用于表示实体或实体相关概念、状态以及属性等；弧段为节点之间的连接，用于表示实体间的关系，不同弧段上注释着一阶谓词逻辑中的各类谓词。

语义网络表示法相比其他知识表示方法具备以下优势：①视觉上的直观性，可以直观地向使用者传递描述对象的相关信息；②可解释性较强，具备"联想"的能力，通过一个节点可以很容易地关联到其邻接节点；③具备较强的通用性，符合人一般的思维过程和知识组织习惯，可应用于各领域的知识表示。

7）面向对象表示法

面向对象表示法将客观世界描述为不同类型实体的组成。这些实体进一步包含不同状态和动作。对相似的实体进行抽象得到更高层的实体，并通过实体的对象化得到具体的实体对象，即该实体的映象。对象中封装了成员变量（属性）和成员函数（方法）。成员变量描述该对象的各类属性，这些属性可分为隐蔽（私有）和公开两种类型。外部世界可直接更改公开成员属性，以及通过成员函数操作私有属性，以实现对象状态的动态更新。成员函数的存在使得面向对象的知识本身既是信息的存储单元，又具备独立的信息处理能力。

将各种类型的知识表示方法的优势和不足进行归纳，如表 2.6 所示。从表 2.6 可以看出，各种类型的知识表示方法均有其特定的优势和不足。因此，采用何种知识表示方法，需要综合考虑所针对的领域问题特点、知识来源以及知识库的管理策略。

**表 2.6　面向计算机的知识表示方法**

| 序号 | 表示方法 | 优势 | 不足 |
| --- | --- | --- | --- |
| 1 | 状态空间表示法 | 揭示内部变量与外部变量间的相互关系 | 节点多，易出现组合爆炸 |
| 2 | 一阶谓词逻辑表示法 | 严密性和通用性强，便于实现 | 难以表达不确定性知识 |
| 3 | 产生式表示法 | 便于理解，通用性强 | 难以表达结构化知识 |
| 4 | 框架表示法 | 结构性强，保证知识的一致性 | 难以表达过性知识 |
| 5 | 脚本表示法 | 结构性强，易于理解 | 结构呆板，灵活性差 |
| 6 | 语义网络表示法 | 结构性强，能够表达知识间关系 | 处理复杂性高 |
| 7 | 面向对象表示法 | 结构性强，重用性好，符合认知习惯 | 抽象难度大，不利于知识优化 |

制图综合知识以事实与描述型知识和推理与过程性知识为主。这些知识来自制图规范或专家经验，大部分由前置条件加上推理结论组成，十分适合采用产生式规则进行表达，因此当前制图综合专家系统采用的是产生式表示法。

知识形式化的本质就是将知识转化为计算机能够自动执行的逻辑指令。制图综合操作自动执行的关键在于"推理与过程型"制图综合知识的形式化表达。毋河海（2000）将自动制图综合的基本问题归纳为两个方面：一是建立基础理论模型；二是实现基本技术方法。基本技术方法可进一步分解为"何时"（When）（在什么时间执行什么综合操作）、"何处"（Where）（在什么地方进行什么综合操作）、"怎么做"（How）（采用什么具体方法进行什么综合操作）三个问题（2W + H）。因此，制图综合知识的形式化表达可以看作是对"2W + H"的形式化描述。

知识形式化表达的手段有很多，且不存在绝对的优劣之分，不同的形式化表达手段之间是相互补充的关系。由于制图综合知识的类型多样，需要采用不同形式化表达手段发挥各自的优势和特点，才能保证制图综合知识表达的准确性和完整性。其中，产生式规则法以及算法和模型表示法是制图综合知识常见的形式化表达方法。

（1）产生式规则法。产生式规则由两部分组成。If$<A>$Then$<B>$，$A$ 为规则的先决条件，$B$ 为规则的结论。例如，常年河在 1∶10 万地形图上的选取规则如式（2.8）所示：

$$\text{If (Code} = 160201 \ \& \ \text{Length} > 10\text{mm) Then (Select)} \tag{2.8}$$

实际生产中的地物要素数据以矢量和基本属性的形式存在，缺乏关于地物本身综合相关地理意义和综合环境的描述（齐清文，1998）。要组合成具备可执行能力的规则，需要通过空间分析的手段从地物中抽取出相关信息，从而对这部分描述进行补充。王家耀和钱海忠（2006）认为，每一条知识规则都包括如式（2.9）所示的 6 个组成部分：

$$\text{Generalization Knowledge} < \text{ID, Cod, GQ, GC, GO, GA} > \tag{2.9}$$

式中，ID、Cod、GQ、GC、GO、GA 分别表示准则记录编号、数据编码、综合阈值、综合环境、综合操作、综合算法，前五项为先决条件，后一项为结论。将制图规范和专家经验进行规则化并存储在专家知识库中是建立制图综合专家系统的主要手段。

（2）算法和模型表示法。算法和模型表示法也称为数学模型方法，该方法将知识看作是描述外部世界的模型。数学模型方法在制图综合知识表达中的应用十分广泛，可用来解决很多具体的制图综合问题。例如，用于确定要素选取数量的开方根模型、用于化简的 Douglas-Peucker 算法和用于线要素选取的 Stroke 模型等。

从"2W + H"的角度看，数学模型描述下的制图综合知识是不完整的，缺少"2W"信息，即过程控制信息。这部分缺失的信息需要规则知识或制图员的直接交互来进行弥补。齐清文（1998）从制图综合的过程角度，对数学模型方法和专家知识推理的关系进行了总结。他认为，数学模型方法针对的是具体的综合操作的实施，如线要素的化简、面状要素的轮廓化简和合并等；专家知识的作用体现在对综合执行的判断和对操作实施的联结、控制上，两者相辅相成，从而得到理想的综合效果。简而言之，专家知识在制图综合的实施过程中起主导作用，数学模型则负责具体操作的执行（齐清文和潘安敏，1998）。因此，自动制图综合系统中需将产生式规则法与算法和模型表示法结合使用。

### 3. 制图综合知识的分类

关于制图综合知识的划分并没有统一的标准，众多学者从不同的角度将制图综合知识进行了不同类型的划分。

#### 1）依据知识覆盖范围划分

较为传统的划分方式是从知识覆盖范围的角度，将制图综合知识划分为 3 种：全局型知识、局部型知识和单目标知识。制图规范和作业手册中，经常以这 3 种形式对制图的标准和要求进行描述。例如，对地图负载量的约束属于全局型知识；普通地图上密集型居民地（编码：130000）要求每 $100cm^2$ 选取 $110\sim130$ 个、图上局部最大容量为每 $4cm^2$ 选取 7 个等属于局部型知识；1:10 万地形图上对水系中的常年河（编码：160201）要求图上长度大于 10mm 的必须选取等属于单目标知识。

#### 2）依据知识来源划分

知识来源主要为明确的制图规范和专家经验两种，其分别对应两种制图综合知识：逻辑型知识和经验型知识。逻辑型知识为固定的标准或规范，一般采用较为精确的描述，如在 1:10 万及 1:25 万比例尺图上，沟渠选取指标长度分别为 3mm 和 5mm（图上距离），间隔分别不小于 2mm 和 3mm。经验型知识产生于制图专家的科学实验和生产实践过程，这种类型大多没有严谨的理论依据，或难以用精确的数学模型进行描述，但对于解决制图综合中的实际问题非常有效。在实际运用中，经验型知识具有和逻辑型知识一样的判断和推理能力，但这种制图综合知识的形式化表达一直是研究的难点。

#### 3）依据制图综合约束划分

部分专家和学者将制图综合知识看作是制图综合过程中的约束条件（Weibel and Jones，1998）。约束条件可以划分为 4 种不同类型：几何约束、拓扑约束、结构约束和过程约束。几何约束主要针对要素的几何度量值进行约束，如长度、距离和角度约束等；拓扑约束主要用于保持综合过程中的要素间的拓扑关系，以及避免要素间的拓扑冲突，如道路和居民地在综合后不能出现压盖，居民地合并时要考虑道路网的约束等；结构约束针对地图数据整体分布进行约束，如道路和河流的选取和删除要考虑层次性；过程约束针对制图综合的操作步骤进行约束，用来确定制图综合操作的顺序、综合算法和阈值的选择。

4）依据知识的表达方式划分

依据知识的表达方式（钱海忠等，2012），按照其描述对象的详细程度，将制图综合知识划分为两类：精确型和模糊型（钱海忠等，2006）。精确型知识描述的主体为具体的要素对象，如在 1∶100000 地形图上，凡长度不足 15mm 的沟渠可舍去；模糊型知识往往不针对单一目标，而是对多个目标整体的描述，如图面载负量就属于模糊型知识。精确型知识具有较强的执行能力，在制图综合知识库中以精确型知识为主体。根据精确型和模糊型形式化方式的不同，可进一步将制图综合知识细划为三类：说明性知识、规则性知识和过程性知识。

（1）说明性知识是指对影响制图综合的因素的描述（如地图用途、尺度和区域特点等），以及对综合标准的说明；

（2）规则性知识是指各类地图要素在综合时所遵循的综合规则、优先级，以及实施各种综合操作的外部条件描述；

（3）过程性知识主要是指各类制图综合模型和算法（如线要素化简算法、面要素合并算法）。

说明性知识主要来源于制图综合的编绘规范和各种比例尺图式中的规定、标准以及地图内容各要素的定义和描述等，如地理要素的统一编码[如陆地交通（编码：140000）]。规则性知识依据要素的位置、长度、宽度、面积、高程等特征构建推理的前置条件，并包含条件相应的动作，如"不保留""必须选取""可以合并"等。

5）依据知识作用的对象划分

依据知识作用的对象将制图综合知识划分为几何型知识、结构型知识和过程型知识。几何型知识是关于广义对象的几何信息，如特征的位置、形状或分布；结构性知识包含有关整体对象结构的信息，如地图对象的地貌、经济或文化含义；过程型知识是用于决定综合操作实施的知识，主要包含可以指导为地图对象选择适当的综合算子的信息。

6）依据制图综合的流程划分

依据制图综合的流程将制图综合知识划分为事实与描述型知识、推理与过程型知识和综合评价型知识（应申和李霖，2003），这三种类型的知识也被称为环境知识、处理知识和质量知识（邓红艳等，2008）。事实与描述型知识主要针对与制图相关的要求、要素之间的关系以及要素属性等静态知识；推理与过程型知识主要是针对制图综合过程的决策相关知识，由综合分析和任务实现两部分组成，综合分析用来确定要素的特征、分布密度、分布特征、空间关系和综合影响等，任务实现用来执行具体的图形变换、综合算子选择和综合操作顺序控制等；综合评价型知识主要针对综合质量的评价。其中，推理与过程型知识在制图综合的自动化过程中起到关键性的作用，是计算机实施自动制图综合的依据。

对不同制图综合知识类型划分的特点进行归纳，如表 2.7 所示。各个不同的制图综合知识类型划分虽有所区别，但也存在互通的地方，其核心思想都是围绕执行制图综合操作的需要进行知识划分。其中，与制图综合操作实施关系最密切的就是推理与过程型知识（在部分划分中也称为过程约束、过程型知识或控制型知识）。

**表 2.7　不同角度的制图综合知识划分比较**

| 划分依据 | 划分类型 | 特点 | 相关学者 |
|---|---|---|---|
| 知识覆盖范围 | 全局型、局部型、单目标 | 区分不同层次的制图对象 | 王家耀 |
| 知识来源 | 逻辑型、经验型 | 区分逻辑与经验类型的知识 | 王家耀 |
| 制图综合约束 | 几何约束、拓扑约束、结构约束、过程约束 | 面向地图要素形态的尺度变换 | Weibel、Ruas、Dutton |
| 知识的表达方式 | 精确型、模糊型 | 区分知识不同形式的表达和使用 | 钱海忠 |
| 知识作用的对象 | 几何型、结构型、过程型 | 区分作用对象的不同属性侧面 | Armstrong、Muller、齐清文 |
| 制图综合的流程 | 事实与描述型、推理与过程型、综合评价型 | 涵盖制图综合的关键性步骤 | 应申、邓红艳 |

### 4. 制图综合知识的获取

制图综合知识的获取有三种途径：制图领域专家的经验知识、制图规范上的描述以及已有的制图成果。第一种途径，从专家那里获取，但是人们很快发现专家的许多综合行为只可意会而不可言传。第二种途径，从现有的规范中找，但是规范一般而言较为粗略，缺乏准确细致的描述。第三种途径，从现有的地图中获取，也就是参照以往的制图范例，其是当前研究的热点。

目前主要的制图综合知识的获取方法如下。

1）专家交流

制图专家在制图综合实践过程中积累了大量的经验知识，这些知识难以在教科书或制图规范中找到。无论知识获取的手段如何变化，知识的最终来源仍然是制图领域的专家，故与专家直接交流是最原始也是最直接的知识获取方法。该知识获取方法通过专家交流、群组讨论、问卷调查、观察学习或接受指导等方式实现。

2）形式化制图规范

制图规范（手册）上对各类要素的综合方法和综合程度进行了说明，这些说明性的文字通过计算机语言的解释可转化为用于指导自动制图综合的形式化规则或数学模型。例如，钱海忠等（2012）利用 1∶10000～1∶2000 地图图式中的缩编规则，将近 300 条制图综合规范转化为产生式规则的形式，结合具体的自动制图综合算法实现了要素的自动多尺度表达。

但是，由于制图规范在修订时所面向的使用对象是制图员，因此大部分关于制图综合要求的文字描述语言较为模糊，不易准确地形式化描述。例如，制图规范或手册中经常出现的模糊性描述词："适当""大致""主要""次要"等，这些模糊性的词汇对知识的形式化造成很大的困难。

3）逆向工程

逆向工程（Reverse Engineering）法是一种从目标产品反推其组成、成分和成分间关系的分析方法。Weibel 等（1995）首次将逆向工程的方法引入制图综合的知识获取中，从已有的制图成果反推出相应的知识，通过逆向工程的手段，重建制图专家在作业过程中对要素对象所采取的一系列制图综合决策，并从中挖掘知识。该方法通过专家制图成果反向推演得到知识，适用于难以直接访问制图者的情况。

例如，Leitner 和 Buttenfield（1995）通过分析奥地利国家系列地形图，统计推断出居民地、道路和水系等地物要素的选取标准，以及居民地和建筑物等地物轮廓化简标准。Li 和 Choi（2002）通过香港 1：200000～1：1000 系列地形图中的道路要素的形态变化指标，归纳出道路选取相关属性（如类型、长度、宽度、车道数和连通性）对道路选取影响的权重值，并通过计算得到的权值进行道路重要性评价，进而对道路进行自动选取。

## 2.2.2 基于案例的制图综合知识获取

制图综合过程对人类思维活动的高度依赖使其具备一定的复杂性和模糊性，导致制图综合知识难以直接形式化描述为规则。制图综合过程的模型化和算法化与制图员思维活动的主观性、模糊性之间存在着难以调和的矛盾。虽然算法和模型在解决诸如要素形态变化、聚类分析和模式识别等方面取得了很好的效果，但仍存在大量难以模型化和算法化的制图综合问题，如不同场景下的算法工具交互问题、多指标模糊性决策问题以及视觉依赖性强的模式识别问题等，因此对可形式化表达、便于获取的制图综合知识的需求尤为迫切。随着逆向工程知识获取手段的应用和案例推理（Case-based Reasoning，CBR）技术的兴起，"案例"的概念在制图综合知识表达的研究中逐渐引起广泛重视。基于案例的制图综合知识获取就是从案例中挖掘潜在的模糊性制图综合知识，以弥补基于算法和模型的综合方法在表达模糊型知识上的不足。

1. 制图综合案例的理论基础

1）从思维建模到行为模拟

"对制图员的思维过程进行建模"，这是长期以来存在于研究自动制图综合学者们脑海中的一个惯性思维。制图综合是一个复杂的过程，模型化和算法化的知识形式化方式研究成本较高，且模型往往只针对一种特定的综合过程，需要持续不断地研究和改进。并且，一旦算法和模型确定，则只能按部就班地执行，对于计算机而言，执行一次综合任务与执行一百次综合任务后的业务能力毫无区别，不能通过主动获取制图知识、积累经验来提升业务能力。若能实现机器的自主学习，则对于机器的业务水平的提高无疑是一个质的飞跃。

制图综合专家系统，20 世纪 90 年代初经历了一次研究的热潮，但是知识的获取难度和适用性等问题导致其难以真正地有效应用。反观计算机领域，人工智能系统在研究的初期也陷入过同样的瓶颈，然而随着统计学习思想的出现，人工智能系统的发展进入了一个崭新的阶段（周志华和王珏，2009；李雄飞等，2010）。近 20 年来，机器学习无论是在理论还是在应用方面都得到了巨大的发展，基于机器学习方法的人工智能解决方案逐渐体现出其强大的优势，并被广泛应用于模式识别、数据挖掘、自然语言处理、语音识别、人脸识别等众多领域。这些应用得以实现的基础是海量的数据和灵活高效的统计学习方法。例如，在研究自然语言理解的智能化方法之初，学术界也普遍认为，要使计算机具备接近于人类的语音能力和翻译水平，首先需要通过建立模型和语义库的手段让计算机读懂自然语言。建立模型和语义库的方法虽取得了一定的效果，但难以应对自然语言表达的模糊性和歧义性，因此在进一步的研究中遇到了重重困难。如今机器翻译和语音识别技术已经十分成熟，并有上亿人使用，其实现并不是靠计算机理解了自然语言，而是另辟蹊径，依靠机器学习算法，对计算机存储的海量句子本身进行基于数据的推理学习。

因此，对于自动制图综合而言，要想实现机器对人类制图综合过程的模拟，就需要借助"行为模拟"的思想，从"行为记录"中挖掘潜在的模糊型知识。制图综合中，相同或相似的制图综合环境下应该采用相同的制图综合方法；并且在制图过程中，大量相同或相似的制图综合问题会重复发生。

2）利用案例实现行为模拟

对于地图生产来说，每一张成图中都蕴含着丰富的制图综合信息，每天制图专家都要重复上万次综合操作，这些信息和操作记录即"制图综合案例"，若能合理地提取并管理起来，其将成为一座内涵丰富的制图知识宝库，同时若能合理地把机器学习的方法移植到制图综合知识挖掘中来，让机器自动推理出有用的制图综合知识，将大大提高制图综合的智能化程度。

基于案例的推理，简而言之，就是一个"行为模拟"的思想，案例即制图综合专家的"行为记录"，研究的对象是已发生（存在）的案例，通过机器学习手段对案例库进行知识挖掘和推理，可以克服算法、模型以及专家系统面临的难题，具有简化知识获取、提高求解效率、改善求解质量、便于知识积累等优点。

因此，本书借鉴 CBR 和机器学习的方法，将案例推理的思想应用于制图综合知识的获取，并提出了基于案例的制图综合知识获取方法。通过研究基于案例的制图综合知识获取手段，寻求一种能够让机器具备自主学习制图综合行为的方法，减轻研究算法和模型的负担，提升制图综合的自动化和智能化程度。

2. 制图综合案例的概念

1）定义

本书将制图综合中用于制图综合知识获取的样本或案例数据统称为制图综合案例（Cartographic Generalization Case，CGC），并将其定义为：对专家制图综合操作、判断或决策的记录，用于挖掘隐含在制图综合过程中的决策知识、关联关系或形态模式。

例如，把制图人员对地图要素的一次综合操作比作是医生对病人的一次成功诊断

"病例"，一幅综合好的成果图就可以看作是"病例"的集合，一两个"病例"可能体现不出诊断方案与特定病例的关系，然而随着"病例"的增多，诊断与"病例"之间将逐渐呈现出明显的规律性，就算是尚无经验的实习医生也可以根据从"病例"中归纳出的诊断规则对新的患者进行诊断。首次将案例推理的思想应用于制图综合中可追溯到 Weibel 等（1995）提出了"利用机器学习的手段突破制图综合知识获取瓶颈"的观点。

一直以来，学者们沿用监督学习中的术语，将制图综合中参与机器学习的带标记的专家经验数据称为样本（Sample），部分国内的学者则将其称为案例（Case）。随着研究的深入，形式多样的制图综合样本或案例被发掘，其内涵已经超出了一般样本的范畴，不仅仅局限于带标记的语义样本，而且向矢量要素对和栅格型图像样本的形态拓展（何海威等，2020）。

2）特点

制图综合案例具有以下三个特点：

（1）结构简单。制图综合案例的主体结构由表示案例对象的制图综合环境描述参量，或案例对象几何形态的矢量，或栅格数据组成，案例数据以属性表、矢量或栅格的形式进行存储，结构简单易于管理。

（2）来源广泛。制图综合案例既可以通过记录制图综合专家的操作过程进行实时获取，也可以通过比对多尺度成果数据进行自动获取。

（3）内涵丰富。制图综合案例可以以多种形态存在，其作为专家经验知识的"直接载体"隐含了难以形式化表达的制图综合知识，可直接通过类比推理方式作为知识使用，或在不同的学习和推理算法的挖掘下转化为其他多种表达形式的知识。

3）结构组成

案例包括 3 个组成部分：问题或者情景描述、解决方案、导致的结果。其中，前两部分内容是进行案例推理或机器学习的关键。根据案例的一般性结构，本书将制图综合案例的一般表达设计为三个部分：案例对象元信息（Information，$I$）、案例特征项（Feature，$F$）以及综合标记（Lable，$L$）。将其形式化表示为

$$CGC :< I, F, L > \tag{2.10}$$

制图综合案例的三个组成部分如下：

（1）案例对象元信息（$I$）。狭义的案例对象是指具体操作的地图要素，如道路、居民地、水系等。而理论上，广义的案例对象还可以往更低一级的层面进行拓展，综合操作的对象可以是弯曲单元、弧段，甚至节点；高一级的层面，案例对象可以是要素群组、整个要素类；往更高一级，可以是整个要素层或整个图幅，甚至也可以是综合算法，如图 2.17 所示。制图综合知识的层次性和多样性决定了在选取案例对象时的层次性和多样性。

当前阶段的研究主要是针对地物要素对象进行案例化的描述，如图 2.18 所示，针对某要素的每次制图综合操作对应于一条制图综合案例。

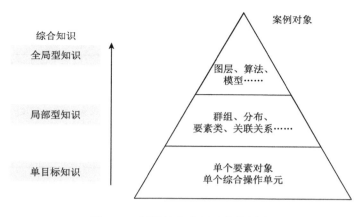

图 2.17　制图综合案例对象的层次

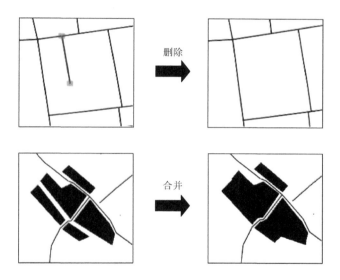

图 2.18　简单的制图综合案例示例

（2）案例特征项（F）。其在其他系统中也称为描述项或属性项。当前研究成果中的案例描述项均以属性表的形式存在，包含综合对象所处的制图环境和综合对象自身的信息描述两部分。综合对象所处的制图环境，用来确保综合对象在同一综合标准下进行基于案例的推理。综合对象自身的信息描述则是指综合对象自身的属性、空间关系描述以及其他能影响制图综合操作的描述项等，其目的是区分不同综合结果所对应的综合对象类型，确保在进行相似性推理时新的综合任务对象能够匹配到正确的综合结果，或在进行归纳推理时得到符合综合经验的模型。

如表 2.8 所示，按照案例对象与特征项的关系，可以将特征项分为自身属性特征和空间结构特征；按照特征项的数学属性可分为连续型和离散型，其中离散型特征值又分为有序和无序两种。

表 2.8  制图案例特征项分类

| 分类标准 | 分类 | 示例 |
|---|---|---|
| 按案例对象与特征项的关系 | 自身属性特征 | 行政等级、技术等级、材质…… |
| | 空间结构特征 | 长度、面积、拓扑关系、分布特征…… |
| 按特征项的数字属性 | 连续型 | 长度、面积、宽度…… |
| | 离散型（有序） | 等级（如国道＞省道＞县道＞乡道） |
| | 离散型（无序） | 类型（如芦苇地、蒲草地、芒草地……） |

（3）综合标记（$L$）。其可以是综合案例对象所采取的综合操作，如选取、删除、化简、合并、位移等；也可以是制图专家对某一地图相关对象的分类判断，如立交桥类型、群组类型等。典型的制图综合案例记录如表 2.9 所示。

表 2.9  典型制图综合案例示例

| 对象元信息（$I$） | 案例特征项（$F$） | 综合标记（$L$） |
|---|---|---|
| 道路 | 大车路，沥青，1.5km，…，0.89，0.21 | 选取 |
| 居民地 | 市级，120m²，…，5km | 合并 |
| …… | …… | …… |

当综合指标众多且不存在明确的重要性关系时，利用案例推理方法在属性空间进行相似性推理是解决此类模糊性问题更有效的方式。

**3. 制图综合案例的类型拓展**

**1）划分依据**

当前研究中所涉及的案例停留在语义描述阶段，以描述型样本的形式存在，案例的主体为要素对象综合环境描述参量（$F$）及综合标记（$L$），其表达式为上文的制图综合案例的一般表达式。然而，从地图的表现形式和人的认知手段来看，制图综合案例的类型并不局限于以语义描述存在的描述型制图综合案例，还可以从矢量和栅格的角度进一步拓展。拓展的理论依据主要来源于以下两个方面：

（1）从地理空间的组成和表现形式来看，数据类型可划分为空间数据和属性数据，空间数据又可进一步划分为矢量和栅格两种表现形式。

（2）从制图员的制图综合思维过程来看，制图专家的经验知识主要体现在：①对要素几何形态变化进行准确控制；②对权衡要素相关的各类属性特征做出综合判断；③通过直观的视觉思维处理制图过程中的复杂关系。

基于以上两个方面的考虑，结合案例具体应用制图综合场景，本书将制图综合案例的类型划分为 3 类展开研究，分别如下。

类型 1：几何型制图综合案例，以综合前后要素对象的矢量形式存在；

类型 2：描述型制图综合案例，以带综合标记的属性信息记录形式存在；

类型 3：视觉型制图综合案例，以带专家分类标记的图像（栅格）形式存在。

各类制图综合案例的具体示例如图 2.19 所示。从图 2.19 中可以看出，几何型制图综合案例记录的是专家综合前后要素对象的矢量数据对；描述型制图综合案例记录的是综合操作相关的要素对象特征描述参量和要素对象所采取的综合操作；视觉型制图综合案例记录的是某区域范围内的视觉图像信息以及该图像对应的判断或分类。

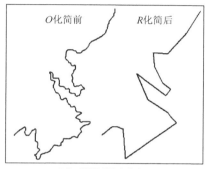

(a) 几何型制图综合案例示例

居民地：<ID_A55；市级，120m²，…，5km；合并>
道路：<ID_D75；大车路，沥青，1.5km，…，0.89，0.21；选取>

(b) 描述型制图综合案例示例

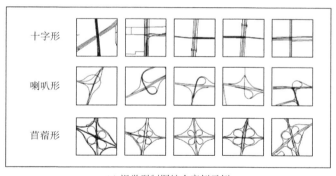

(c) 视觉型制图综合案例示例

图 2.19　各类制图综合案例示例

2）各类制图综合案例简介

如图 2.20 所示，三种类型的制图综合案例在管理和应用中分别需要采用不同的存储格式和推理方式，并且在案例组成、表现方式、存储方式以及推理方式上有所区别。

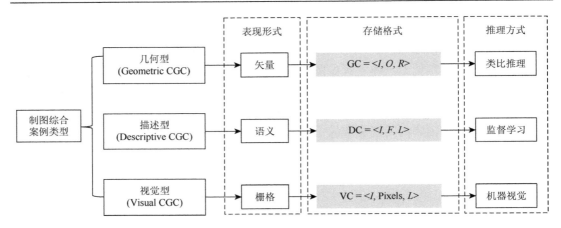

图 2.20　制图综合案例的类型拓展示意图

几何型制图综合案例以综合前后的要素对照组为主体，以综合前（$O$）和综合后（$R$）要素的几何坐标形式存储，可应用于综合过程中要素的形态变化控制，对应于基于相似性的类比推理手段；描述型制图综合案例的主体为案例特征项（$F$）和综合标记（$L$），以属性表的形式存储，可应用于多特征项指标下的模糊性决策，对应于监督学习的推理手段；视觉型制图综合案例以要素目标一定区域范围内的图像为主体，以像素值（Pixel Value）的形式进行存储，可应用于制图综合过程中依赖专家视觉思维的判断过程，对应于基于卷积神经网络的机器视觉学习方法。

4. 制图综合案例的辅助决策方式

自动制图综合在今后较长的一段时间内仍是一个人机协同的过程。因此，尽可能减少制图员的重复性操作，同时为制图员提供有价值的辅助决策信息是当前研究的着力点。将制图综合案例（CGC）作为"知识工具"能够解译制图员制图综合的意图，辅助其进行综合操作决策、算法选择以及阈值设置等。本书将基于 CGC 的制图综合方式归纳为以下 3 种。

1）CGC 取代算法和模型进行推理决策

在制图综合过程中，部分问题难以有效地量化表达为算法和模型。例如，某些制图综合决策问题需要考虑多个影响因子，且研究者主观设置的因子权重很难有效模拟专家的模糊性决策。这类问题的解决可利用 CGC 的推理特性，通过类比推理或训练监督学习模型的方式，取代人工建立线性模型的方式，从而挖掘出隐含的难以形式化表达的制图综合知识，并指导计算机做出决策。

2）CGC 与已有的自动综合算法和模型相结合

除了直接将 CGC 应用到综合对象决策推理中，还可以通过与已有的算法和模型结合的方式达到优化算法选择的效果。例如，利用案例的归纳学习方法进行综合目标的筛选，具体综合操作的执行交给更为精确定义的算法和模型。再如，在进行基于算法和模型的综合时，制图员经常面临阈值的设置问题。制图综合任务需求、尺度范围、应用环境不同，即使采用相同的算法，也需要不断调整阈值以得到满意的综合结果。通过案例推理方法，可以从已有的制图综合成果中反推出算法和模型阈值的参考值，有效减轻制图员反复测试阈值设置的工作负担。

3）CGC 与制图员的交互操作

CGC 与制图员的交互操作主要体现在：①机器学习辅助人的制图决策，制图员可以通过查找相似案例，以及参考知识库中的规则，以达到提高和学习制图技能的目的；②人工对案例推理应用的干预和反馈可以不断改进学习的效果，二者起到相辅相成的作用。

CGC 在应用中的优势主要体现在：已有的系列比例尺地图数据是计算机学习制图知识的天然样本，可以从中快速提取海量的 CGC；直接对专家知识进行形式化表达需要投入大量人力和时间成本，且对研究人员的专业素养要求较高，而以 CGC 为制图综合知识的来源，可以通过机器学习技术自动挖掘出隐含知识，降低综合知识获取成本。

### 2.2.3　基于案例学习的制图综合

#### 1. 基于案例学习的制图综合概念

案例学习是指采用类比推理方法或机器学习方法从案例中获取知识的方法，其概念主要来源于人工智能领域的案例推理和机器学习。

基于案例学习的制图综合是采用类比推理方法或机器学习方法从制图综合案例中获取制图综合知识来指导制图综合问题决策。知识是制图综合的基础（钱海忠等，2012），然而传统的专家系统受限于知识获取和表达瓶颈，难以进一步提升制图综合的知识化和智能化水平。对此，制图综合案例中隐含了丰富的制图综合知识，是获取制图综合知识的新来源，可以较好地解决专家系统中出现的难题。类比推理方法将案例本身作为知识，检索最相似的案例或案例集并将其作为待决策综合问题的参考；机器学习方法则善于从数据中学习规律，能够有效地对综合案例进行更深入的知识挖掘和推理。基于案例学习的制图综合的优势有易于获取知识、加快求解速度、提升求解质量、便于积累知识等。

#### 2. 基于案例学习的制图综合过程

基于案例学习的制图综合过程一般包括：制图综合案例设计、制图综合案例获取、制图综合知识转化、制图综合知识应用四个步骤。

1）制图综合案例设计

制图综合案例的一般表达设计包括三个部分：案例对象元信息（Information，$I$）、案例特征项（Feature，$F$）以及综合标记（Lable，$L$）。制图综合案例设计就是根据制图综合案例的一般表达形式，具体地设计构建完整合理的制图综合案例数据结构，从而充分描述制图综合案例对象所在的制图综合环境及其综合操作。

对于案例对象元信息，需要根据不同的综合操作，选择适当的案例对象进行案例设计，才能更好地获取相关综合知识。案例对象可以分为综合要素和综合方法两个部分。

综合要素从小到大包括：节点、弯曲等要素的基本组成单元；单个地物要素（如河流等）；要素群或整个要素类，甚至是整个要素层或整个图幅。综合方法包括综合算法、模型等。

　　案例特征项的设计是制图综合案例设计的关键。案例特征项是指对案例对象自身和所处综合环境的描述，可以分为案例对象自身信息和综合环境信息两个部分。案例对象自身信息是指案例对象自身的属性、空间关系等信息，用以区分案例对象的不同类型。综合环境信息包含综合前后比例尺、地图区域特点、地图使用目的等信息，以确保不同案例的对象处于同一综合环境中进行类比和学习。

　　综合标记，即针对不同案例对象所执行的综合标记类型。一般来说，综合标记是指选取、删除、化简等这些具体的综合操作。此外，综合标记还包含更多的内容。例如，当案例对象为待分类的立交桥等要素时，其标记是不同立交桥类型；当案例对象为综合算法时，其标记则可以是算法的阈值和参数等。

　　2）制图综合案例获取

　　制图综合案例的数量和质量对制图综合知识获取成效的好坏至关重要。要学习得到具有参考价值的制图综合知识，必须获取到足够多数量的案例。获取案例可以通过人工记录，也可以通过自动获取。人工获取案例的效率有限，需要耗费大量的人力和时间。因此，自动获取案例的方法必不可少，大致可分为两种：一是通过实时地对制图专家或制图员人工制图综合操作的作业过程进行记录，将要素属性、综合环境和综合结果以案例的形式进行储存；二是通过对已有的多比例尺地图数据进行比对提取，利用空间分析计算得到综合对象的属性和综合环境等信息，利用同名要素匹配、变化信息识别等方法计算得到综合对象对应的综合结果，然后以统一格式储存为案例，具体过程如图 2.21 所示。

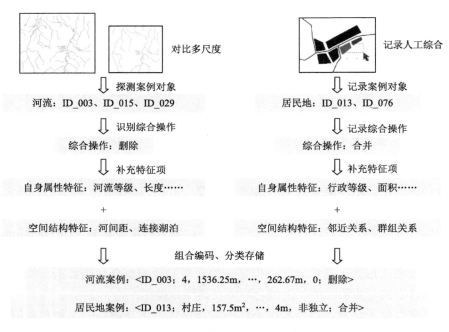

图 2.21　制图综合案例获取的两种方法示例

3）制图综合知识转化

获取制图综合案例的目的是获取案例中包含的制图综合知识，即完成从制图综合案例到制图综合知识的转化。这个转化过程需要类比推理方法和人工智能方法的参与。对案例进行学习的方法选择并不是唯一的，需要具体问题具体分析，即根据具体的河系综合问题选择不同的案例学习方法。案例学习方法可以归纳为以下几种：

（1）类比推理方法。类比推理方法通过相似度评价从制图综合案例库中检索得到最相似的案例或案例集，并将其作为待决策综合问题的参考解决方案，其知识转化方式是将案例自身转化为综合知识（即"典型案例"）。代表性的算法有 KNN 算法。

（2）人工智能方法。人工智能方法则是通过不同的人工智能算法，从综合案例中学习得到显性或隐性的综合规则，其知识转化方式是将案例转化为综合规则。人工智能方法大致可以分为两种：一种是归纳得出显性的综合规则，代表性的算法为决策树算法（ID3、C4.5）；另一种是训练得到的含有隐性综合规则的分类模型，代表性的算法有朴素贝叶斯、支持向量机、BP 神经网络和卷积神经网络等。

4）制图综合知识应用

制图综合知识的作用在于指导新的制图综合问题的决策。通过不同的案例学习方法，可以分别得到三种表现形式的河系综合知识，即典型案例、综合规则与分类模型。三种知识各有特点，分别适用于不同的综合问题，需要根据不同问题的集体情况进行相应的应用。

（1）基于典型案例的制图综合知识是利用案例推理方法，从案例库中搜索查找相似的案例，通过相似案例（即典型案例）获取综合方案，其具有直接高效的优势，但易受到噪声案例的影响，从而出现错误的综合结果。其应用方式一般为判断待决策案例与已有案例的相似度，将最相似案例的综合结果或者对多个相似案例按相似度赋权得出的"投票"结果作为待决策案例的解决方案。

（2）基于制图综合规则的制图综合知识是通过各种决策树算法，从案例中得出有用的河系综合规则，并使用综合规则来指导待决策的制图综合问题，其优点在于规则显性明确、可执行性强，以及拥有修改、组合的操作可能性，但难以适应较为复杂的综合问题。其应用方式一般为将获取的制图综合规则抽象为具体的函数，通过对函数条件的判断给出最终的解决方案。

（3）基于分类模型的制图综合知识则是采用不同人工智能算法进行训练得到含有隐性综合规则的分类模型，其能有效提取出综合对象繁杂多样的属性特征，具有较好的泛化性能和健壮性，其缺点在于需要大量的综合案例，以及更多的训练时间和成本。其应用方式一般为将待决策案例的特征空间作为分类模型的输入项，通过分类模型得出相应的分类结果或分类概率，然后根据分类结果或分类概率进行不同的制图综合操作。

## 参 考 文 献

艾廷华, 郭仁忠, 刘耀林. 2001. 曲线弯曲深度层次结构的二叉树表达[J]. 测绘学报, 30（4）：343-348.

蔡永香. 2007. 基于 Voronio 图的居民地渐进式选取方法研究[J]. 长江大学学报（自科版），4（1）：66-68.

蔡永香, 张成. 2006. 居民地与其他线状要素间拓扑关系抽象的模糊推理[J]. 城市勘测，5：10-14.

蔡自兴，蒙祖强. 2010. 人工智能基础[M]. 北京：高等教育出版社.

操震洲，李满春，程亮. 2013. 曲线弯曲的多叉树表达[J]. 测绘学报，42（4）：602-607.

邓红艳，武芳，翟仁健，等. 2008. 基于数据库的保质设计制图综合知识库研究[J]. 测绘学报，37（1）：121-127，134.

邓敏，陈雪莹，唐建波，等. 2020. 一种顾及道路交通流量语义信息的路网选取方法[J]. 武汉大学学报（信息科学版），45（9）：1438-1447.

何海威，钱海忠，段佩祥，等. 2020. 线要素化简及参数自动设置的案例推理方法[J]. 武汉大学学报（信息科学版），45（3）：344-352.

何宗宜. 1986. 地图上确定居民地选取指标的依据研究[J]. 武汉大学学报（信息科学版），11（1）：56-62.

胡慧明. 2016. 顾及重要性影响因子及分布特征的居民地自动选取方法研究[D]. 郑州：中国人民解放军信息工程大学.

黄亚峰，艾廷华，刘耀林，等. 2013. 顾及地理特征保持的溺谷海岸线化简算法[J]. 测绘学报，42（4）：595-601.

李清泉，曾喆，杨必胜，等. 2010. 城市道路网路的中介中心性分析[J]. 武汉大学学报（信息科学版），35（1）：37-40.

李雄飞，董元方，李军. 2010. 数据挖掘与知识发现[M]. 北京：高等教育出版社.

梁柱，曾绍玮. 2010. 知识表示技术研究[J]. 科学咨询（科技·管理），1：52.

刘欢，谢三德，王芳. 2010. 海岸线自动综合方法综述[J]. 测绘科学技术学报，27（3）：226-228.

刘慧敏，邓敏，徐震，等. 2014. 线要素几何信息量度量方法[J]. 武汉大学学报（信息科学版），39（4）：500-504.

马黄群. 2012. 道路网层次划分及评价研究[D]. 成都：西南交通大学.

齐清文. 1998. GIS 环境下智能化地图概括的方法研究[J]. 地球信息科学学报，1：64-70.

齐清文，潘安敏. 1998. 智能化制图综合在 GIS 环境下的实现方法研究[J]. 地理科学进展，17（2）：17-24.

钱海忠. 2002. 基于 Agent 的自动综合算法研究[D]. 郑州：中国人民解放军信息工程大学.

钱海忠，武芳，郭健，等. 2006. 基于制图综合知识的空间数据检查[J]. 测绘学报，35（2）：184-190.

钱海忠，武芳，王家耀. 2012. 自动制图综合及其过程控制的智能化研究[M]. 北京：测绘出版社.

宋鹰，何宗宜，粟卫民. 2005. 基于 Rough 集的居民地属性知识约简与结构化选取[J]. 武汉大学学报（信息科学版），30（4）：329-332.

汤文宇，李玲娟. 2006. CBR 方法中的案例表示和案例库的构造[J]. 西安邮电学院学报，11（5）：75-78.

王家耀. 2014. 地图学原理与方法[M]. 北京：科学出版社.

王家耀，等. 1993. 普通地图制图综合原理[M]. 北京：测绘出版社.

王家耀，李志林，武芳. 2011. 数字地图综合进展[M]. 北京：科学出版社.

王家耀，钱海忠. 2006. 制图综合知识及其应用[J]. 武汉大学学报（信息科学版），31（5）：382-386，439.

王骁. 2015. 基于城市骨架线网的同尺度矢量空间数据匹配方法研究[D]. 郑州：中国人民解放军信息工程大学.

危辉，潘云鹤. 2000. 从知识表示到表示：人工智能认识论上的进步[J]. 计算机研究与发展，37（7）：819-825.

武芳，朱鲲鹏. 2008. 线要素化简算法几何精度评估[J]. 武汉大学学报（信息科学版），33（6）：600-603.

毋河海. 2000. 地图信息自动综合基本问题研究[J]. 武汉测绘科技大学学报，25（5）：377-386.

毋河海. 2003. 数字曲线拐点的自动确定[J]. 武汉大学学报（信息科学版），28（3）：330-335.

谢丽敏. 2018. 基于 KNN 的居民地案例推理选取及优化模型[D]. 郑州：中国人民解放军战略支援部队信息工程大学.

徐宝祥，叶培华. 2007. 知识表示的方法研究[J]. 情报科学，25（5）：690-694.

杨永勤，褚世新，刘小明. 2006. 城市路网的层次性研究[J]. 道路交通与安全，6（2）：12-15.

叶彭姚，陈小鸿. 2011. 基于道路骨架性的城市道路等级划分方法[J]. 同济大学学报（自然科学版），39（6）：853-856.

应申，李霖. 2003. 制图综合的知识表示[J]. 测绘信息与工程，28（6）：26-28.

翟仁健，武芳，朱丽，等. 2009. 曲线形态的结构化表达[J]. 测绘学报，38（2）：175-182.

赵辉. 2008. 城市居民地制图综合的研究与实现[D]. 武汉：中国地质大学.

郑春燕，胡华科. 2012. 居民地与道路之间拓扑关系一致性的模糊评价[J]. 测绘科学，37（1）：165-167.

郑振楣，石树刚. 1990. 知识库系统—人工智能与数据库的结合[J]. 计算机工程，6：48-52.

周亮，陆锋，张恒才. 2012. 基于动态中介中心性的城市道路网实时分层方法[J]. 地球信息科学学报，14（3）：292-297.

周志华，王珏. 2009. 机器学习及其应用 2009[M]. 北京：清华大学出版社.

Ayala A P. 2010. Acquisition，representation and management of user knowledge[J]. Expert Systems with Applications，37（3）：2255-2264.

Brandes U. 2001. A fast algorithm for betweenness centrality[J]. Journal of Mathematical Sociology，25（2）：163-177.

Esfahani L，Kellett J. 1988. Integrated graphical approach to knowledge representation and acquisition[J]. Knowledge-based Systems，1（5）：301-309.

Estrada E，Rodriguez-Velazquez J A. 2005. Sub-graph centrality in complex networke[J]. Physical Review E，71（5）：1-9.

Freeman L C. 1977. A set of measures of centrality based upon betweenness [J]. Sociometry，40（1）：35-41.

Freeman L C. 1979. Centrality in social networks：conceptual clarification[J]. Social Networks，1（3）：215-239.

Freeman L C. 1980. Centrality in social networks：II. experimental results[J]. Social Networks，2（2）：119-141.

Grabowik C，Knosala R. 2003. The method of knowledge representation for a capp system[J]. Journal of Materials Processing Technology，133（1）：90-98.

Leitner M，Buttenfield B P. 1995. Acquisition of procedural cartographic knowledge by reverse engineering[J]. American Cartographer，22（3）：232-241.

Li Z L，Choi Y H. 2002. Topographic map generalization：association of road elimination with thematic attributes[J]. Cartographic Journal，39（2）：153-166.

Marshall S. 2004. Building on Buchanan：Evolving Road Hierarchy for Today's Streets-oriented Design Agenda[C]//European Transport Conference 2004. Strasbourg：PTRC：1-16.

Newman M E J. 2005. A measure of betweenness centrality based on random walk[J]. Social Networks，27（1）：39-54.

Porta S，Crucitti P，Latora V. 2006a. The network analysis of urban street：a primal approch[J]. Environment and Planning B：Planning and Design，33（5）：705-725.

Porta S，Crucitti P，Latora V. 2006b. The Network Analysis of Urban Street：A Dual Approach[J]. Physica A：Statistical Mechanics and Its Applications，369（2）：853-866.

Thomson R C. 2006. The stroke concept in geographic network generalization and analysis[J]. Progress in Spatial Data Handing，681-697.

Thomson R C，Brooks R. 2007. Generalisations of Geographical Networks[C]. Amsterdam：Proceedings of Generalization of Geographic Information：Cartographic Modeling and Applications.

Thomson R C，Richardson D E. 1999. The 'Good Continuation' Principle of Perceptual Organization applied to Generalization of Road Networks[C]. Ottawa：Proceedings of the ICA 19th International Cartographic Conference.

Weibel R，Jones C B. 1998. Computational perspectives on map generalization[J]. GeoInformatica，2（4）：307-314.

Weibel R，Keller S F，Reichenbacher T. 1995. Overcoming the Knowledge Acquisition Bottleneck in Map Generalization：The Role of Interactive Systems and Computational Intelligence[C]// International Conference on Spatial Information Theory. Berlin，Heidelberg：Springer：139-156.

# 第3章 道路自动化综合

## 3.1 基于道路网层次骨架控制的道路选取方法

从制图者角度考虑，在对一幅道路网进行选取时，首先依据道路的语义信息和视觉感受在脑海中形成道路网大致的结构和层次（在交通规划中称为骨架性），然后在比例尺和制图规范的约束下确定选取尺度，最后根据自身的制图经验进行具体综合操作。

然而，当前的道路选取方法鲜有从分析道路层次以及道路层次之间的关联关系的角度进行道路网的选取。因此，本节试图模拟构建与语义形态相近的道路层次骨架，在该层次骨架的控制下，逐级向下利用连通关系传递重要性，建立一个主干影响支干、支干控制次要道路的有机评价体系，依照评价结果进行逐级道路的选取。

### 3.1.1 道路层次骨架提取

要想实现计算机模拟制图员的层次性思维，首先需要对道路骨架性进行合理描述。道路骨架性描述的是一条道路与其余道路之间的相对关系及其在整个道路网中所占的结构性地位，按照道路的骨架性描述对道路进行层次划分，即形成道路的层次骨架。

在城市交通规划领域的相关标准中，大中城市道路被分为快速路、主干路、次干路和支路四级（叶彭姚，2008）。从层次性的角度来看，这四个等级的道路分别对应着自上而下四个层次的道路骨架。区别于道路的语义特征，道路的骨架性并不完全由自身的特性决定（Marshall，2004）。道路的骨架性虽然与其语义描述有一定关系，但是只有当道路之间的衔接关系（而不是语义描述）发生变化时，道路的骨架性才会发生变化（叶彭姚和陈小鸿，2011）。同时在实际中道路语义信息往往是缺省或不完整的，因此本节通过分析道路网自身几何特征以及拓扑结构的方式来描述道路骨架性，并将道路网划分成不同的道路层次骨架。

由 Stroke 的长度来评价道路的骨架性显然是不合理的，因为 Stroke 表示的是视觉上连续的多条道路的组合，视觉上的连续性虽然在一定程度上反映该道路的连通性，但决定一条道路的骨架性主要依据该道路与其他道路的相对关系及其在整个路网中的结构性地位。因此，需要借助复杂网络分析中的中介中心性来对其结构性地位进行评价。

1. 中介中心性概念

在复杂网络的分析中，中心性（Centrality）是一种度量网络中节点重要性的方法，是描述节点在网络中的地位的一种手段（Freeman，1977；王家耀等，1985；田晶等，2012）。中介中心性（Betweenness Centrality，BC）作为中心性的一种度量方式，其定义可简单描述为一个节点出现在网络中任意两个其他节点之间最短路径上的概率，即一个节点在多大程度上位于网络中其他节点的"中间"，由此可见中介中心性是一个全局性的指标。近年来，不少专家学者将中介中心性的概念应用到道路网络结构分析中并取得了良好的效果。李清泉等（2010）对 BC 值与道路网之间的关系进行了深入的研究，发现道路的 BC 值从大到小在一定程度上反映了路段在网络中从骨干至次干及次要道路的层级性，这个结果反映了在城市道路网中，通过数学运算得到的 BC 值所呈现的层级性与道路语义上的层级性存在很强的相关关系。因此，将中介中心性作为道路层次骨架划分的依据。

### 2. 道路网的中介中心性计算

要分析得到中介中心性值，首先要确定描述对象和描述方式。基于道路网层次骨架控制的道路以 Stroke 为单位进行选取，因此中介中心性的描述对象应该为道路网 Stroke。考虑到现实中数据在语义上的不完整性，采用方向一致性的原则构建 Stroke，若两条路段夹角大于一定的阈值则认为属于同一条 Stroke，最后将所有属于同一 Stroke 的道路连接起来作为一条完整的 Stroke；在描述方式上，采取对偶法对 Stroke 网络进行描述，利用邻接矩阵输出 Stroke 间的衔接关系，将其作为计算道路层次骨架性的依据。将输出的邻接矩阵可视化表达为 Stroke 网络的拓扑结构图，并计算出各条 Stroke 的中介中心性值。其理论公式如下：

$$\mathrm{BC}_i = \frac{1}{(N-1)(N-2)} \sum_{j,k \in N} \frac{n_{jk}(i)}{n_{jk}} (j \neq k; j,k \neq i) \tag{3.1}$$

式中，$N$ 为网络节点数；$n_{jk}$ 为节点 $j$ 与节点 $k$ 之间的最短路径数量；$n_{jk}(i)$ 为节点 $j$ 与节点 $k$ 之间包含了节点 $i$ 的最短路径数量。$\mathrm{BC}_i$ 的值域为[0, 1]，当某 Stroke 取最大值 1 时则表示图中所有 Stroke 之间的最短路径都必须通过该 Stroke，取最小值 0 时则表示没有任何其他两条 Stroke 间的最短路径通过该 Stroke。Stroke 中介中心性的整个计算步骤如图 3.1 所示。

图 3.1 中单个节点代表一条 Stroke，节点间的线段表示存在连通关系；图 3.1（d）是计算得到的 BC 值的结果示意图，将每条 Stroke 的 BC 值按其大小程度对应于一定的半径值，可视化表示在对应的 Stroke 节点上。由图 3.1 中的显示效果可见，位于道路网连通关键位置的道路（即连通性好的道路），其中心性值也相对较高，由此可以量化道路的位置重要性，并将其作为随后道路网层次骨架划分的依据。

### 3. 道路网骨架层次划分策略

在得到各 Stroke 的中介中心性后，如何划分道路网骨架层次是需要进一步考虑的问题。叶彭姚和陈小鸿（2011）采用对比语义分级的相似性指标对中心性分级进行合理性评价。受此启发，本节采用按语义层次划分比重反推的办法，通过语义层次划分的各层次道路比重反向推算出基于中介中心性的道路骨架层次划分阈值（假设阈值为 $I_{\Delta i}$，$i$ 表示第 $i$ 个阈值）。在交通规划研究领域内，各层次道路所占比重已有较多研究成果，徐吉谦（2001）根据道路在城市道路系统中的地位和交通功能，推算出快速路、主干路、次干路和支路在总路网中所占里程的比重分别为 7.2%、16%、20.8%与 56%，从快速路到支路的比约为 1∶2∶3∶7，大体上呈现为金字塔式的上小下大的结构。

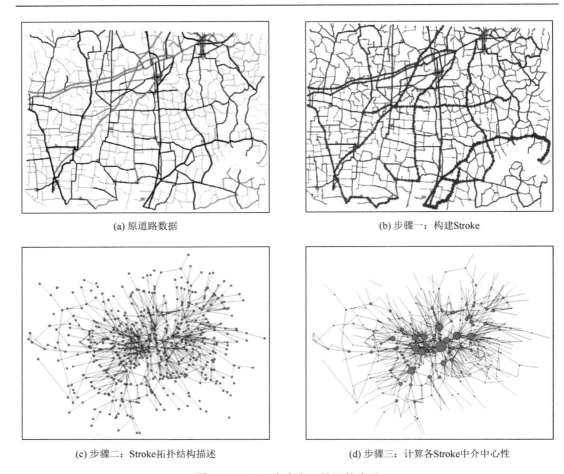

(a) 原道路数据            (b) 步骤一：构建Stroke

(c) 步骤二：Stroke拓扑结构描述       (d) 步骤三：计算各Stroke中介中心性

图 3.1   Stroke 中介中心性计算步骤

骨架层次划分范围可依照以上的研究成果进行反推，具体流程如下：

（1）计算每条 Stroke 的中介中心性值；

（2）依据中介中心性值从大到小进行排序；

（3）取中介中心性划分阈值 $I_{\Delta i}$，统计阈值 $I_{\Delta i}$ 之间的 Stroke 里程占总里程的比重 $P_i$，调整 $I_{\Delta i}$ 直到满足阈值划分的各区间 $P_i$ 值分别趋近于：7.2%、16%、20.8%和56%；

（4）按第三步计算的阈值 $I_{\Delta i}$ 对 Stroke 进行骨架层次的划分。

值得注意的是，以上步骤中参照的语义比重值是基于统计结果的一个理论值，而现实中不同地区道路网在各层级道路里程比重上存在或多或少的差异。因此，在选取对象语义信息完整的情况下，可以采用语义层级划分的里程统计比重值，并将其作为反推计算的依据，然后利用属性信息对划分结果进行完善（本节只考虑道路语义缺失的情况）。

**4. 道路网骨架层次划分一致性分析**

为了验证基于中介中心性的层级划分的科学性，将其与基于语义的划分进行了对比。考虑到快速路（图 3.2 中黄颜色道路）在图幅中占比较小，且重要性与主干路（黑色粗道路）相近，将语义中的快速路和主干路合并为第一层级，次干路（灰色道路）为第二层级，支路（浅色）为第三层级，如图 3.2 所示。

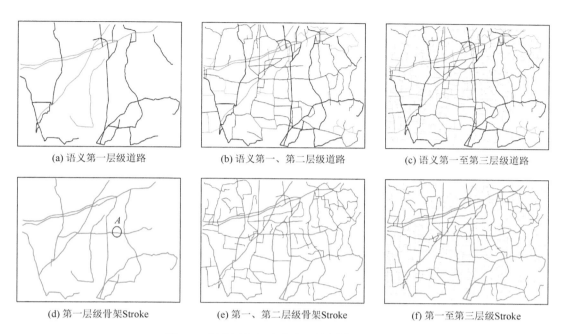

(a) 语义第一层级道路　　　　　(b) 语义第一、第二层级道路　　　　　(c) 语义第一至第三层级道路

(d) 第一层级骨架Stroke　　　　(e) 第一、第二层级骨架Stroke　　　　(f) 第一至第三层级Stroke

图 3.2　语义层级与中介中心性划分层级对比

同时，对划分的结果进行了一致性分析，通过对对应层级重合的部分进行统计，得到两种分层方法之间的对比关系，如表 3.1 所示。从表 3.1 可以看出，在没有任何语义信息辅助的情况下，通过对中介中心性分析得出的道路层级与语义划分的层级吻合度较高。相比基于语义的层级划分，基于中介中心性的划分还具有一定的发掘道路在路网结构上隐含的重要性的功能。例如，图 3.2（d）中，Stroke（$A$）在整幅道路网中处于比较关键的位置（图中圆圈标注），并且横穿五条一级道路，但在语义上属于第二层级次干道路，重要性并不明显，而通过构建 Stroke 并利用中介中心性进行划分，Stroke（$A$）则被划分到一级骨架 Stroke 中。这说明通过中介中心性的判别可以在一定程度上弥补语义在判断道路结构地位与功能上的不足。

表 3.1　语义层级与中介中心性划分层级一致性分析

| 一致性分析项目 | 快速路主干路 | 一级骨架 Stroke（中介中心性划分） | 次干路 | 二级骨架 Stroke（中介中心性划分） | 支路 | 三级次要 Stroke（中介中心性划分） |
|---|---|---|---|---|---|---|
| 道路里程/m | 598653.0 | 622973.4 | 1047838.0 | 936236.2 | 1912004.6 | 1832720.1 |
| 占总里程比重/% | 16.82 | 18.36 | 29.45 | 27.60 | 53.73 | 54.03 |
| 吻合里程数/m | 479605.6 | 479605.6 | 695274.5 | 695274.5 | 1667991.6 | 1667991.6 |
| 吻合比例/% | 80.11 | 76.98 | 66.35 | 74.26 | 87.23 | 91.01 |

值得注意的是，基于中介中心性的道路层级划分也存在一定缺陷，受"边缘效应"（Edge Effect）影响，部分属性等级高且长度较短或位置处于图幅边缘的道路被划分到较低层次的骨架 Stroke 中。

### 3.1.2　各层次 Stroke 重要性评价和选取流程

本方法进行道路重要性评价的主要依据是 Stroke 长度、中介中心性以及层次骨架间的连通关系。其中，Stroke 长度显然是评价道路重要性的主要因素；中介中心性描述了道路的通达性，反映了 Stroke 在整个道路网络中所处的中心性地位（徐柱等，2012）；连通关系描述了低等级 Stroke 受高等级 Stroke 的影响程度。以上三个指标涵盖了 Stroke 的影响范围、结构性地位以及连通关系三个在道路一般选取过程中主要考虑的因素，能够从全局的角度准确地反映道路重要性。

1. 中介中心性"边缘效应"影响分析

"边缘效应"是指，在用中介中心性对道路进行分析时，处于分析范围边缘的道路由于其位置的关系得到相对不利的中介中心性值，从而影响对道路重要性的判断（Jiang and Claramunt，2004）。被划分到一二级骨架的 Stroke 在空间上跨度普遍较大，因此"边缘效应"的影响较小，仅仅出现了少量属性上等级高同时长度较短或位置处于图幅边缘的道路被划分到较低的层级骨架中的错误，这部分影响可以通过参照语义等级信息进行修正。中介中心性的"边缘效应"的影响主要集中在三级次要 Stroke 中。

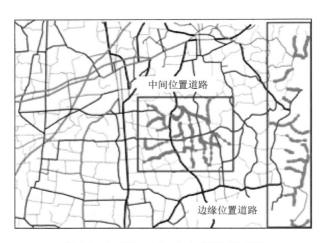

图 3.3　三级次要 Stroke 不同位置示例

分别选取中间位置和边缘位置的三级次要 Stroke 各 100 条作为统计样本，如图 3.3 所示两个位置，计算得到中间位置三级次要 Stroke 平均中介中心性值为 0.02389，边缘位置三级次要 Stroke 平均中介中心性值为 0.00067。

通过对不同区域三级次要 Stroke 中介中心性值的统计分析，发现位于道路中心位置附近的三级次要 Stroke 中介中心性值普遍较高，而位于边缘位置的三级次要 Stroke 中介中心性值普遍较低。这样的中介中心性值如果直接参与重要性评价必然会对边缘 Stroke 重要性产生不利影响，从而造成边缘道路出现过度删除的情况。因此，需要采取一定的策略，消除或减少三级次要 Stroke 所受的"边缘效应"的影响。

2. 消除"边缘效应"的策略

理论上，消除"边缘效应"的最佳途径是：扩大分析范围，将目标区域置于整个分析范围的中间位置，以提高目标区域内道路中介中心性分析的合理性。但是在实际的操作中，由于数据的限制，往往缺少或者无法得到完整的与目标道路网相邻的道路网数据，这样就无法通过扩大分析范围的办法来消除"边缘效应"。因此，需要考虑在道路重要性评价的过程中削弱中介中心性指标的"边缘效应"，其具体包括以下两部分。

1）利用骨架重要性传递机制削弱"边缘效应"影响

依据划分规则，道路网中的道路被划分成一级骨架 Stroke、二级骨架 Stroke 和三级次要 Stroke。三级次要 Stroke 是优先考虑删除的对象，也是"边缘效应"最明显的层级，故不能直接将中介中心性作为三级道路的评价指标。因此，为了体现高等级骨架道路对低等级骨架道路及支路的控制和影响作用，同时削弱"边缘效应"的影响，本方法设计了与骨架相关的级联评价指标，在各层级骨架 Stroke 中建立重要性传递机制。其核心思想是，重要性越强的道路骨架和与其相交的道路产生的"粘连性"越强，即在同一层次中道路的重要性受到与其连通的高等级骨架重要性的影响，呈现一种自上而下的传递关系。计算时，根据层级间的连通关系将高等级骨架道路的重要性传递给低等级道路，确保与高等级骨架结构关联紧密的道路被优先选取。

2）利用道路结构特征识别完善边界区域骨架

受"边缘效应"影响较大的道路多集中在道路网外轮廓附近，同时从连通性和完整性的角度而言，道路网的边界轮廓需要优先保留（Mustiere et al.，1999；姚锡凡等，2010）。因此，尝试采用结构特征识别方法对"轮廓道路"进行识别，将包含"轮廓道路"的三级次要 Stroke 提取出来，加入二级骨架 Stroke 中，通过骨架对周边道路的影响效应来削弱"边缘效应"的影响。参照钱海忠等（2010）中所采用的结构特征识别方法，与道路 $L_i$ 起始端相邻的其他道路条数表示为 StartN（$L_i$），与道路 $L_i$ 终端相邻的其他道路条数表示为 EndN（$L_i$），与道路 $L_i$ 相关联的道路网眼数为 $A$（$L_i$），通过判断以上三个参数的值将道路划分为 5 类，判断条件如表 3.2 所示，其中Ⅲ类道路即本方法所要提取的"轮廓道路"。在进行道路结构特征识别前要对道路进行节点处的断链处理，同时将道路节点间的弧段连接起来，两节点间的完整弧段视为一条道路。

表 3.2　依据道路间关联性的各类道路划分

| 道路分类 | 道路各分类判断条件 |
| --- | --- |
| Ⅰ类道路 | [ StartN（$L_i$）>1 AND EndN（$L_i$）= 0 ] OR [ StartN（$L_i$）= 0 AND EndN（$L_i$）>1] |
| Ⅱ类道路 | StartN（$L_i$）>1 AND EndN（$L_i$）>1 AND $A$（$L_i$）= 0 |
| Ⅲ类道路 | StartN（$L_i$）>1 AND EndN（$L_i$）>1 AND $A$（$L_i$）= 1 |

续表

| 道路分类 | 道路各分类判断条件 |
| --- | --- |
| IV类道路 | $StartN\,(L_i)>1\;AND\;EndN\,(L_i)>1\;AND\;A\,(L_i)=2$ |
| V类道路 | $StartN\,(L_i)=0\;AND\;EndN\,(L_i)=0$ |

通过表 3.2 的分类规则，把包含III类道路的三级次要 Stroke 提取出来［图 3.4（a）中的节点加粗部分］，补充到二级骨架 Stroke 中，用来削弱中介中心性评价造成的"边缘效应"的影响。图 3.4 为通过道路结构特征识别的方法完善二级骨架 Stroke 的过程，具体包括以下三个步骤。

步骤 1：对原数据进行拓扑处理，并按照表 3.2 的分类规则，提取出III类道路（边缘道路），记录下道路的 ID 号。

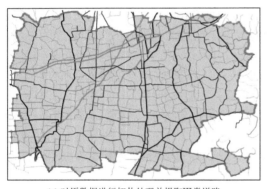
(a) 对原数据进行拓扑处理并提取III类道路

(b) 提取三级支路中包含III类道路的Stroke

(c) 将提取到的三级次要道路加入二级骨架

(d) 完善后的Stroke层级骨架示例

图 3.4　利用结构特征识别完善二级骨架 Stroke

步骤 2：对包含边缘道路的 Stroke 进行判断。由于 Stroke 对象一般由一条或者几条相邻的道路组成，因此规定将 Stroke 中长度值最大的道路 ID 作为这条 Stroke 的主属性 ID；将边缘道路的 ID 与 Stroke 的主属性 ID 进行比对，记录下属性 ID 为边缘道路的 Stroke。

步骤 3：完善 Stroke 二级骨架层级。将包含边缘道路且被划分为三级次要 Stroke 补充到二级骨架中。

补充后的道路网 Stroke 轮廓道路被提升了一个等级，通过"Stroke 重要性传递和计算"小节里的公式，可以对边缘附近道路的重要性进行影响，提升与轮廓道路关联紧密道路的重要性，从而削弱中介中心性的"边缘效应"对该部分道路的不利影响。

值得说明的是，凝聚中心性（Closeness Centrality，CC）和信息中心性（Information Centrality，IC）也是常用的复杂网络分析指标，CC 值可以衡量等面积下的路网形态的出行效率；IC 值可以反映路网的拓扑稳健性（胡波等，2013）。BC 值相比 CC 值和 IC 值在道路层次描述上具有明显优势。本方法基于层次骨架控制的思想对道路网进行选取，BC 值的作用就是体现区分道路网的层次性。由于 BC 值对低等级道路，即本方法中划分的第三层次道路的重要性描述有所缺陷，即存在"边缘效应"，因此需要采取边缘轮廓特征识别的方式进行一定的抵消。CC 值和 IC 值两个参数虽然对衡量"边缘效应"有一定的意义，但是本节的重点不在于对"边缘效应"的衡量，而是如何提取骨架层次以及利用层次骨架道路对整个道路的选取进行约束，从而在选取过程中保持道路网的层次结构，BC 值在其中起到了划分层次的作用。因此，选取 BC 值作为道路重要性评价的依据，而没有采用 CC 值与 IC 值这两个参数。

### 3. Stroke 重要性传递和计算

为突出道路的层次性以及层次骨架对周围道路的控制作用，依照层次划分顺序，从高到低依次评价 Stroke 的重要性 $I$，将高层次骨架 Stroke 重要性作为参数加入低层次 Stroke 重要性的评价中。设各层级的重要性为 $I_k^i$（下标 $k$ 表示所在层级，上标表示该层级的第 $i$ 条 Stroke），其值采用归一化后的中介中心性（$BC_k^i$）、归一化长度值（$L_k^i$）以及骨架连通度（$SV_k^i$）三个指标进行评价。骨架连通度参数 $SV_k^i$ 的作用是将不同层级 Stroke 间的连通关系作为重要性传递的路径，量化高等级骨架对低等级骨架道路及支路的控制作用，如 $SV_1^i$ 表示与 Stroke（$i$）连通的一级骨架 Stroke 的相对重要性指数 $[I_i^{\text{link}(i)}/I_i^{\max}]$ 之和，具体计算公式如下。

一级骨架 Stroke 重要性：

$$I_1^i = BC_1^i \times L_1^i \tag{3.2}$$

二级骨架 Stroke 重要性：

$$I_2^i = BC_2^i \times L_2^i \times (1+SV_1^i) \quad SV_1^i = \sum\left[\frac{I_1^{\text{link}(i)}}{I_1^{\max}}\right] \tag{3.3}$$

三级次要 Stroke 重要性：

$$I_3^i = L_3^i \times (1+SV_1^i+SV_2^i) \quad SV_2^i = \sum\left[\frac{I_2^{\text{link}(i)}}{I_2^{\max}}\right] \tag{3.4}$$

式中，$I_1^{\text{link}(i)}$ 和 $I_2^{\text{link}(i)}$ 分别表示与 Stroke（$i$）连通的一、二级骨架中 Stroke 的重要性值。为了避免 $SV_k^i$ 出现 0 值，给每个二、三级 Stroke 的骨架连通度 $SV_k^i$ 加上初值 1。从式（3.2）~式（3.4）中可以看出，第三层级骨架 Stroke 的中介中心性值没有直接参与重要性的计

算，而是通过骨架连通度 $SV_k^i$ 将中介中心性对 Stroke 的重要性影响传递到相应的三级
Stroke。

### 3.1.3　基于层次骨架的道路选取流程及对比

1. 选取流程设计

道路整个选取流程如图 3.5 所示。首先，采用方向一致性的原则构建 Stroke；其次，
通过 3.1.1 节中提出的骨架层次划分方法，将 Stroke 划分到三个层级，并依据结构识别方
法对划分结果进行完善；再次，按照 3.1.2 节介绍的计算方法依次计算各层级 Stroke 的重
要性指标；最后，依据该重要性指标在各层级内由高到低按照要求数量选取 Stroke。

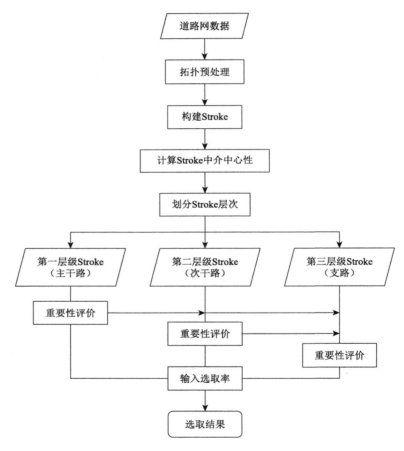

图 3.5　道路选取流程

值得注意的是，与以往选取方法采取的道路揉合在一起进行一个全局的排序和选取
不同，本方法中 Stroke 的重要性排序和选取是在各层级范围内进行的，选取时由高到低
逐级进行。

2. 选取效果对比分析

对图 3.6 中的道路数据分别采用基于 Stroke 长度的选取和基于中介中心性的选取两种方法，与基于层次骨架的选取方法进行对比实验，选取结果如图 3.6 所示。从图 3.6 中的对比可以得出：

（1）在基于 Stroke 长度的选取结果中，处于关键枢纽位置的短道路明显需要优先保留，但由于长度上的不足而被删除，从而造成枢纽两端的结构断开，产生了更多的悬挂道路，部分位置甚至出现明显的拓扑错误，造成孤立道路［图 3.6（b）中的箭头所示位置］；轮廓上的短道路被删除，造成边界轮廓上的部分网眼结构被破坏［图 3.6（b）圆圈位置］。

（2）基于中介中心性的简单选取受"边缘效应"影响，边界轮廓附近的道路的中介中心性值相对较低，因此在选取时轮廓附近道路删除较多，特别是图幅边界附近，造成边界轮廓上的网眼结构破坏较为严重［图 3.6（c）中圆圈位置］，同时产生较多新的悬挂道路。

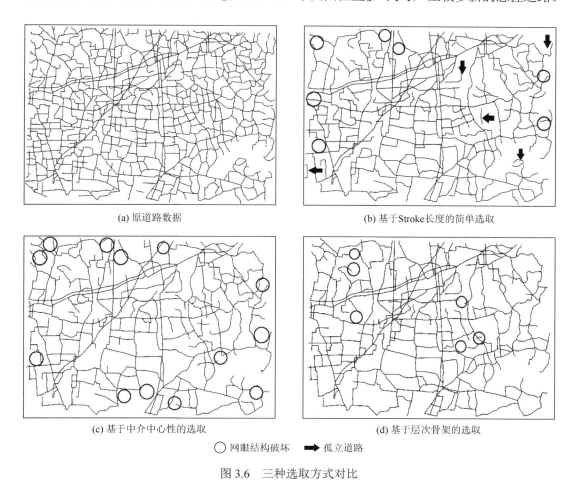

(a) 原道路数据　　　　　　　　　　　　　　(b) 基于 Stroke 长度的简单选取

(c) 基于中介中心性的选取　　　　　　　　　(d) 基于层次骨架的选取

○ 网眼结构破坏　➡ 孤立道路

图 3.6　三种选取方式对比

（3）基于层次骨架的选取结果在整体分布和边界网眼结构保护上具有较好的效果，

且新产生的悬挂道路和误删除的高等级道路明显减少；其中，存在少量网眼结构被破坏的情况［图 3.6（d）中圆圈位置］，究其原因，是原数据在节点连接处的细微弯曲干扰导致该 Stroke 在该位置发生中断，从而影响了选取的质量，但整体效果优于前两种方法。实验统计结果如表 3.3 所示。

表 3.3    三种选取结果的相关统计

| 选取方式 | 道路<br>选取率/% | 删除<br>道路数 | 孤立<br>道路数 | 新产生<br>悬挂道路数 | 误删高等级<br>道路数 | 破坏边界网眼<br>个数 |
|---|---|---|---|---|---|---|
| 基于 Stroke 长度 | 35 | 321 | 5 | 36 | 27 | 7 |
| 基于中介中心性 | 35 | 321 | 0 | 33 | 27 | 13 |
| 基于层次骨架 | 35 | 321 | 0 | 21 | 19 | 0 |

### 3.1.4    实验与分析

为进一步验证该方法的科学性和适用性，本节分别对几种典型道路网数据进行了选取实验，图 3.7 展示了选取 30%道路的结果。

实验数据分别为比例尺 1∶1 万不含语义信息的成都、北京和重庆城市道路网。从选取的结果可以得出：

（1）在缺少语义信息的情况下，基于层次骨架的道路网选取方法对三种类型的道路网均能较好地选取；

（2）选取结果层次性强，且较好地保持了原道路网的整体结构和密度分布；

（3）利用骨架层次的方法消除了"边缘效应"的影响，选取结果很好地保持了道路边界轮廓拓扑结构的完整性。

本方法采取骨架层次控制下的逐级评价和选取方式，构建的道路网层次骨架与语义层级本身有较高的相似性，同时利用高等级道路，通过连通关系对低等级道路进行控制，有效地模仿了制图员的层次性思维，在道路网整体性和层次性的保持上体现出一定的优势，因此在选取结果上有了较大的改善。本方法可以对语义信息缺省的道路网数据，或在语义上区别不明显的道路网数据进行有效选取。

### 3.1.5    小结

本节提出了一种基于道路网层次骨架控制的道路选取方法，相比已有的方法，本方法利用 Stroke 对象的中介中心性划分层级并通过层级间的连通关系建立重要性评价模型，该评价模型能够较好地保持道路网的整体结构以及道路网的层次关系；对于各种类型道路都具有较强的适用性，且不依赖于语义信息；同时消除了"边缘效应"的不利影响，较好地保持了道路网整体边缘轮廓结构。整个方法突出了道路层次骨架对整个道路网结构及细部的控制性，从而使得选取结果在整体上保持原有的结构特征，同时在细部上体现出与层次骨架的依赖关系，降低了选取的随意性。

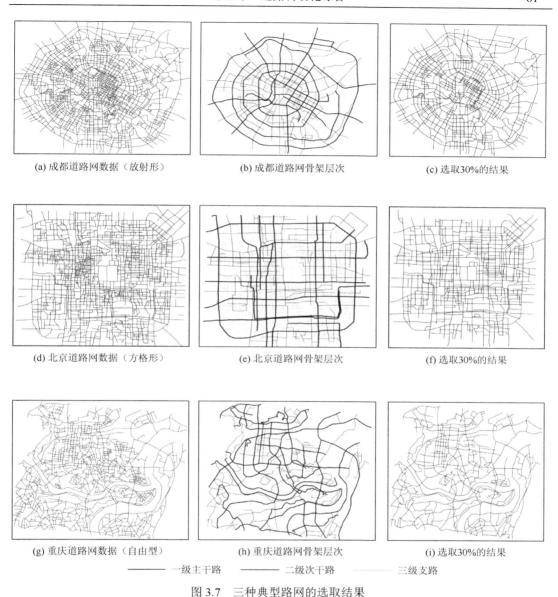

(a) 成都道路网数据（放射形）　　　　　(b) 成都道路网骨架层次　　　　　(c) 选取30%的结果

(d) 北京道路网数据（方格形）　　　　　(e) 北京道路网骨架层次　　　　　(f) 选取30%的结果

(g) 重庆道路网数据（自由型）　　　　　(h) 重庆道路网骨架层次　　　　　(i) 选取30%的结果

　　　　　───── 一级主干路　　　───── 二级次干路　　　───── 三级支路

图 3.7　三种典型路网的选取结果

## 3.2　基于三元弯曲组划分的道路形态化简方法

　　在道路的多尺度表达中，随着比例尺的缩小，不仅道路的数量需要精简，而且道路的形态也需要进行概括性表达，即化简。当前对道路采取的化简方法，其原理基本与曲线化简一致（王家耀等，1993）。然而，一般的基于弯曲的线要素在化简过程中对于连续小弯曲的化简处理还有所欠缺。因此，本节在基于弯曲的化简方法的基础上，针对连续双侧细小弯曲的化简提出了基于"三元弯曲组"划分的化简方法。

### 3.2.1 道路化简前的预处理

*1. 道路节点数据压缩*

一条道路在数字化时由于人工操作的原因，采点密度往往稀疏不均，随着比例尺的缩小，部分位置道路节点十分密集，不仅对数据的可视化表达没有任何帮助，反而会对数据的存储造成负担。而且在道路弯曲识别遍历算法计算过程中，曲线上冗余的节点数越多，计算的复杂程度就越高，从而影响运算的效率。因此，需要首先对道路中节点进行稀释处理，删除不必要的冗余节点。

基于三元弯曲组划分的道路形态化简方法通过长度和夹角判断是否需要进行稀释处理，其原理是：对每三个连续点组成的折线段进行判断，若出现两条线段的长度同时大于某一阈值，则认为是稀疏的，保留中间节点；若不满足以上条件，则对两条线段的夹角进行判断，若夹角等于或近似 180°（180°±1°），则删除中间节点；道路起止点、交叉点等特殊节点不进行压缩处理。具体循环步骤如下。

步骤 1：从道路一端的节点 $P_i$ 进行循环，判断下一个节点 $P_{i+1}$ 是否为交叉点或起止点，若是则保留 $P_{i+1}$，进行步骤 4；若不是则进行步骤 2。

步骤 2：判断两点间的线段 $L_{(i, i+1)}$、$L_{(i+1, i+2)}$ 长度是否均大于阈值 $d$，若均大于则保留 $P_{i+1}$，进行步骤 4；若不是则进行步骤 3。

步骤 3：判断 $\angle P_i P_{i+1} P_{i+2}$ 是否 $\in$（179°，181°），若满足则删除点 $P_{i+1}$，进行步骤 5；否则保留点 $P_{i+1}$，进行步骤 4。

步骤 4：以 $P_{i+1}$ 为起点向后取两个点，重新开始步骤 1。

步骤 5：以 $P_{i+2}$ 为起点向后取两个点，重新开始步骤 1。

步骤 6：当循环到出现尾节点时，做最后一次判断，然后结束。

节点稀释阈值 $d$ 可以根据实际数据的比例尺来定。通过以上的判断过程，可以把属于一条直线方向上的密集重复采样点进行稀释，从而达到压缩数据量的目的，化简结果如图 3.8 所示。

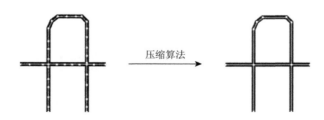

图 3.8 道路节点压缩效果图

道路节点的压缩本质上也是一种化简，但与一般意义上的删除节点的道路化简算法相比，道路节点的压缩不对道路形态进行改变，只对数据量进行压缩，类似于化简强度较低的 Douglas-Peucker 化简。本方法中该步骤的作用还在于减少道路弯曲识别中遍历的次数，从而提高道路弯曲识别的效率。

2. 道路的断链、接链处理

道路的断链和接链处理是构建完整的道路网拓扑化的必要过程。拓扑化是道路自动化简的需要，道路在化简时要求交叉点（即路口）的坐标尽量不发生改变，即保持其原有的位置和连通关系（翟仁健等，2009a）。若不进行拓扑化，则可能导致化简后图上原本连通的道路口被破坏，变得不相接或出头，出现错误的连接关系，产生化简冲突。因此，在化简前必须要进行断链和接链的处理。

道路的断链包括自交断链和相交断链，自交断链是指在一条道路与自身相交点处断开形成 3 条弧段；相交断链是指在两条道路的相交点处断开形成 4 条弧段。由于道路在采集的过程中不一定严格按照交叉路口处断开的要求进行采集，两条道路相交处不存在交点，因此需要进行断链的拓扑处理。

道路的接链是指对非交叉路口处端点相互重叠的两条同名路段进行连接，也可看作是道路的合并。道路需要接链处理的原因有两种：一种是一条道路在数字化时由于人工操作失误出现了中断情况，另一种是对道路选取后交叉路口形态的改变。由于对于需要删除的道路来说没有化简的必要性，因此道路网选取与道路化简的关系应该是，道路网选取在前，道路形态化简在后。在道路网选取后部分交叉路口可能会只剩下两条相连的道路，即交叉路口消失，在视觉上可作为一条连通的道路来看，因此需要将该部分道路进行接链，以便作为一个整体进行化简。如图 3.9 所示，由路段 A、B、C 组成的交叉路口，在道路选取操作后只剩下 A、C 两条路段，对 A、C 进行接链生成路段 D。值得注意的是，在路段名称或 ID 信息完整的情况下，对于非同名的路段来说一般不进行接链。本节研究均是针对矢量数据本身，暂不考虑语义信息的约束。

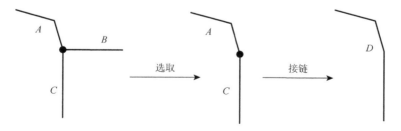

图 3.9　道路选取操作后道路交叉位置变化示例

## 3.2.2　道路弯曲识别

当前道路弯曲的识别算法有很多种，且各有利弊。一般地，基于拐点的弯曲识别算法速度较快，实现起来比较简单，但是在构造弯曲的层次结构和对复杂弯曲识别的完整性上有所欠缺；利用 Delaunay 三角网识别道路弯曲，能够对比较复杂的弯曲进行识别，便于建立弯曲的层次结构，但是识别和化简算法较复杂，运算效率较低。考虑到识别算法和弯曲层次关系并不是本书研究的重点，且道路数据本身弯曲的复杂程度比较低，因此本方法采用实现较为简单、速度较快的拐点法对道路的基本弯曲进行识别，并针对弯曲属性设计了相应的数据结构进行存储。

### 1. 采用拐点法识别道路弯曲

Plazanet（1995）把弯曲定义为两个拐点之间的节点的集合。拐点法的基本原理为：从道路的起点开始对线段的扰动方向进行判断并记录，当扰动方向发生改变时，从起点到扰动方向改变节点的集合即识别为一侧的弯曲。

对于道路来说，需要对两侧的弯曲都进行识别，因此需要分别采用"顺时针"和"逆时针"两种扰动方向对弯曲进行识别。本方法将"逆时针"扰动方向识别的弯曲称为左弯曲，因为从曲线方向看该弯曲在曲线的左侧，相对应的"顺时针"扰动方向识别的弯曲称为右弯曲。对图 3.10（a）中道路 $A$ 基本弯曲识别的过程的具体步骤如下。

步骤 1：获取道路的起始节点 $P_1$，如图 3.10（b）所示。沿曲线方向先采用"逆时针"识别，判断 $P_2 P_3$ 相对于 $P_1 P_2$ 的扰动方向为"逆时针"，在节点 $P_3$ 处出现扰动方向的改变，即 $P_3 P_4$ 相对于 $P_2 P_3$ 的扰动方向由"逆时针"变为"顺时针"，识别 $P_1$、$P_2$、$P_3$ 为第一个左弯曲弧段，对应的弯曲对象命名为 $L_1$。

步骤 2：寻找下一个扰动方向角为"逆时针"的起始节点 $P_6$，依次向后对扰动方向进行判断，直到检测到 $P_9$ 处出现扰动方向的变化，将 $P_6$、$P_7$、$P_8$、$P_9$ 识别为第二个左弯曲弧段，对应的弯曲对象命名为 $L_2$。

步骤 3：重复相同识别操作直到尾节点出现。

步骤 4：重新从起点开始，类似地采用"顺时针"扰动方向进行右弯曲的识别。

识别的结果如图 3.10（e）所示，图中符号"+"为弯曲的起点，符号"●"为弯曲的终点，"⊕"表示上一个弯曲终点与下一个弯曲起点重合；结果图中红色标记的弯曲为左弯曲，绿色标记的弯曲为右弯曲。

由图 3.10 的识别结果可以看出，拐点法对弯曲的大致形态能够有效识别，但是在弯曲的起始位置上与人的认知还存在一点差别。部分学者根据格式塔原则改进该部分弯曲识别上的缺陷，虽然效果基本能够与人类对弯曲的认知相符，但是计算过程较为复杂，影响化简效率（朱强，2008）。

事实上弯曲在化简的过程中也是不断变化的，不管采取什么样的弯曲识别算法，都需要不断地进行循环识别和化简，直到所有弯曲均满足化简阈值。而拐点法的优势在于，识别速度快，多次循环时间成本低，不断循环化简过程事实上可以弥补拐点法在一次弯曲识别结果上的不足，道路的形态通过循环化简的过程得以不断简化，直到满足阈值的要求。

### 2. 定义道路弯曲对象的数据结构

道路弯曲的循环化简涉及对弯曲弧段、弯曲基线、弯曲面积等各项要素和指标的操作。为了方便对道路弯曲进行存储和管理，本方法针对道路弯曲的特征设计了描述道路弯曲的数据结构，为道路的循环化简过程实现提供支撑。弯曲对象存储结构定义如下：

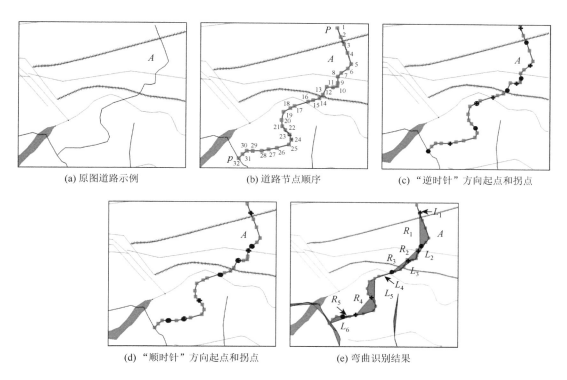

(a) 原图道路示例　　　　　　(b) 道路节点顺序　　　　　(c)"逆时针"方向起点和拐点

(d)"顺时针"方向起点和拐点　　　　(e) 弯曲识别结果

图 3.10　弯曲识别过程示例

（1）定义了道路基本弯曲对象（CBend_Basic）。基本弯曲对象即对应弯曲本身，其成员变量包括弯曲的弧段长度、弯曲的基线长度、弯曲面积、最大垂距等形态特征参量，还包括基本弯曲的起止点坐标、曲线节点坐标信息、便于选取和删除的操作，以及表示基本弯曲对象的 ID。

（2）定义了道路弯曲集合对象（CBend_of_Line）。存储同一道路上的所有基本弯曲，包含由基本弯曲组成的链表对（即同一条道路上所有弯曲的集合），以及与道路有相同标识的 ID。

（3）定义了图层弯曲集合对象（CBend_of_Layer）。存储同一图层中所有道路对应的基本弯曲集合对象的集合，包含由道路弯曲集合对象组成的链表对象，以及与图层有相同标识的 ID。

三者的包含关系如图 3.11 所示。

通过该数据结构可以方便地对弯曲对象进行管理、索引以及化简操作；逐级定义的数据结构使得化简过程中的各个环节得到有效控制；通过数据中定义的对应的索引 ID，可以将弯曲的化简结果方便地同步到所在道路数据，进而生成最终的化简结果。

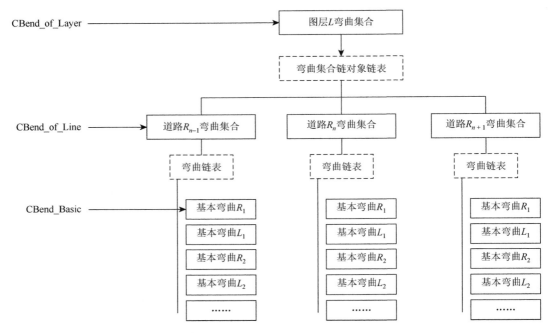

图 3.11 弯曲对象的存储结构

### 3.2.3 三元弯曲组构建和化简

1. 三元弯曲组的概念和重要性质

层次结构往往是一侧的，对于等高线化简来说，某一侧的层次结构和基于层次结构的地貌提取和保持是化简的重点。然而，对于道路要素来说，不存在"正、负向地貌"的概念，道路形态化简不需要对某一侧的弯曲结构进行夸大，而是尽可能使化简的结果处于一个左右均衡的状态，化简同时涉及左右两侧的弯曲。

出现连续细小弯曲时，需要考虑道路两侧弯曲的化简，一般基于弯曲的化简方法直接对小于阈值的弯曲进行删除显然是不合理的。因此，要想实现化简结果的均衡，需要考虑化简过程中单个弯曲对相邻弯曲的影响。本节提出了"三元弯曲组"的概念，利用基于弯曲组的循环化简的策略来实现弯曲化简结果的左右均衡。

三元弯曲组的定义为：以某一弯曲为参考，与其有邻近关系的两个弯曲所组成的弯曲组。例如，若与弯曲 $L_n$ 有邻近关系的弯曲为 $R_n$ 和 $R_{n+1}$，则（$R_n$, $L_n$, $R_{n+1}$）为一个弯曲组。该化简策略的基本出发点是基本弯曲的一条重要性质——连续性，即从曲线的一个方向来看，凹弯曲和凸弯曲交替出现，凹弯曲的相邻弯曲必然是凸弯曲，反之亦然（翟仁健等，2009b）。由该属性则可以建立起道路基本弯曲层级的左右弯曲相邻关系。

由弯曲的性质以及弯曲化简的形态变化规律可推导出一个重要的结论，即一个弯曲化简后的影响不会超出以其为中心的三元弯曲组的范围，整个弯曲的化简可以看作是多个三元弯曲组化简结果的集合。因此，研究三元弯曲组的化简，对于保持曲线化简前后的整体形态特征具有十分重要的意义。本节对弯曲在删除过程中对邻近弯曲的影响进行讨论，建立弯曲之间的邻近关系，通过划分弯曲组来进行删除。

2. 弯曲邻近关系探测

由以上提到的弯曲性质可知，邻近弯曲总是依次出现的，因此可以直接通过弯曲的序号索引到该弯曲的相邻异侧弯曲，而不需要进行烦琐的空间运算。如图 3.12 所示，图中弯曲依次交替出现，弯曲 $L_n$ 的相邻弯曲为（$R_n$，$R_{n+1}$）或（$R_{n-1}$，$R_n$），三者组成一个弯曲组，具体组合形式与起始弯曲的类型有关。

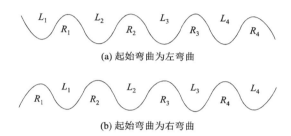

(a) 起始弯曲为左弯曲

(b) 起始弯曲为右弯曲

图 3.12　弯曲的邻近关系探测示例

（1）如 3.12（a）所示，若起始弯曲为左弯曲 $L_1$，则 $L_1$ 的相邻弯曲只为 $R_1$，$L_n$ 的相邻弯曲为（$R_{n-1}$，$R_n$）（$n>1$）；$R_m$ 的相邻弯曲为（$L_m$，$L_{m+1}$）（$m \geqslant 1$）（在程序中判断时，需要先验证 $L_{m+1}$ 和 $R_n$ 是否存在，若不存在则 $L_n$ 的相邻弯曲只为 $R_{n-1}$，$R_m$ 的相邻弯曲只为 $L_m$）。

（2）如 3.12（b）所示，若起始弯曲为右弯曲 $R_1$，则 $L_n$ 的相邻弯曲为（$R_n$，$R_{n+1}$）（$n \geqslant 1$）；$R_1$ 的相邻弯曲只为 $L_1$，$R_m$ 的相邻弯曲为（$L_{m-1}$，$L_m$）（$m>1$）（在程序中判断时，需要先验证 $L_m$ 和 $R_{n+1}$ 是否存在，若不存在则 $L_n$ 的相邻弯曲只为 $R_n$，$R_m$ 的相邻弯曲只为 $L_{m-1}$）。

3. 三元弯曲组化简分析

三元弯曲组的化简归纳起来一共有 10 种不同情况，具体可以分为以下三种类型：

第一类，三元弯曲组中只有 1 个弯曲小于删除阈值时的化简，如图 3.13 所示。该类又可以分为图中的三种情况。不过对于该类情况的化简是直接删除弯曲组中满足删除条件的弯曲即可（图中×表示满足删除条件的弯曲，✓表示需要保留的弯曲）。

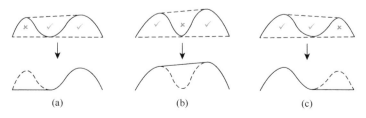

(a)　　　　　　　　(b)　　　　　　　　(c)

图 3.13　只有 1 个弯曲小于删除阈值时的化简

第二类，三元弯曲组中有 2 个弯曲小于删除阈值时的化简，如图 3.14 所示，该类也可以分为三种化简情况。针对不同情况需要讨论弯曲间的位置关系和面积大小关系（为了方便表示，图中弯曲从左至右依次用 $A$、$B$、$C$ 表示）：①如图 3.14（a）和图 3.14（b）所示，若弯曲组中相邻弯曲 $B$、$C$ 均满足删除条件，则对 $B$、$C$ 的面积进行判断，图 3.14（a）和图 3.14（b）中分别是面积（$B$）<面积（$C$），面积（$B$）>面积（$C$），因此在图 3.14（a）和图 3.14（b）中分别对弯曲组中的 $B$ 和 $C$ 进行删除；②当两个满足删除条件的弯曲不相邻时，如图 3.14（c）所示，则直接对两侧的弯曲进行删除。

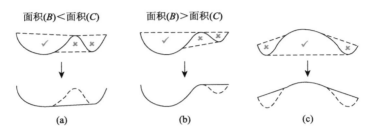

图 3.14　有 2 个弯曲小于删除阈值时的化简

第三类，三元弯曲组中 3 个弯曲均小于删除阈值时的化简，如图 3.15 所示。对于该类型弯曲组的化简，主要考虑中间弯曲与两边弯曲之间的面积大小关系。

（1）中间弯曲 $B$ 面积均大于两边的弯曲 $A$、$C$ 的面积，且弯曲 $A$、$C$ 面积之和也小于弯曲 $B$，如图 3.15（a）所示，对于该情况直接删除面积较小的两边弯曲 $A$、$C$。

（2）中间弯曲 $B$ 面积均大于两边的弯曲 $A$、$C$ 的面积，但弯曲 $A$、$C$ 面积之和大于弯曲 $B$，如图 3.15（b）所示，对于该情况采取位移误差最小原则，删除中间弯曲 $B$。

（3）中间弯曲 $B$ 面积最小，如图 3.15（c）所示，则直接删除弯曲 $B$。

（4）中间弯曲 $B$ 的面积处于 $A$、$C$ 两者面积值之间，如图 3.15（d）所示，面积（$A$）>面积（$B$）>面积（$C$）[或者面积（$C$）>面积（$B$）>面积（$A$）]，考虑到要达到化简弯曲组的目的且化简后整体位置误差较小，若只删除弯曲 $C$ 则弯曲 $A$ 不能得到化简，对于后续的化简来说仍要删除 $A$，这样造成的位移误差更大。因此，依据位移误差最小原则，对于此情况采取删除中间弯曲 $B$ 的方法进行化简。

图 3.15　当 3 个弯曲均小于删除阈值时的化简

### 3.2.4  基于三元弯曲组的循环化简策略

一次化简并不能保证化简的结果均符合化简
阈值的要求，因此需要制定循环化简的策略。在
每次化简后对曲线重新进行弯曲识别，构造新的
弯曲组，通过不断地化简合并弯曲组来实现曲线
形态逐渐向化简目标形态靠拢，如图 3.16 所示。

循环化简具体步骤如下。

步骤 1：从第一个弯曲开始，每三个弯曲划分
为一个弯曲组；

步骤 2：对弯曲组的类型进行判断，根据 3.2.3
节的化简策略对弯曲组中的弯曲进行化简；

步骤 3：对上一次化简的结果重新提取新的弯
曲，并判断是否均满足删除阈值的要求，若是则
回到步骤 1 重新开始化简，若否则化简结束。

本方法中将道路弯曲基线长度作为阈值参
数，如当前比例尺下弯曲基线小于 5mm 的弯曲视
为弯曲待删除对象，下文中所提到的弯曲阈值也
均采用弯曲基线长度作为判断标准。通过该循环

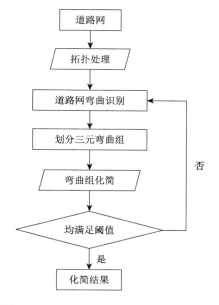

图 3.16  基于弯曲组的线要素化简流程图

化简过程后，道路上的所有弯曲对象都达到了删除阈值的要求，道路的形态以一种渐进
完善的形式得到了化简，具体过程如图 3.17 所示。

图 3.17 中展示了每一次化简后的道路形态，图中箭头指示的是部分典型变化放大示
例。在完成最后一次化简后，意味着当前道路上所有弯曲均满足化简阈值，不再需要化
简，相关统计数据如表 3.4 所示。由放大示例和统计表可以看出，随着循环次数的增加，
化简的力度越来越小，整个循环过程可以看作是不断对线要素化简结果进行修缮的过程。
从最终的化简结果可以看出，该方法化简得到的曲线比较平缓，且较好地保持了道路的
主要形态特征。

利用基于三元弯曲组的化简方法与已有的 Douglas 化简方法、基于弯曲的化简方法
（直接删除满足阈值的弯曲）分别对图 3.18（某地区 1∶5 万道路）进行化简对比实验（注：
Douglas 化简由于化简的对象是节点，因此其化简程度只能用节点的压缩率来衡量；而基
于弯曲的化简由于化简的对象是弯曲，因此采用弯曲的压缩率，即化简后的弯曲数量与
化简前的弯曲数量的比值来衡量更为准确）。

基于单一变量原则，图 3.19（a）中 Douglas 化简与图 3.19（c）中基于三元弯曲组的
化简在压缩率上（注：一个是节点压缩率，一个是弯曲压缩率）保持一致；图 3.19（b）
基于弯曲的化简与图 3.19（c）基于三元弯曲组的化简采用同样的弯曲化简阈值。相关统
计数据如表 3.5 所示。

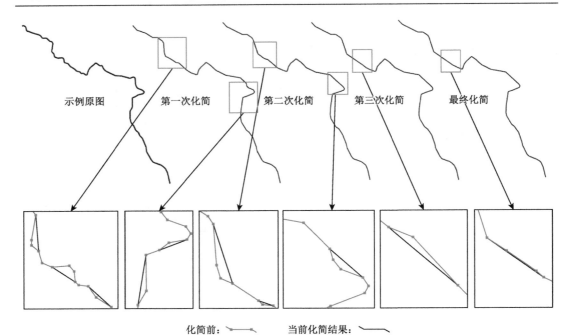

化简前：●——●——●　　　当前化简结果：——————

图 3.17　基于三元弯曲组的循环化简效果示例

表 3.4　循环化简过程中的相关数据统计

| 相关统计项 | 化简的次序 | | | |
|---|---|---|---|---|
| | 第一次化简 | 第二次化简 | 第三次化简 | 最终化简 |
| 删除弯曲数 | 23 | 4 | 2 | 2 |
| 删除节点数 | 21 | 6 | 2 | 2 |

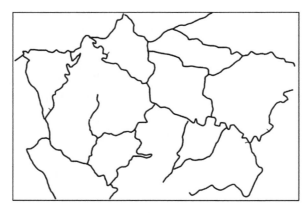

图 3.18　实验原始数据

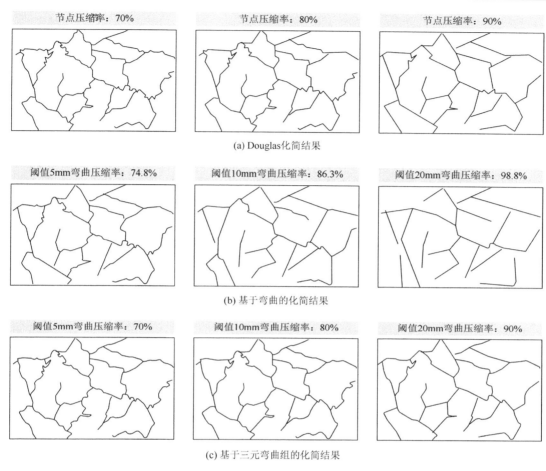

(a) Douglas化简结果

(b) 基于弯曲的化简结果

(c) 基于三元弯曲组的化简结果

图 3.19　三种弯曲化简方法结果对比

从化简的结果图和统计表中的数据来看：

（1）Douglas 化简虽然对曲线的形态化简效果明显，但是化简结果导致大量的尖锐角出现，对于地图道路要素来说是不符合自然规律的；如表 3.5 所示，在弯曲压缩率相近的情况下，Douglas 化简方法保留的节点数明显小于基于三元弯曲组的化简方法，导致化简结果比较生硬，平滑度不够，对形态的保持效果较差，没有体现出"综合"的本质。

表 3.5　Douglas 化简方法与基于三元弯曲组的化简方法结果对比统计

| 化简方法 | 节点压缩率/% | 弯曲压缩率/% | 化简后节点数 | 化简后弯曲数 |
|---|---|---|---|---|
| Douglas 化简 | 60.00 | 48.02 | 374 | 224 |
| | 70.00 | 60.79 | 246 | 169 |
| | 80.00 | 71.93 | 161 | 121 |
| | 90.00 | 86.31 | 88 | 59 |

续表

| 化简方法 | 节点压缩率/% | 弯曲压缩率/% | 化简后节点数 | 化简后弯曲数 |
|---|---|---|---|---|
| 基于三元弯曲组化简 | 43.06 | 60.00 | 521 | 148 |
| | 54.32 | 70.00 | 418 | 115 |
| | 72.57 | 80.00 | 251 | 73 |
| | 84.15 | 90.00 | 145 | 48 |

（2）一般的基于弯曲的化简方法直接删除小于阈值的弯曲，使得在同一化简阈值下化简后的节点以及弯曲数量远少于基于三元弯曲组的化简方法，导致在化简时力度过猛，没有考虑到弯曲之间的相互影响和制约（表 3.6）；从化简的结果图（图 3.19）看，出现对所有满足阈值的弯曲采取"一刀切"的处理方式，不同阈值的化简结果之间形态变化突然，没有体现出不同尺度上显示的层次性。

**表 3.6　基于弯曲的化简方法与基于三元弯曲组的化简方法结果对比统计**

| 化简方法 | 化简阈值/mm | 节点压缩率/% | 化简后节点数 | 弯曲压缩率/% | 化简后弯曲数 |
|---|---|---|---|---|---|
| 基于弯曲的化简 | 5 | 65.46 | 316 | 73.78 | 113 |
| | 10 | 84.37 | 143 | 86.31 | 59 |
| | 20 | 93.01 | 64 | 98.84 | 5 |
| | 50 | 94.75 | 48 | 99.53 | 2 |
| 基于三元弯曲组的化简 | 5 | 43.06 | 521 | 60.00 | 148 |
| | 10 | 54.32 | 418 | 70.00 | 115 |
| | 20 | 72.57 | 251 | 80.00 | 73 |
| | 50 | 84.15 | 145 | 90.00 | 48 |

（3）基于三元弯曲组的化简通过划分三元弯曲组以及采取循环化简策略，在保证化简结果满足化简阈值的情况下，对连续出现的相邻小弯曲尽量保持了较多的节点和弯曲结构；从化简的结果图来看，其较好地保持了道路原本的形态特征，随着化简阈值的增大，化简结果在显示尺度上体现出较好的层次性。

由于本节提出的道路化简方法采取的是基于弯曲的化简方法，因此在化简结果的形态保持上相比 Douglas 化简方法更加平滑；又由于基于三元弯曲组的化简方法考虑道路连续弯曲之间的影响，所以采取基于三元弯曲组的化简方法，避免了一般基于弯曲的化简方法所导致的"一刀切"的情况，不同阈值化简结果之间能够体现出层次性的过渡，因此化简的结果得到改善。

### 3.2.5　小结

本节主要介绍了道路化简前的预处理方法、道路弯曲识别的方法、弯曲对象的存储、弯曲之间的邻近关系、三元弯曲组的建立以及基于三元弯曲组的曲线化简策略。首先，通过节点压缩，道路断链以及道路接链完成了道路化简的预处理，然后针对道路两侧分别采用"顺时针"和"逆时针"拐点识别了道路的弯曲，定义了弯曲对象存储结构，实现了弯曲的对象化存储；本节的核心是，提出了三元弯曲组的概念，并对三元弯曲组的特性进行分析，划分三元弯曲组类型，针对不同类型弯曲组制定不同的化简方法，并将其应用于道路的化简循环中。从化简的结果来看，该方法能够有效地对道路要素进行化简，弥补了以往基于弯曲化简方法对连续的双侧小弯曲化简的不足，化简结果体现了不同阈值下的化简层次性，较好地保持了道路本身的形态特征。

## 3.3　基于弯曲的道路化简冲突避免方法

在人机交互的道路化简过程中，制图员不仅考虑了道路自身的形态，而且对道路与道路之间、道路与其他要素之间的空间关系也进行了综合考虑。现有方法在对单条曲线的化简上已经取得了很好的效果，然而在实际应用中由于已有化简方法很少考虑化简前后道路与道路之间、道路与其他要素之间的空间关系的一致性，导致化简结果出现要素冲突、空间关系不一致性等情况，即本节所指的"化简冲突"。因此，必须对道路弯曲化简算法的过程加以约束，使之更为有效地避免化简前后产生要素自身、要素间冲突。

基本弯曲在化简过程中具有最小单元的独立性特征，即一个基本弯曲在化简后的形态是确定的（对弯曲形态由基线形态代替），化简的影响范围也是确定的（对弯曲起止点之间的节点进行删除）。因此，本节提出了基于弯曲的道路化简冲突避免策略，通过弯曲对化简冲突进行有效判断和定位，从而避免化简冲突的产生。

### 3.3.1　道路化简导致空间冲突的原因与类型分析

空间冲突可定义为，空间数据所表达描述的世界与客观世界不一致，导致数据无法正确、及时和有效地表现客观世界对应的地理实体的结构和关系（詹陈胜等，2011）。本节是在原数据本身不存在空间冲突的前提下讨论的，因此将化简后造成空间关系不一致的情况统称为"化简冲突"。针对道路化简的形态变化特点，本节基于弯曲对象化简前后的形态变化归纳了以下几种化简可能出现的道路间以及道路与各要素间的化简冲突类型。

#### 1. 道路与道路之间的化简冲突

道路由于其连通性特征，在地图上往往是以相互交错的网状形式出现的，因此在道路化简时很可能导致道路间连通关系的改变。道路常见的空间关系表现为相交和相离（陈军等，2006；Nedas et al.，2007）。道路化简是将道路看作一条单一的曲线进行化简，因此化简后道路的形态改变很容易对道路之间的空间关系造成破坏（如交叉路口断开、网眼结构被破坏等）。道路的交叉点在地图上有着特殊的意义，特别是在导航和方位辨别上起着重要的指示作用。

因此，道路化简前后节点的位置和完整性是需要重点考虑的问题。本节对道路化简过程中道路间的空间关系变化进行了分析，列举了四种常见的化简冲突，如图3.20所示。图3.20中实线表示道路曲线，虚线表示弯曲的基线，即连接弯曲起止节点的线段。弯曲在删除后的形态简化为弯曲的基线。图3.20（a）中道路$R_1$的弯曲化简导致了$R_1$与$R_2$相交的节点消失，在图3.20（b）中做了进一步延伸，即节点的消失导致网眼的封闭性遭到破坏；图3.20（c）中道路$R_1$的弯曲化简导致一个新节点的产生，这同样也是违背了空间关系的一致性要求；图3.20（d）中做了进一步的延伸，即两条道路上的两弯曲出现类似嵌套时，若只对$R_1$进行化简则也会产生道路相交的情况，然而若相交部分的弯曲同时化简则可能不会出现冲突。

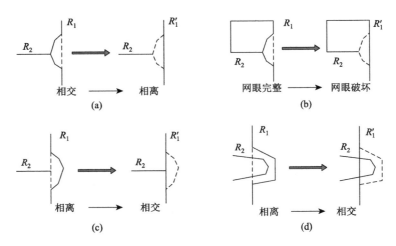

图3.20　道路间的化简冲突

### 2. 道路与居民地间的化简冲突

对于某些地物设施如居民地来说，道路是读图者判断居民地位置的重要参照（例如，某重要设施标定在某条道路的右侧、某设施建立在道路之上以及某建筑周围有道路环绕等）（郭庆胜等，2008）。道路与居民地之间的空间关系主要表现为线与点的空间关系以及线与面的空间关系。道路化简过程中弯曲的删除引起道路局部位置发生了偏移，对于其与邻近要素的空间关系必然会受到一定的影响，从而可能导致化简冲突的产生。本节归纳了以下道路与点状、面状居民地之间的化简冲突，如图3.21所示。

根据点线间的拓扑关系，本节列举了两种互为对偶的典型道路与点状居民地化简冲突，如图3.21（a）、图3.21（b）所示，道路$R$在化简后导致点$A$与$R$间的拓扑关系发生了改变。图3.21（c）中做了进一步延伸，虽然在化简前后点$A$与$R$的拓扑关系均相离，但是$A$与$R$的方位关系发生了改变，化简前$A$在道路的右侧，化简后则$A$在道路的左侧，从弯曲的角度来看，点$A$从弯曲与基线围成的弯曲面内变为了$A$在基线的一侧。

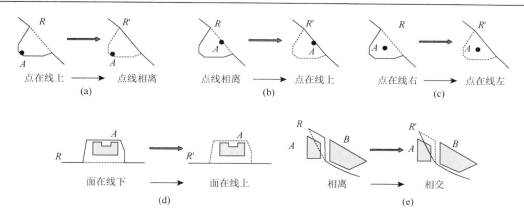

图 3.21　道路与居民地化简冲突

同样地，对于面状居民地来说也存在着与图 3.21（c）类似的情况，如图 3.21（d）所示，道路的化简导致居民地与道路的位置关系发生了改变。图 3.21（e）中，由于弯曲化简，道路与居民地产生了明显的相交冲突。

3. 道路与水系之间的化简冲突

考虑到水系与人工设施之间关系的特殊性，水系与道路也有着特殊的化简冲突。根据刘万增和赵仁亮（2004）对道路与水系间空间冲突的总结，道路与水系的关系应该满足"道路不能入水"，从而进一步细分为：道路不能落入并行的河流、湖泊或水库中，单线道路不能与河流小范围、多点或小角度相交等。通过对道路化简后形态变化的分析，本节总结了以下三种道路与水系的化简冲突。

沿河道路在化简后出现了与河流交叉的情况，如图 3.22（a）所示，道路 R 在化简后与线状水系出现相交的化简冲突。面状水系与道路的相交形态发生变化，如图 3.22（b）所示，道路在化简后，由垂直过河变为斜交过河，因此将其视为化简冲突。图 3.22（c）所示化简冲突是图 3.22（a）类型的延伸，即沿面状水系的道路在化简后落水，产生化简冲突。

道路与其他要素的化简冲突基本上也是线与点、线与面的化简冲突，因此本节就以上常见的三种要素为例进行讨论。

## 3.3.2　基于弯曲的道路化简冲突判别方法

1. 弯曲对象在避免化简冲突上的优势

总而言之，基于弯曲的化简特点就是独立性和层次性。独立性表现在，基本弯曲是独立的，即一个基本弯曲不再包含其他弯曲，其是曲线化简中删除的最小单元，化简结果在局部可以通过连接基线进行模拟；层次性表现在，复合弯曲是层层嵌套的，一个复合弯曲由多个基本弯曲或低一级的复合弯曲组成，通过建立弯曲的层次结构可以比较容易模拟任意化简尺度上的化简结果。弯曲的这两个特性使得在道路化简过程中能够很容易地确定化简冲突发生的位置和尺度，如图 3.23 所示。

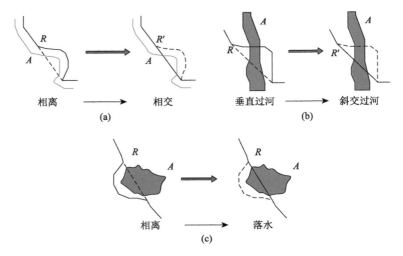

图 3.22　道路与水系之间的化简冲突

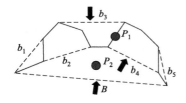

图 3.23　化简冲突发生位置示例

由图 3.23 首先可以推断出化简冲突发生在基本弯曲 $b_3$ 和 $b_4$ 处，即当这两处的弯曲进行化简时将产生图 3.21（a）所示类型的化简冲突，即道路与居民点 $P_1$ 的空间关系发生变化；同时当对复合弯曲 $B$ 进行化简时也会与点 $P_1$、$P_2$ 产生图 3.21（a）、图 3.21（c）所示类型的冲突。由此可见，基于弯曲的化简方法能有效地定位化简冲突发生的位置和尺度，从而能够有效地对冲突进行预判，并根据预判的结果采取相应的避免冲突的化简策略。而一般的道路化简方法，如经典的 Douglas 化简方法，需要在化简结束后对整条道路再次进行冲突检测才能发现冲突，其无法对某一条道路局部位置的化简冲突进行实时地预判和避免，并且冲突的改正过程也比较烦琐。

## 2. 基于弯曲的化简冲突判别

由上文归纳的化简冲突可以看出，弯曲化简后是否产生冲突，与弯曲的形态以及弯曲基线的位置有着密切的关系。以弯曲为化简单元的道路化简，在删除某个弯曲后，该弯曲即被其基线所替代。道路弯曲弧段和道路弯曲基线两个对象可以看作是该弯曲化简前后的两个状态，通过检测这两个状态下空间关系的一致性即可判断是否存在道路弯曲化简冲突。

因此，本节通过分析弯曲基线以及基线和弯曲所围成的弯曲面与冲突对象的空间关系进行化简冲突的预测。依据上文归纳的冲突类型，本节设计了以下判断化简冲突的规则，如表 3.7 所示。这些规则的意义在于，对于满足删除条件的弯曲进行化简冲突规则的判定可以预测出化简后是否存在化简冲突、化简冲突的类型以及冲突对应的弯曲。需要说明的是，在实际的操作中并没有确切判断道路是否与水系斜交的标准，对于斜交过河的判断，选择相交角度（取锐角）阈值为 60°，是否与面状河流斜交则判断道路与河流两侧线段的相交角度之和是否小于 120°，该阈值可以根据制图要求进行适当调整。

表 3.7　道路化简冲突判定规则

| 类型编号 | 冲突名称 | 判定规则 |
|---|---|---|
| 1 | 相交—相离（点） | 点在弯曲上∩点不与弯曲起始点重合 |
| 2 | 相交—相离（线） | 线与弯曲相交∩交点不与弯曲起始点重合∩线不与基线相交 |
| 3 | 相离—相交（点） | 点在基线上∩点不与弯曲起始点重合 |
| 4 | 相离—相交（线） | 线与基线相交∩交点不与弯曲起始点重合∩线不与弯曲相交 |
| 5 | 相离—相交（面） | 面与基线相交∩面与弯曲曲线不相交 |
| 6 | 弯曲内—弯曲外（点） | 点在弯曲与基线围成的多边形内 |
| 7 | 弯曲内—弯曲外（线） | 线在弯曲与基线围成的多边形内 |
| 8 | 垂直过河—斜交过河（线） | 弯曲与河流（线）相交∩基线与河流角度小于 60° |
| 9 | 垂直过河—斜交过河（面） | 河流（面）与弯曲相交∩基线与河流两侧线段相交角度之和小于 120° |

### 3.3.3　避免产生化简冲突的解决方法

冲突类型由上文中所列举的判定规则进行判断。在得到化简类型后，需要对相应类型的冲突制定对应的冲突避免策略。

1. 利用弯曲化简特性避免化简冲突

首先，对于交叉路口处弯曲化简导致路口的拓扑关系破坏的情况［图 3.20（a）、图 3.20（b）］，可先对道路进行断链处理，从而将化简操作限制在道路相交节点之间。

其次，对于弯曲与弯曲之间相离的化简冲突还需考虑两种特殊情况：①如图 3.24（a）所示，当仅探测到冲突的 $R_1$ 化简时则会产生冲突；②如图 3.24（b）所示，当 $R_1$ 与 $R_2$ 两个弯曲同时删除时则不会出现冲突。因此，针对两弯曲可能存在同时化简的情况，当检测到 $R_1$ 化简存在图 3.24 所示冲突时，判断 $R_2$ 是否也满足化简条件，若满足则两个弯曲同时进行化简。

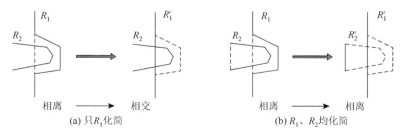

图 3.24　道路之间化简的特殊情况

再次，对道路与其他要素存在化简冲突的弯曲采取保留策略。该部分弯曲的化简是产生化简数据前后不一致的根源，删除弯曲会导致化简冲突的产生，因此需要保留。

最后，通过优化"弯曲组"的化简方法，间接化简存在冲突的道路弯曲。在对产生化简冲突的弯曲进行保留的同时，为了达到间接化简该部分弯曲的目的，需要对其相邻弯曲进行优先化简，这就涉及"弯曲组"的化简策略问题。

### 2. 避免冲突的弯曲组化简方法

连续性是弯曲的一个重要特性，即从曲线的一个方向来看，凸弯曲和凹弯曲交替出现，凸弯曲的相邻弯曲必然是凹弯曲，反之亦然。因此，由相邻弯曲的共边关系可知，一个弯曲的化简必然会对它相邻的弯曲产生影响，且影响范围仅限于该弯曲的相邻异侧弯曲。如图 3.25（a）所示，将这种三个相邻的基本弯曲称为一个弯曲组，其化简情况称为弯曲组化简。

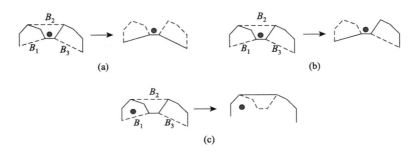

图 3.25　存在冲突时弯曲组的化简示例

当弯曲组中遇到有化简冲突的弯曲时，按照以下规则进行化简：

（1）小于化简阈值但存在化简冲突的弯曲对象被视为需要保留的弯曲，从待删除弯曲对象中剔除。

（2）存在化简冲突的弯曲，若其相邻弯曲小于化简弯曲阈值则优先删除，从而起到间接化简冲突部分弯曲的作用。

如图 3.25 所示，图中 $B_1$、$B_2$、$B_3$ 是一个弯曲组。依据以上的两条化简规则，可判断存在以下几种常见的化简情况：

（1）若存在化简冲突的弯曲在三元弯曲组的中间位置，其相邻弯曲均是待删除弯曲，则对这相邻两个弯曲进行删除。如图 3.25（a）所示，假设 $B_1$、$B_2$、$B_3$ 均为待删除弯曲，而 $B_2$ 由于存在化简冲突，因此对 $B_2$ 进行保留，同时对 $B_1$、$B_3$ 直接进行删除。

（2）若存在化简冲突的弯曲在三元弯曲组的中间位置，只有一侧是待删除弯曲，则直接删除该侧弯曲。如图 3.25（b）所示，假设 $B_1$、$B_2$ 为待删除弯曲，$B_3$ 为大于删除阈值的弯曲，则只对 $B_1$ 进行删除操作。

（3）若存在化简冲突的弯曲在三元弯曲组两侧的位置，则直接删除与之相邻的待删除弯曲（若与之相邻的是大于删除阈值的弯曲则不进行操作）。如图 3.25（c）所示，假

设 $B_1$、$B_2$、$B_3$ 均为待删除弯曲，而 $B_1$ 由于存在化简冲突，因此直接删除弯曲 $B_2$，达到同时化简 $B_1$、$B_3$ 的效果。

3. 避免冲突的道路化简流程

依据基于弯曲的化简冲突避免思想，结合上文所提出的三元弯曲组划分思想、化简预处理方法以及冲突判断及避免策略，本节设计了避免冲突的道路化简流程。具体步骤如下。

步骤 1：先对道路网进行拓扑预处理。在道路相交的交叉节点处进行断链，使得弯曲化简的弯曲对象始终在道路交叉节点之间，而不会影响到相交处的道路节点。

步骤 2：对道路网进行弯曲提取。道路弯曲在形态上相对于等高线、海岸线等较为简单，因此考虑到道路弯曲识别的效率以及循环提取弯曲时的时间成本，采用拐点法对道路进行弯曲提取。

步骤 3：利用弯曲基线长度阈值 $D$ 对道路弯曲进行判断，将不小于阈值 $D$ 的弯曲列为待删除弯曲，大于阈值 $D$ 的弯曲则列为保留对象。

步骤 4：对待删除道路弯曲进行基于弯曲的化简冲突检测。对于存在化简冲突的弯曲采取相应的冲突消除策略进行化简；对于无化简冲突的弯曲采取一般的三元弯曲组化简方法进行删除化简。

步骤 5：判断步骤 4 中执行弯曲删除操作的次数，若为 0，则表示当前所得化简结果与上一次化简结果（第一次时为原图）一致，即满足化简要求，化简结束；若大于 0，则表示所得化简结果与上一次化简结果不一致，因此为了保证化简结果满足化简要求，需要回到步骤 2 对当前结果提取新的弯曲，并再次执行化简判断。

步骤 6：循环步骤 2～步骤 5，直至化简结束。避免冲突的道路化简流程如图 3.26 所示。

采用避免冲突的化简策略的化简效果如图 3.27 所示。由图 3.27 可以看出，相比最小位移误差的化简方法，冲突避免的化简方法能够有效地预防化简冲突的产生。

同时，值得注意的是，理论上避免冲突的化简策略会导致化简精度上有所降低（朱鲲鹏，2007；邓敏等，2013），即在弯曲删除对象的位置误差上（删除弯曲面积除以曲线长度）要略高于最小位置误差原则的化简方法，原因是在对有冲突部分弯曲进行保留的同时优先删除该弯曲相邻的兄弟弯曲。不过一般来说，在制图综合对局部区域的综合处理中避免空间冲突比位置误差的优先级要高，且在实际应用中因避免冲突而产生的位置误差所占比例是比较小的，因此该部分精度上的降低处于可接受范围内。

### 3.3.4 小结

本节在 3.2 节的基础上，从地图生产需要的角度出发，进一步考虑化简过程中空间关系表达的前后一致性，提出了一种基于弯曲的道路化简冲突避免方法。从弯曲的角度，分析弯曲删除前后道路要素间以及道路要素与其他要素间空间关系的变化情况，归纳总结可能出现的化简冲突；利用弯曲对象与其他要素之间的空间关系变化规律，提出相应的道路化简冲突判定规则，对化简将产生的空间冲突位置和类型进行准确的定位和判断；

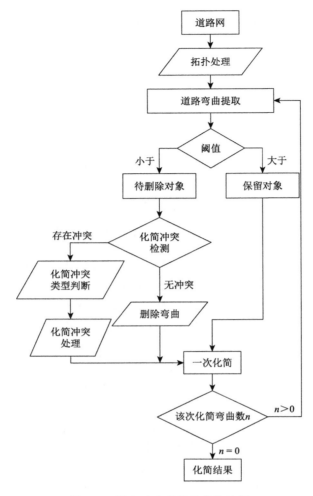

图 3.26　避免冲突的道路化简流程

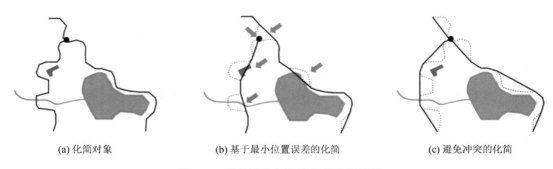

(a) 化简对象　　　　　(b) 基于最小位置误差的化简　　　　　(c) 避免冲突的化简

图 3.27　避免冲突的道路化简效果示例

最后针对各类型的化简冲突制定相应的避免策略。本方法能快速定位冲突发生的位置和范围，有效地避免道路化简冲突的产生，从而确保化简前后道路之间以及道路与其他要素之间空间关系的一致性。

# 参 考 文 献

陈军, 刘万增, 李志林, 等. 2006. 线目标空间关系的细化计算方法[J]. 测绘学报, 35（8）: 255-260.

邓敏, 樊子德, 刘慧敏. 2013. 层次信息量的线要素化简算法评价研究[J]. 测绘学报, 42（5）: 767-773.

郭庆胜, 吕秀, 蔡永香. 2008. 图形简化过程中空间拓扑关系抽象的规律[J]. 武汉大学学报（信息科学版）, 33（5）: 520-523.

胡波, 乐阳, 李清泉. 2013. 基于复杂网络指标的路网结构形态评价与分析[J]. 测绘地理信息, 38（3）: 5-8.

李清泉, 曾喆, 杨必胜, 等. 2010. 城市道路网路的中介中心性分析[J]. 武汉大学学报（信息科学版）, 35（1）: 37-40.

刘万增, 赵仁亮. 2004. 水系要素更新中空间冲突的自动检测研究[C]//中国地理信息系统协会第八届年会论文集.

钱海忠, 张钊, 翟银凤, 等. 2010. 特征识别、Stroke 与极化变换结合的道路网选取[J]. 测绘科学技术学报, 27（5）: 371-374.

田晶, 宋子寒, 艾廷华. 2012. 运用图论进行道路网网格模式提取[J]. 武汉大学学报（信息科学版）, 37（6）: 724-727.

王家耀, 等. 1993. 普通地图制图综合原理[M]. 北京: 测绘出版社.

王家耀, 崔铁军, 王光霞. 1985. 图论在道路网自动选取中的应用[J]. 解放军测绘学院学报, 1: 79-86.

徐吉谦. 2001. 关于城市道路规划设计几个关键问题的探讨[J]. 城市道桥与防洪, 2（6）: 5-9.

徐柱, 刘彩凤, 张红, 等. 2012. 基于路划网络功能的道路选取方法[J]. 测绘学报, 41（5）: 769-776.

姚锡凡, 姚小群, 刘璨, 等. 2010. 不确定性加工过程控制的发展与实例分析[J]. 应用基础与工程科学学报, 18（1）: 181-185.

叶彭姚. 2008. 城市道路网结构特征研究[D]. 上海: 同济大学.

叶彭姚, 陈小鸿. 2011. 基于道路骨架性的城市道路等级划分方法[J]. 同济大学学报（自然科学版）, 39（6）: 853-856.

翟仁健, 武芳, 朱丽, 等. 2009a. 利用地理特征约束进行曲线化简[J]. 武汉大学学报（信息科学版）, 34（9）: 1021-1024.

翟仁健, 武芳, 朱丽, 等. 2009b. 曲线形态的结构化表达[J]. 测绘学报, 38（2）: 175-182.

詹陈胜, 武芳, 翟仁健, 等. 2011. 基于拓扑一致性的线目标空间冲突检测方法[J]. 测绘科学技术学报, 28（5）: 287-290.

朱鲲鹏. 2007. 线要素化简算法质量评估[D]. 郑州: 中国人民解放军信息工程大学.

朱强. 2008. 等高线结构化综合方法研究[D]. 郑州: 中国人民解放军信息工程大学.

Jiang B, Claramunt C. 2004. A structural approach to model generalisation of an urban street network[J]. GeoInformatica, 8: 157-171.

Freeman L C. 1977. A set of measures of centrality based upon betweenness[J]. Sociometry, 40（1）: 35-41.

Marshall S. 2004. Building on Buchanan: Evolving Road Hierarchy for Today's Streets-oriented Design Agenda[C]// European Transport Conference 2004. Strasbourg: PTRC: 1-16.

Mustiere S, Zucker J D, Saitta L. 1999. Cartographic Generalization as a Combination of Representing and Abstracting Knowledge[C]. Proceedings of the 7th ACM International Symposium on Advances in Geographic Information Systems.

Nedas K A, EgenhoferM J, Wilmsen D. 2007. Metric details of topological line-line relations[J]. International Journal of Geographical Information Science, 21（1）: 21-48.

Plazanet C. 1995. Measurement Characterization and Classification for Automated Line Feature Generalization[C]. Bethesda: Proceedings of AUTO-CARTO.

# 第 4 章　道路智能化综合

## 4.1　基于案例类比推理的道路网智能选取方法

### 4.1.1　CBR 模型

基于案例推理（Case Based Reasoning，CBR）是一种类比推理方法，是借助于过去类似问题经验，来获得当前问题解的一种推理模式（史忠植，1998；Davies et al.，2005；李光等，2006；唐宇等，2008；李建洋等，2007）。早在 1982 年，*Dynamic Memory* 一书中就给出了在计算机条件下建立 CBR 模型系统的初步方法。经过 20 多年的不断发展和完善，CBR 模型已经成为人工智能领域中一种非常实用的方法，是人工智能发展较为成熟的一个分支。CBR 模型系统在医疗诊断、法律、机械设计和故障诊断等诸多领域广泛使用。它基于设计者的心理认知过程，通过应用类比推理选择和转换先前已经解决的设计问题来获取新的解决方案。采用基于案例推理技术可以简化问题的求解途径，提高推理效率和效果，缩短系统的设计周期，因此更加符合人们迅速、准确地求解新问题的要求，具有十分重要的研究价值（李雄飞和李军，2003）。一个典型的 CBR 模型的结构如图 4.1 所示。

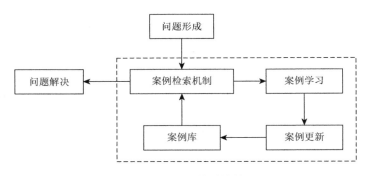

图 4.1　CBR 模型结构

一个 CBR 模型系统的核心组成部分包括案例检索机制、案例学习、案例更新以及案例库。

案例库是过去系统解决所有问题的经验的聚集（案例集合），提供支持针对新问题求解的一组案例。问题成功求解后，作为一个新的案例存入案例库。案例库随着系统解决问题的增多而不断丰富和强大。

案例检索机制主要负责从案例库中查找一个与当前问题相匹配的案例。如果这个案例满足问题描述的要求，则依据案例提供的解决方案来解决问题。反之，则对该案例进行修改，使之能够完全满足问题描述的要求，并把该案例作为成功的案例去更新案例库。

从上述内容可以看出，一个 CBR 模型系统具有以下特点：

（1）知识以案例形式存储。

（2）检索是 CBR 模型系统的整个推理核心。

（3）学习是 CBR 模型系统的基本功能。

（4）CBR 模型系统解决问题依赖案例。

（5）CBR 模型系统把知识的获取简化为建立案例描述方法和从专家那里收集，从而杜绝了知识获取中知识的畸变，克服了专家系统构造中的瓶颈问题。

## 4.1.2　基于案例类比推理的道路网智能选取原理

基于案例类比推理的道路网智能选取的基本原理如图 4.2 所示。将制图专家对道路网的交互选取结果作为参考标准，对其进行结构化描述并构建和转化为案例库，计算机采用一定的简化算法和泛化算法对案例库进行分析和学习，获取一个检索效率更高和适应样本能力更强的案例模型库。然后，在进行相似道路网的自动选取时，计算机根据生成的案例模型库，采用基于案例类比推理的方法，分析获取相应的解决方案，进而完成对道路网的智能选取。

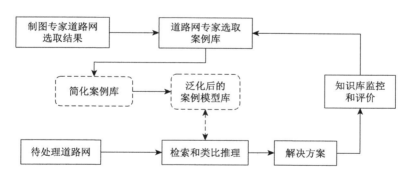

图 4.2　基于案例类比推理的道路网智能选取的基本原理

其关键步骤如下：

（1）将制图专家的道路网选取结果进行结构化描述，构建计算机能存储、识别和学习的道路网选取专家案例库；

（2）计算机通过一定的简化算法对案例库进行简化，对相同或者相似的案例进行合并，降低案例库容量，得到简化案例库；

（3）对简化案例库中的案例进行泛化，形成具有一定概括能力的案例模型，这些案例模型能够为相似或相同的道路网选取任务提供解决方案；

（4）待处理道路网数据输入后，启动检索和类比推理机制，每条道路与案例模型库中的案例模型进行匹配，根据匹配结果得出解决方案；

（5）用知识库对每条道路获取的解决方案进行监控和评价，通过监控和评价，待选道路执行相应的解决方案，其结果作为新的案例加入专家案例库中，作为计算机继续学习的资源。

### 4.1.3　案例库简化和案例泛化

1. 案例库简化基本原理

从制图专家交互综合中获取的案例还需要进行简化。专家案例库简化的目的主要是降低检索时间、提高检索效率，同时剔除一些在临界条件下专家的不确定性操作（例如，如表4.1所示，在相同条件下，有的案例执行了选取操作，有的案例执行了删除操作。这一方面可能是同一制图专家没有建立统一的综合尺度，也可能是不同专家之间没有建立统一的综合尺度。这些因素也是实际中难以避免的）。当案例库中案例数量十分庞大时，案例库可能包含大量相同或相似的案例，这些重复的案例无益于新任务的解决，反而会增大检索时间、降低检索效率。所以，在案例库使用之前需要对案例库进行简化。

主要道路选取过程其实也是次要道路删除的过程。本节设计的案例库简化算法中，分别计算相同或者相似案例中执行选取操作的案例个数（$K$）和执行删除操作的案例个数（$P$），并比较$K$和$P$的大小，进而选择相应的简化方案。其算法流程如下：

（1）检索案例库，对案例描述条件相同的案例进行分类；

（2）计算每一类执行选取和删除操作的个数$K$、$P$，判断$K$、$P$的大小关系，选择简化方案。

若$K>P$，保留一个执行结果为选取的案例；

若$K<P$，保留一个执行结果为删除的案例；

若$K=P$，所有案例都不予保留。

下面以表4.1为例，说明案例库进行简化的具体方法。表4.1是从制图专家道路网选取案例库中提取的样例。

表 4.1　道路网选取专家案例库

| 案例编号 | 属性 | | | | 执行操作（$T$） |
| --- | --- | --- | --- | --- | --- |
| | 道路等级（$A$） | 铺面材质（$B$） | 居民地间唯一通道（$C$） | 道路长度（$D$）/km | |
| 1 | 一级 | 沥青 | 是 | 2.6 | 删除 |
| 2 | 一级 | 沥青 | 是 | 2.6 | 选取 |
| 3 | 一级 | 沥青 | 是 | 2.6 | 选取 |
| 4 | 二级 | 水泥 | 否 | 3.3 | 删除 |
| 5 | 二级 | 水泥 | 是 | 2.3 | 选取 |
| 6 | 二级 | 水泥 | 否 | 6.3 | 删除 |
| 7 | 二级 | 沙石 | 否 | 8.1 | 删除 |
| 8 | 二级 | 沙石 | 否 | 8.1 | 选取 |
| 9 | 三级 | 水泥 | 否 | 6.9 | 删除 |
| 10 | 三级 | 沥青 | 否 | 6.9 | 删除 |
| 11 | 三级 | 沥青 | 否 | 6.9 | 删除 |
| 12 | 三级 | 沥青 | 否 | 1.9 | 选取 |

（1）首先，对描述条件相同的案例进行分类。从表 4.1 中提取道路等级、铺面材质、居民地间唯一通道、道路长度四个条件相同的案例并分类，如表 4.2～表 4.4 所示。

**表 4.2　从表 4.1 中提取的条件相同的案例集合 1**

| 道路等级（$A$） | 铺面材质（$B$） | 居民地间唯一通道（$C$） | 道路长度（$D$）/km | 执行操作（$T$） |
| --- | --- | --- | --- | --- |
| 一级 | 沥青 | 是 | 2.6 | 删除 |
| 一级 | 沥青 | 是 | 2.6 | 选取 |
| 一级 | 沥青 | 是 | 2.6 | 选取 |

**表 4.3　从表 4.1 中提取的条件相同的案例集合 2**

| 道路等级（$A$） | 铺面材质（$B$） | 居民地间唯一通道（$C$） | 道路长度（$D$）/km | 执行操作（$T$） |
| --- | --- | --- | --- | --- |
| 二级 | 沙石 | 否 | 8.1 | 删除 |
| 二级 | 沙石 | 否 | 8.1 | 选取 |

**表 4.4　从表 4.1 中提取的条件相同的案例集合 3**

| 道路等级（$A$） | 铺面材质（$B$） | 居民地间唯一通道（$C$） | 道路长度（$D$）/km | 执行操作（$T$） |
| --- | --- | --- | --- | --- |
| 三级 | 沥青 | 否 | 6.9 | 删除 |
| 三级 | 沥青 | 否 | 6.9 | 删除 |
| 三级 | 沥青 | 否 | 6.9 | 选取 |

（2）计算每一类中执行选取操作的案例个数（$K$）和执行删除操作的案例个数（$P$），并判断 $K$、$P$ 的大小关系，选择简化方案。

$K = 2$、$P = 1$，$K > P$，保留一个执行结果为选取的案例（表 4.2）；

$K = 1$、$P = 1$，$K = P$，所有案例都不予保留（表 4.3）；

$K = 1$、$P = 2$，$K < P$，保留一个执行结果为删除的案例（表 4.4）。

表 4.1 案例库经过上述两步简化步骤后，生成如表 4.5 所示的简化案例库。

**表 4.5　简化案例库**

| 案例编号 | 属性 | | | | 执行操作（$T$） |
| --- | --- | --- | --- | --- | --- |
| | 道路等级（$A$） | 铺面材质（$B$） | 居民地间唯一通道（$C$） | 道路长度（$D$）/km | |
| 1 | 一级 | 沥青 | 是 | 2.6 | 选取 |
| 2 | 二级 | 水泥 | 否 | 3.3 | 删除 |
| 3 | 二级 | 水泥 | 是 | 2.3 | 选取 |
| 4 | 二级 | 水泥 | 否 | 6.3 | 删除 |
| 5 | 三级 | 水泥 | 否 | 6.9 | 删除 |
| 6 | 三级 | 沥青 | 否 | 6.9 | 删除 |

可以看出，生成的简化案例库较原案例库案例数量大幅减少，案例检索效率较原案例库有大幅提高，但仍然能有效反映专家案例库的本质特征。

2. 案例泛化基本原理

泛化是指当某一反应与某种刺激形成条件联系后，这一反应也会与其他类似刺激形成某种程度条件联系的过程。案例泛化的目的是扩展案例的适用范围，达到"举一反三"的目的。由于案例库中每个案例仅仅代表某一种特殊情况，而完全相同的情况在新任务中几乎很少出现。因此，必须完成案例从"个别"到"一般"的泛化，将案例通过一定的泛化算法，形成具有一定概括能力的案例模型，从而增强案例的适应能力。

结合空间数据的特征和道路网选取的基本原则，道路网选取案例泛化的基本规则可以总结为以下 4 条：

（1）用变量代替常量，如 Road（沥青，一级）泛化为：Road（$X$，一级）。

（2）去掉合取表达式中一些条件，如 Grade（$X$，一级）$\wedge$ Length（$X$，0.5km）$\wedge$ Character（$X$，沥青）泛化为：Grade（$X$，一级）$\wedge$ Character（$X$，沥青）。

（3）合取表达式中析取一些条件，如 Grade（$X$，一级）$\wedge$ Length（$X$，0.5km）$\wedge$ Character（$X$，沥青）泛化为：Grade（$X$，一级）$\wedge$ Length（$X$，0.5km）$\wedge$ Character（$X$，沥青）$\vee$ Character（$X$，水泥）。

（4）用属性的超类来替换属性，如 Road（$X$，一级）泛化为 Road（$X$，等级）。

根据道路网选取时各项评价指标越重要（如长度越长、等级越高）越需优先选取，反之优先删除这一原则，按照案例泛化的基本方法，对表 4.5 所示的简化案例库进行泛化。其中，

案例 1：

| 一级 | 沥青 | 是 | 2.6km | 选取 |
|---|---|---|---|---|

可以泛化为案例模型：

| 一级以上 | 沥青 | 是 | ≥2.6km | 选取 |
|---|---|---|---|---|

案例 2、案例 4：

| 二级 | 水泥 | 否 | 3.3km | 删除 |
|---|---|---|---|---|
| 二级 | 水泥 | 否 | 6.3km | 删除 |

可以泛化为案例模型：

| 二级以下 | 水泥 | 否 | ≤6.3km | 删除 |
|---|---|---|---|---|

案例 3：

| 二级 | 水泥 | 是 | 2.3km | 选取 |
|---|---|---|---|---|

可以泛化为案例模型：

| 二级以上 | 水泥 | 是 | ≥2.3km | 选取 |
|---|---|---|---|---|

案例 5、案例 6：

| 三级 | 水泥 | 否 | 6.9km | 删除 |
|---|---|---|---|---|

| 三级 | 沥青 | 否 | 6.9km | 删除 |

可以泛化为案例模型：

| 三级以下 | 水泥/沥青 | 否 | ≤6.9km | 删除 |

表 4.5 所示的简化案例库经过泛化后得到如表 4.6 所示的案例模型库。

表 4.6　案例模型库

| 案例编号 | 属性 | | | | 执行操作（$T$） |
|---|---|---|---|---|---|
| | 道路等级（$A$） | 铺面材质（$B$） | 居民地间唯一通道（$C$） | 道路长度（$D$）/km | |
| 1 | 一级以上 | 沥青 | 是 | ≥2.6 | 选取 |
| 2 | 二级以下 | 水泥 | 否 | ≤6.3 | 删除 |
| 3 | 二级以上 | 水泥 | 是 | ≥2.3 | 选取 |
| 4 | 三级以下 | 水泥/沥青 | 否 | ≤6.9 | 删除 |

比较原始案例库（表 4.1）与案例模型库（表 4.6）的容量及适用性，结果如表 4.7 所示。可以看出，案例模型库容量明显减少，但其适用范围显著扩大，适应能力有效增强。同时，表 4.6 的案例模型库具备了被计算机识别所需的概括和类比推理能力，可为相同或相似道路网的计算机智能选取提供决策支持。

表 4.7　案例泛化前后案例库适用情况比较表

| 比较内容 | 原始案例库 | 案例模型库 |
|---|---|---|
| 库容量/个 | 12 | 4 |
| 适用问题/种 | 12 | >12 |

## 4.1.4　基于案例类比推理的道路网智能选取流程

在获取制图专家道路网选取案例库和案例模型库的基础上，本节设计了基于专家案例类比推理的道路网智能选取流程，如图 4.3 所示。

算法实现的具体步骤如下：

（1）任务初始化。选择需要处理的道路网任务，通过空间分析，获取道路网与其他空间要素的空间关系信息，并对道路网的原格式进行转换，完成道路网原始格式到案例格式的转换。

（2）案例库调用。根据当前道路网选取任务，调用相应的具有相同制图环境的专家案例库作为计算机学习和分析的资源。

（3）生成简化案例库和案例模型库。按照 4.1.3 节所述原理对案例库进行简化和案例泛化处理，生成案例模型库。

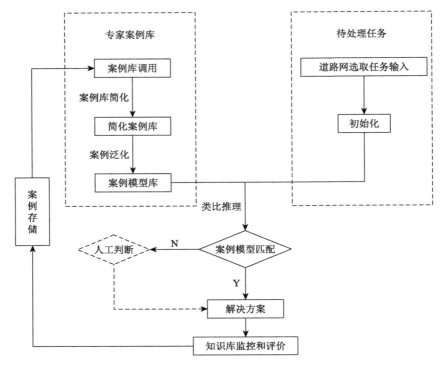

图 4.3　基于案例类比推理的道路网智能选取流程

（4）检索判断。将待处理道路与案例模型库中的案例模型匹配。记录匹配成功的案例模型个数 $c$，并分别记录其中执行选取操作的模型个数 $m$ 和执行删除操作的模型个数 $n$，则有 $c = m + n$。

如果 $c = 0$，说明没有找到相匹配的案例模型，待选道路无法自动处理，需进行人工判断；

如果 $c \neq 0$ 且 $m > n$，则待选道路选择"选取"解决方案，并调用相关知识库对处理方案进行评价，若通过知识库监控，待选道路执行选取操作并作为新案例加入原始案例库中；

如果 $c \neq 0$ 且 $m < n$，则待选道路选择"删除"解决方案，并调用相关知识库对处理方案进行评价，若通过知识库监控，待选道路执行删除操作并作为新案例加入原始案例库中；

如果 $c \neq 0$ 且 $m = n$，则说明案例模型推理出现模棱两可的情况，推理不充分无法给出解决方案，待选道路无法自动处理，需进行人工判断。

（5）人工处理。检索判断失败，说明没有类似的案例或者案例模型，无法获取解决当前问题的"经验"，需要进行人工处理。人工处理后，调用相关知识库对人工处理结果进行判断，通过知识库判断后作为新案例加入原始案例库中。

需要说明的是，人工交互工作量由专家案例库的质量及完备性等因素决定。

## 4.1.5　实验验证及结果分析

实验主要用于验证本节提出的基于案例类比推理的道路网智能选取方法的合理性、类比推理过程的科学性和智能性，以及获取案例模型的适应性。

1. 专家案例库生成

图 4.4 所示的是某比例尺实验数据（其中，居民地、境界与行政区用于对道路通达重要性等指标的辅助评价），其中道路总数为 556 条。图 4.5 是制图专家按照某目标比例尺，对原始数据中道路网进行选取后的结果（选取 442 条，删除 114 条）。其中，线条粗细代表道路等级，红色表示原始道路数据与居民地数据通过空间分析计算获取的居民之间唯一连通的道路（下同）。

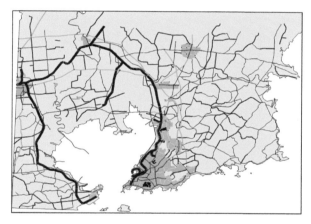

图 4.4　原始实验数据

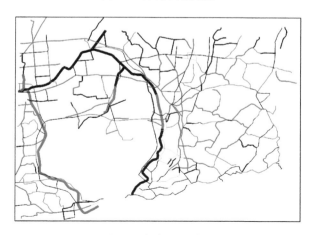

图 4.5　专家选取结果

以图 4.5 所示的制图专家选取结果为案例，构建了如图 4.6 所示的案例库。

```
140401, 0, 0, 0, 0, 0, 0.000000, 0, -32767.000000, 0.000000, 0, 0.000000, 0.000000, LS, 0, 22, 729.705136,
0.000000, -, 一般, 一般, 一般, 一般, 一般, 删除
140401, 0, 0, 0, 0, 0, 0.000000, 0, -32767.000000, 0.000000, 0, 0.000000, 0.000000, LS, 0, 22, 852.146265,
0.000000, -, 一般, 一般, 一般, 一般, 一般, 删除

140307, 黄(岛)-王(台), 沥青, S328, 二级, 12, 0.000000, 9, -32767.000000, 0.000000, 0, 0.000000, 0.000000, LA,
0, 31, 9122.085523, 0.000000, -, 唯一通道, 一般, 一般, 一般, 选取
140305, 青(岛)-石(家庄), 沥青, G308, 一级, 26, 0.000000, 3, -32767.000000, 0.000000, 0, 0.000000, 0.000000, LA,
0, 31, 2566.265008, 0.000000, -, 唯一通道, 一般, 一般, 一般, 选取
140307, 烟(台)-青(岛), 沥青, S209, 二级, 20, 0.000000, 3, -32767.000000, 0.000000, 0, 0.000000, 0.000000, LA,
0, 31, 2996.859846, 0.000000, -, 一般, 一般, 一般, 一般, 选取
140307, 烟(台)-青(岛), 沥青, S209, 二级, 20, 0.000000, 6, -32767.000000, 0.000000, 0, 0.000000, 0.000000, LA,
0, 31, 5996.159575, 0.000000, -, 一般, 一般, 一般, 一般, 选取
140307, 鳌(山卫)-东(大洋), 沥青, S309, 一级, 20, 0.000000, 2, -32767.000000, 0.000000, 0, 0.000000, 0.000000,
LA, 0, 31, 1570.983541, 0.000000, -, 一般, 一般, 一般, 一般, 选取
140307, 鳌(山卫)-东(大洋), 沥青, S309, 一级, 20, 0.000000, 3, -32767.000000, 0.000000, 0, 0.000000, 0.000000,
LA, 0, 31, 2535.572831, 0.000000, -, 一般, 一般, 一般, 一般, 选取
140307, 鳌(山卫)-东(大洋), 沥青, S309, 一级, 20, 0.000000, 2, -32767.000000, 0.000000, 0, 0.000000, 0.000000,
LA, 0, 31, 1497.109313, 0.000000, -, 唯一通道, 一般, 一般, 一般, 选取
140305, 同三高速公路, 0, G010, 高速, 0, 0.000000, 0, -32767.000000, 0.000000, 0, 0.000000, 0.000000, LA, 1373,
24, 17731.539015, 0.000000, -, 一般, 一般, 一般, 一般, 选取
140307, 胶州湾高速公路, 沥青, S216, 高速, 24, 0.000000, 0, -32767.000000, 0.000000, 0, 0.000000, 0.000000, LA,
```

图 4.6　构建道路网选取专家案例库（部分）

## 2. 案例库简化

根据 4.1.3 节案例库简化算法。对图 4.6 专家案例库进行简化。其简化结果如图 4.7 所示。

```
140307, 胶(州)-王(村), 沥青, S325, 二级, 12, 0.000000, 1, -32767.000000, 0.000000, 0, 0.000000, 0.000000, LA,
0, 31, 1, 0.000000, -, 一般, 一般, 一般, 一般, 一般, 删除                     出现频率: 2
140316, 0, 0, 0, 0, 0, 0.000000, 0, -32767.000000, 0.000000, 0, 0.000000, 0.000000, LS, 0, 12, 2, 0.000000, -,
一般, 一般, 一般, 一般, 一般, 选取                                         出现频率: 9
140309, 0, 0, 0, 0, 0, 0.000000, 2, -32767.000000, 0.000000, 0, 0.000000, 0.000000, LS, 0, 22, 2, 0.000000, -,
一般, 一般, 一般, 一般, 一般, 选取                                         出现频率: 3
140316, 0, 0, 0, 0, 0, 0.000000, 0, -32767.000000, 0.000000, 0, 0.000000, 0.000000, LS, 0, 12, 3, 0.000000, -,
一般, 一般, 一般, 一般, 一般, 选取                                         出现频率: 2
140305, 青(岛)-石(家庄), 沥青, G308, 一级, 26, 0.000000, 3, -32767.000000, 0.000000, 0, 0.000000, 0.000000, LA,
0, 31, 3, 0.000000, -, 唯一通道, 一般, 一般, 一般, 选取                       出现频率: 2
140307, 烟(台)-青(岛), 沥青, S209, 二级, 20, 0.000000, 3, -32767.000000, 0.000000, 0, 0.000000, 0.000000, LA,
0, 31, 3, 0.000000, -, 一般, 一般, 一般, 一般, 选取                           出现频率: 1
140307, 烟(台)-青(岛), 沥青, S209, 二级, 20, 0.000000, 6, -32767.000000, 0.000000, 0, 0.000000, 0.000000, LA,
0, 31, 6, 0.000000, -, 一般, 一般, 一般, 一般, 选取                           出现频率: 1
140307, 鳌(山卫)-东(大洋), 沥青, S309, 一级, 20, 0.000000, 2, -32767.000000, 0.000000, 0, 0.000000, 0.000000,
LA, 0, 31, 2, 0.000000, -, 一般, 一般, 一般, 一般, 选取                        出现频率: 1
140307, 鳌(山卫)-东(大洋), 沥青, S309, 一级, 20, 0.000000, 3, -32767.000000, 0.000000, 0, 0.000000, 0.000000,
LA, 0, 31, 3, 0.000000, -, 一般, 一般, 一般, 一般, 选取                        出现频率: 2,
140307, 鳌(山卫)-东(大洋), 沥青, S309, 一级, 20, 0.000000, 2, -32767.000000, 0.000000, 0, 0.000000, 0.000000,
LA, 0, 31, 1, 0.000000, -, 唯一通道, 一般, 一般, 一般, 选取                     出现频率: 1,
140403, 0, 0, 0, 0, 0, 0.000000, 0, -32767.000000, 0.000000, 0, 0.000000, 0.000000, LA, 0, 22, 1, 0.000000, -,
一般, 一般, 一般, 一般, 一般, 删除                                         出现频率: 4
```

图 4.7　简化后的道路网选取专家案例库（局部）

需要说明的是，专家在对道路网进行处理时，对道路长度的判断是基于视觉感受的，因此道路长度在一定视觉误差范围之内可以认为是相等的。在案例库简化之前，需进行道路长度等级化处理。其基本处理原则是，$L \times R/d$（其中，$L$ 指道路实际长度；$R$ 指地图比例尺；$d$ 指专家视觉分辨率）。案例库简化前后案例数量对比情况如表 4.8 所示。

**表 4.8 案例库简化前后案例数量的比较结果**

| 比较项目 | 案例数量 |
| --- | --- |
| 案例库简化前 | 556 |
| 案例库简化后 | 291 |

**3. 案例泛化**

根据案例泛化规则，对简化后的案例库（图 4.7）中的案例进行泛化，泛化结果如图 4.8，共获得 99 个案例模型。

```
140317, 0, 0, 0, 0, 0, 0.000000, 0, -32767.000000, 0.000000, 0, 0.000000, 0.000000, LA, 0, 12, 3, 0.000000, -,
0, 0, 0, 0, 一般, 删除
140317, 0, 0, 0, 0, 0, 0.000000, 0, -32767.000000, 0.000000, 0, 0.000000, 0.000000, LS, 0, 12, 0, 0.000000, -,
0, 0, 0, 0, 一般, 选取
140316, 0, 0, 0, 0, 0, 0.000000, 0, -32767.000000, 0.000000, 0, 0.000000, 0.000000, LA, 0, 12, 0, 0.000000, -,
0, 0, 0, 0, 一般, 选取
140311, 0, 0, 0, 0, 0, 0.000000, 0, -32767.000000, 0.000000, 0, 0.000000, 0.000000, LA, 0, 22, 0, 0.000000, -,
0, 0, 0, 0, 一般, 选取
140307, 青(岛)-薛(家岛), 沥青, S216, 2, 12, 0.000000, 1, -32767.000000, 0.000000, 0, 0.000000, 0.000000, LA, 0,
31, 0, 0.000000, -, 0, 0, 0, 0, 一般, 选取
140309, 0, 沙, 0, 0, 7, 0.000000, 7, -32767.000000, 0.000000, 0, 0.000000, 0.000000, LA, 0, 22, 7, 0.000000, -,
1, 0, 0, 0, 一般, 选取
140307, 平(度)-营(房), 沥青, S219, 2, 16, 0.000000, 1, -32767.000000, 0.000000, 0, 0.000000, 0.000000, LA, 0,
31, 1, 0.000000, -, 0, 0, 0, 0, 一般, 选取
140316, 0, 0, 0, 0, 0, 0.000000, 0, -32767.000000, 0.000000, 0, 0.000000, 0.000000, LS, 0, 12, 0, 0.000000, -,
0, 0, 0, 0, 一般, 选取
140307, 威青高速公路, 沥青, S203, 4, 26, 0.000000, 0, -32767.000000, 0.000000, 0, 0.000000, 0.000000, LA, 1365,
12, 129, 0.000000, -, 0, 0, 0, 0, 一般, 删除
```

图 4.8 案例泛化后的案例模型库

**4. 类比推理过程的科学性验证**

为了验证基于案例类比推理的道路智能选取方法类比推理过程的科学性，用得到的案例库和泛化案例库分别对原始数据进行反选。

1）对专家案例库构建方法的科学性验证

使计算机采用专家选取的原始案例库（图 4.6）对原始实验数据（图 4.4）进行指导反选，其结果如图 4.9 所示。

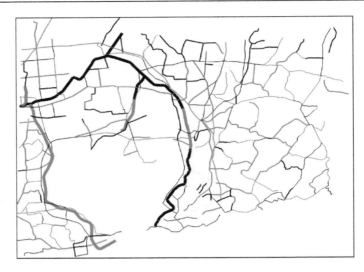

图 4.9 计算机对原始数据的反选结果

  实验结果分析，原始道路总数 556 条，采用案例机械类比形式选取，选取 442 条，删除 114 条。选取和删除的结果与专家的制图结果完全一致。选取的正确率为 100%，说明采用记录专家的案例知识这一途径，能有效地反映专家的实际制图经验。

  2）对专家案例库简化与泛化方法的科学性验证

  为继续验证本方法在原始专家案例库的基础上进行智能推理的过程和结果的科学性，采用图 4.8 所示泛化后的案例模型库（从图 4.7 所示的简化案例库中泛化得到）对原始实验数据进行反选，其结果如图 4.10 所示。图 4.11 是计算机选取结果与专家选取结果的对比情况（圈形标识为计算机选取结果与专家选取结果的不同之处），其具体数据统计情况见表 4.9。

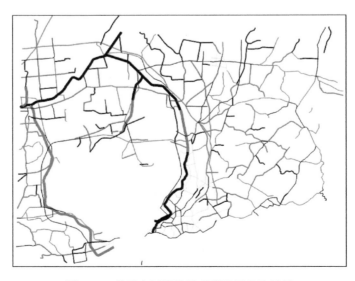

图 4.10 基于案例类比推理道路网选取结果

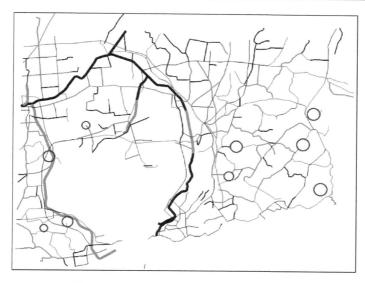

图 4.11　类比推理选取与专家选取结果对比

**表 4.9　基于案例类比推理选取结果统计（1）**

| 类比推理选取结果 | 道路数目/条 | 解决方案 |
|---|---|---|
| 案例模型推理选取 | 398 | 选取 |
| 案例模型推理删除 | 61 | 删除 |
| 无案例模型匹配 | 10 | 保留（待人工交互） |
| 案例模型推理不充分 | 87 | 保留（待人工交互） |

从表 4.9 可知，原始道路 556 条，类比推理处理做出决策 459 条（删除 61 条，选取 398 条），有 10 条道路因没有匹配到相应案例模型而无法完成决策，有 87 条道路由于案例模型推理不充分无法完成决策。为了确保删除道路的正确性，最大限度地减少错误，对无法完成决策的道路全部做保留现状处理，待进一步进行人工交互。

表 4.10 是计算机基于案例类比推理选取结果与专家选取结果对比分析结果。其中，"有效决策率"指案例模型指导处理道路数占案例相匹配的道路总数的比率；"决策正确率"指案例模型正确指导处理道路数占案例模型指导处理道路总数的比率。

**表 4.10　计算机基于案例类比推理选取结果与专家选取结果对比**

| 比较项目 | 专家 | 计算机 |
|---|---|---|
| 选取个数/错误选取个数 | 442/0 | 398/36 |
| 删除个数/错误删除个数 | 114/0 | 61/15 |
| 有效决策率/% | 100 | 84.07 |
| 选取正确率/% | 100 | 90.95 |
| 删除正确率/% | 100 | 75.41 |
| 决策正确率/% | 100 | 89.35 |

表 4.10 统计分析结果表明，实验中基于案例类比推理的有效决策率为 84.07%，决策正确率为 89.35%，说明计算机对案例简化和泛化后，案例模型对专家案例中的选取知识概括率达 84.07%。这些案例模型对专家案例知识的正确反映率达 89.35%。实验数据表明，泛化后的案例模型能够有效地反映制图专家的大部分经验，从而验证本节提出的案例库简化和泛化算法以及得到的案例模型是科学的。

错误删除的 15 条道路主要集中在道路等级较低和长度较短的道路上，这些道路的错误删除对道路网局部拓扑结构造成了一定的破坏。出现这种情况主要原因在于：所构建的案例库还没有完全反映专家的制图经验（如许多属性项为空），同时也受专家案例库中部分错误案例的影响，从而对案例推理造成了一定的影响。

5. 对案例类比推理模型的科学性验证

为了验证案例类比推理过程的科学性，采用与制图专家相似制图环境下的其他数据进行实验验证（图 4.12 与图 4.4 是同一地区、相同比例尺的另一幅道路网数据）。计算机采用图 4.7 中的案例模型库对图 4.12 中的道路网进行自动选取，图 4.13 是自动选取结果，表 4.11 是具体数据统计情况。

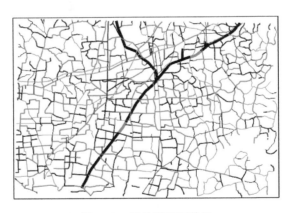

图 4.12　原始道路网数据

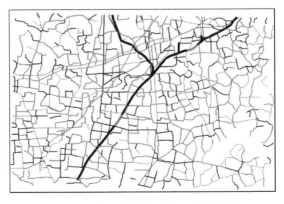

图 4.13　基于案例类比推理选取结果

表 4.11　基于案例类比推理选取结果统计（2）

| 类比推理选取结果 | 道路数目/条 | 解决方案 |
| --- | --- | --- |
| 案例模型推理选取 | 477 | 选取 |
| 案例模型推理删除 | 168 | 删除 |
| 无案例模型匹配 | 300 | 保留（待人工交互） |
| 案例模型推理不充分 | 101 | 保留（待人工交互） |

由表 4.11 可知，原始道路 1046 条，类比推理处理做出决策 645 条（删除 168 条，选取 477 条）。另外，300 条道路因没有匹配到相应案例模型而无法完成决策，101 条道路由于案例模型推理不充分无法完成决策。为了确保删除道路的正确性，最大限度地减少错误，对无法完成决策的道路全部做保留现状处理，待进一步进行人工交互。在存在模型匹配的 746（645 + 101）条道路中，有效决策道路 645 条，有效决策率为 645/746 = 86.46%。

实验结果分析：对比图 4.12 与图 4.13，选取后的道路网较好地保持了道路网的整体结构，高等级道路和具有重要连通性道路选取质量较好，道路的选取数量和道路网密度适中，说明本方法的案例类比推理过程是科学的，具有普适性，即只要与案例数据具有相同制图环境（区域特点、比例尺）的空间数据，均可以采用案例类比推理进行自动综合。

## 4.1.6　小结

长期以来，制图综合的智能化研究过程是艰难的，缺乏有效的解决途径。基于案例类比推理的道路网选取是将人工智能成果应用到制图综合的有益尝试。与传统道路网选取方法相比，本方法具有较为显著的优势：以案例库为知识的存储形式，一定程度上降低了知识获取和表达的代价；采用基于案例类比的推理机制，忠于专家经验，减少了知识畸变，有利于克服专家系统构造中的瓶颈问题；系统拥有自主学习的能力，具备智能性。同时，本方法也为其他要素的智能化自动综合研究提供方法与技术借鉴。

但基于案例类比推理的道路网选取还存在一些问题，主要有：①虽然泛化后的案例模型库适应性明显增强，但案例模型库这种知识表达方式跟产生式规则相比还很不直观；②在案例简化和案例泛化过程中，只在相同或者相似案例（知识）之间发生推理，这种推理缺乏对案例库整体特征的考虑；③制图专家知识在案例模型库中仍然是零散的，缺乏系统性，每条知识之间会出现交叉重叠现象。

## 4.2　基于案例归纳推理的道路网智能选取方法

### 4.2.1　基于案例归纳推理的道路网智能选取原理

所谓归纳，是指通过对特例分析来引出普遍结论的一种推理形式，它由推理的前提和结论两个部分构成。前提是指若干已知的个别事实，是个别或特殊的判断、陈述；结论是指前提中通过推理而获得的猜想，是普遍的陈述、判断。

基于案例归纳推理的基本原理如图 4.14 所示。将制图专家对道路网的交互选取结果作为参考标准，对其进行结构化描述并构建和转化为案例库，计算机采用归纳学习算法对案例库进行分析和学习，获取一个反映制图专家主要经验的规则集。然后在进行相似区域道路网的自动选取时，计算机根据获取的规则集，采用基于规则推理的方法，分析获取相应的解决方案，进而完成道路网智能选取。

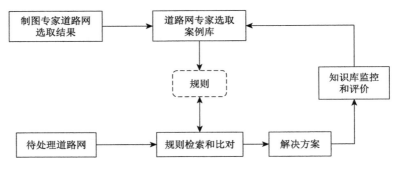

图 4.14    基于案例归纳推理的基本原理

其关键步骤如下：

（1）将制图专家的道路网选取结果进行结构化描述，构建计算机能存储、识别和学习的道路网选取专家案例库；

（2）计算机通过学习归纳算法，对案例库进行学习，获取规则集；

（3）待处理道路网数据输入后，与规则集中的规则进行比对，根据规则获取解决方案；

（4）用知识库对每条道路获取的解决方案进行监控和评价，通过监控和评价，则待选取道路执行相应的解决方案，其结果作为新案例加入专家案例库中，作为计算机继续学习的资源。

## 4.2.2    归纳学习机制研究

### 1. C4.5 决策树基本原理

决策树算法是数据挖掘的重要工具之一。C4.5 算法是决策树算法中重要的一种（程龙和蔡远文，2009）。它是 Quinla（1993）在 ID3 算法的基础上提出来的一种决策树分类算法。该算法继承了 ID3 算法的所有优点，并在算法的适用性上做了很好的改进。C4.5 算法凭借其独特的特点和突出的优势，已经在金融、医疗等行业作为分类预测模型得到广泛应用，并取得了良好的效果。制图综合中，道路网选取可以看作按照一定的规则对道路进行分类（选取或者删除），因此可以将 C4.5 算法作为分类模型应用到道路网选取中。

C4.5 决策树对数据进行挖掘时，其分类方法采用自顶向下的递归方式，把一组无序的数据整理成类似于流程图的树结构（哈申花和张春生，2010）。该方法通过分别计算案例类别的信息熵、属性的信息熵、属性的信息增益、属性的分割信息熵、属性的信息增益率，来构建案例的决策树。检测训练集（可以理解为实例）所有的属性，选择信息增益率最大的不同属性产生节点，由该属性的不同取值建立分支，再对分支的子集分割（子集数据类别相同则该子集不分割），递归产生下一级分支，最终形成一棵决策树。

信息熵，是信息论中的重要概念，解决了信息的量化度量问题，由信息论之父 C. E. Shannon 于 1948 年在其论文 *A Mathematical Theory of Communication* 中提出，C. E. Shannon 把排除了冗余后的平均信息量称为"信息熵"，并给出了计算信息熵的公式。信息熵常常被用来衡量一个系统（信息集合体）的有序性程度，一个系统越是有序，信息熵越低；反之，一个系统越是无序，信息熵越高。

C4.5 决策树方法中类别的信息熵、属性的信息熵主要量化类别信息和各项属性信息在整个系统（案例库）中的信息量。属性的分割信息熵，则是用来量化同一属性项的不同取值在整合系统（案例库）中的信息量。信息增益用来量化某项特征能够为分类（如选取、删除）带来的信息量，带来的信息量越多，说明该项特征对分类的决定作用越大。所以，信息增益也可以衡量某项特征对分类的贡献大小。

其中，属性增益率的计算步骤如下：设 $S$ 为 $S$ 个样本数据集合，假定这个集合可以分为 $m$ 类，则根据类别，可以将样本集合划分为 $m$ 个不同的类 $C_i(i=1,2,\cdots,m)$，设 $S_i$ 是类 $C_i$ 的样本数。

1）类别的信息熵计算

$$\text{Info}(s_1,s_2,\cdots,s_m)=-\sum_{i=1}^{m} p_i \log_2(p_i) \tag{4.1}$$

式中，$p_i$ 为类 $C_i$ 中样本数与 $S$ 中样本总数的比例，$p_i = S_i / S$。

2）属性的信息熵计算

若选择属性 $A$ 进行测试，则属性 $A$ 有 $\{a_1,a_2,\cdots,a_v\}$ $v$ 个不同的取值。根据属性的取值不同，可以将 $S$ 集合中的全部样本划分为 $v$ 个子集 $\{S_1,S_2,\cdots,S_v\}$。子集 $S_k(k=1,2,3,\cdots,v)$ 中包含 $S$ 中属性 $A$ 的取值为 $a_k$ 的所有样本，样本数计为 $S_k$。如果 $A$ 作为测试属性，则这些子集对应于包含集合 $S$ 的节点生长出来的分支。

设 $S_{ik}(i=1,2,3,\cdots,m)$ 是集合 $S_k$ 中类 $C_i$ 的样本数。由属性 $A$ 划分的子集的信息熵表示为

$$E(A)=\sum_{k=1}^{v} \frac{S_{1k}+S_{2k}+\cdots+S_{mk}}{S} \times \text{Info}(s_{1k},s_{2k},\cdots,s_{mk}) \tag{4.2}$$

式中，$(S_{1k}+S_{2k}+\cdots+S_{mk})/S$ 为第 $k$ 个子集的权，是属性取值为 $a_k$ 的样本数与 $S$ 中总样本数目的比值。根据式（4.1），子集 $S_k$ 的期望信息计算如下：

$$\text{Info}(S_{1k},S_{2k},\cdots,S_{mk})=\sum_{i=1}^{m} p_{ik} \log_2(p_{ik}) \tag{4.3}$$

式中，$p_{ik}=S_{ik}/S_k$ 为 $S_k$ 中的样本属于 $C_i$ 的概率。

3）属性的信息增益计算

由信息熵和信息熵值就可以得到信息增益值，对于属性$A$，其获得的信息增益为

$$\text{Gain}(A) = \text{Info}(S_1, S_2, \cdots, S_m) - E(A)$$ （4.4）

4）属性的分割信息熵计算

$$\text{Info}(a_1, a_2, \cdots, a_v) = -\sum_{i=1}^{v} p_k \log_2(p_k)$$ （4.5）

式中，$p_k = S_k / S$。

5）属性的信息增益率计算

$$\text{Gain}(A)_{\text{ratio}} = \text{Gain}(A) / \text{Info}(a_1, a_2, \cdots, a_v)$$ （4.6）

本方法中C4.5算法对案例进行归纳学习的流程如图4.15所示，其包括三个关键步骤：

（1）构建决策树；

（2）形成规则集；

（3）对规则进行优化。

图4.15　C4.5算法归纳学习流程示意图

## 2. 构建决策树

表4.12提供了一个案例库样例。该案例库提供了16个案例，每个案例对象用4项属性进行描述（道路等级、铺面材质、居民地间唯一通道、道路长度），案例的解决方案包括选取和删除两种操作。需要说明的是，由于制图专家疲劳、自身经验局限、操作失误以及不同专家形成的案例冲突等，可能会出现少量错误案例（如表4.12中的记录10就是一个错误案例，该案例中对"沙石"路面进行了选取操作，但实际上应该执行删除操作）。案例库中少量的错误是难以避免的。但案例库的质量越高，本方法的案例推理质量就越高。

表 4.12　简化后道路网选取案例库样例

| 案例编号 | 属性 | | | | 执行操作（$T$） |
|:---:|:---:|:---:|:---:|:---:|:---:|
| | 道路等级（$A$） | 铺面材质（$B$） | 居民地间唯一通道（$C$） | 道路长度（$D$）/km | |
| 1 | 二级 | 水泥 | 否 | 1.2 | 删除 |
| 2 | 一级 | 沥青 | 是 | 2.6 | 选取 |
| 3 | 二级 | 水泥 | 否 | 4.1 | 选取 |
| 4 | 三级 | 水泥 | 是 | 3.3 | 删除 |

续表

| 案例编号 | 属性 | | | | 执行操作（T） |
|---|---|---|---|---|---|
| | 道路等级（A） | 铺面材质（B） | 居民地间唯一通道（C） | 道路长度（D）/km | |
| 5 | 二级 | 水泥 | 是 | 8.9 | 选取 |
| 6 | 二级 | 沙石 | 是 | 6.2 | 选取 |
| 7 | 二级 | 沙石 | 否 | 8.1 | 删除 |
| 8 | 一级 | 沙石 | 是 | 6.2 | 选取 |
| 9 | 三级 | 水泥 | 否 | 1.5 | 删除 |
| 10 | 三级 | 沙石 | 是 | 3.3 | 选取 |
| 11 | 三级 | 沥青 | 否 | 6.9 | 删除 |
| 12 | 三级 | 沥青 | 否 | 5.7 | 删除 |
| 13 | 一级 | 沥青 | 否 | 2.6 | 选取 |
| 14 | 二级 | 水泥 | 否 | 3.5 | 删除 |
| 15 | 二级 | 水泥 | 否 | 8.1 | 选取 |
| 16 | 二级 | 水泥 | 否 | 5.1 | 选取 |

按照决策树构建原理，以表 4.12 为例详细阐述决策树的构建过程。

（1）计算类别的信息熵。案例类别统计信息如表 4.13 所示。

表 4.13　案例库类别统计信息表

| 类别 | 案例个数 |
|---|---|
| 选取 | 9 |
| 删除 | 7 |

根据式（4.1）计算类别的信息熵：

$$\text{Info}(T) = -9/16 \times \log_2(9/16) - 7/16 \times \log_2(7/16) = 0.989(\text{bit})$$

（2）分别计算每个属性的信息熵、信息增益、分割信息熵、信息增益率。以属性道路等级（A）为例，由表 4.12 统计基于道路等级（A）的案例类别信息，如表 4.14 所示。

表 4.14　基于道路等级（A）的案例类别统计信息表

| 道路等级（A） | 类别 | 案例个数 |
|---|---|---|
| 一级 | 选取 | 3 |
| | 删除 | 0 |
| 二级 | 选取 | 5 |
| | 删除 | 3 |
| 三级 | 选取 | 1 |
| | 删除 | 4 |

根据式（4.2）和式（4.3）计算属性道路等级（A）的信息熵：

$$E(A) = 3/16 \times [-3/3 \times \log_2(3/3) - 0/3 \times \log_2(0/3)]$$
$$+ 8/16 \times [-5/8 \times \log_2(5/8) - 3/8 \times \log_2(3/8)]$$
$$+ 5/16 \times [-1/5 \times \log_2(1/5) - 4/5 \times \log_2(4/5)]$$
$$= 0 + 0.477 + 0.226 = 0.703(\text{bit})$$

根据式（4.4）计算属性道路等级（A）的信息增益：

$$\text{Gain}(A) = \text{Info}(T) - E(A) = 0.989 - 0.703 = 0.286(\text{bit})$$

由表 4.12 可得道路等级（A）对案例库的分割情况，如表 4.15 所示。

**表 4.15 道路等级（A）对案例库分割情况统计表**

| 道路等级（A） | 案例个数 |
| --- | --- |
| 一级 | 3 |
| 二级 | 8 |
| 三级 | 5 |

根据式（4.5）计算属性道路等级（A）的分割信息熵：

$$\text{Info}(A) = -3/16 \times \log_2(3/16) - 8/16 \times \log_2(8/16) - 5/16 \times \log_2(5/16) = 1.477(\text{bit})$$

由式（4.6）计算属性道路等级（A）的信息增益率：

$$\text{Gain}(A)_{\text{ratio}} = \text{Gain}(A) / \text{Info}(a_1, a_2, \cdots, a_v) = 0.286 / 1.477 = 0.194(\text{bit})$$

按照上述方法，分别计算属性铺面材质（B）、居民地间唯一通道（C）的信息熵、信息增益、分割信息熵以及信息增益率。

第 4 项的属性比较特殊，其取值不是离散值而是连续值。C4.5 算法需对连续值进行离散化处理。其处理流程如图 4.16 所示。

具体采用的离散方法如下：

（1）将属性值排序后，去掉重复值，则表 4.12 中属性道路长度（D）的可得到集合：

$$Z = \{1.2, 1.5, 2.6, 3.3, 3.5, 4.1, 5.1, 5.7, 6.2, 6.9, 8.1, 8.9\}$$

（2）除去第（1）步中得到数值集合中的最大值，获取可能的阈值集合。由 Z 得阈值集合：

$$Z_1 = \{1.2, 1.5, 2.6, 3.3, 3.5, 4.1, 5.1, 5.7, 6.2, 6.9, 8.1\}$$

（3）分别以第（2）步中的每一个值作为阈值计算出该属性的信息增益值，然后选择最大的信息增益值所对应的阈值作为分类依据。以 $Z_1$ 为例，计算可得当 $D = 3.5$ 时，其信息增益值最大。当 $D = 3.5$ 时，由表 4.12 得到基于属性 D 的案例库分类信息，如表 4.16 所示。

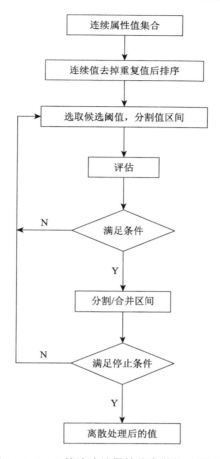

图 4.16　C4.5 算法连续属性值离散化处理流程

**表 4.16　案例库类别统计信息表**

| 道路长度（$D$）/km | 类别 | 案例个数 |
|---|---|---|
| ≤3.5 | 选取 | 3 |
| | 删除 | 4 |
| >3.5 | 选取 | 6 |
| | 删除 | 3 |

由表 4.12 得到基于属性 $D$ 的案例库分割情况，如表 4.17 所示。

**表 4.17　道路长度（$D$）对案例库分割情况统计表**

| 道路长度（$D$）/km | 案例个数 |
|---|---|
| ≤3.5 | 7 |
| >3.5 | 9 |

根据式（4.2）和式（4.3）计算属性道路长度（$D = 4.1$）的信息熵：

$$E(D = 4.1) = 7/16 \times [-3/7 \times \log_2(3/7) - 4/7 \times \log_2(4/7)]$$
$$+ 9/16 \times [-6/9 \times \log_2(6/9) - 3/9 \times \log_2(3/9)]$$
$$= 0.431 + 0.517 = 0.948 (\text{bit})$$

根据式（4.4）计算属性道路长度（$D$）的信息增益：

$$\text{Gain}(D) = \text{Info}(T) - E(D = 3.5) = 0.989 - 0.948 = 0.041 (\text{bit})$$

属性道路长度（$D$）的分割信息熵：

$$\text{Info}(D) = -7/16 \times \log_2(7/16) - 9/16 \times \log_2(9/16) = 0.989 (\text{bit})$$

属性道路长度（$D$）的信息增益率：

$$\text{Gain}(D)_{\text{ratio}} = \text{Gain}(D) / \text{Info}(d_1, d_2, \cdots, d_v) = 0.041 / 0.989 = 0.041 (\text{bit})$$

对全部属性进行相关计算后，其结果如表 4.18 所示。

表 4.18　属性项的信息熵、信息增益、分割信息熵、信息增益率计算结果

| 案例属性 | 信息熵 | 信息增益 | 分割信息熵 | 信息增益率 |
|---|---|---|---|---|
| $A$ | 0.703 | 0.286 | 1.477 | 0.194 |
| $B$ | 0.977 | 0.012 | 1.500 | 0.008 |
| $C$ | 0.850 | 0.139 | 0.954 | 0.146 |
| $D$ | 0.948 | 0.041 | 0.989 | 0.041 |

按照 C4.5 决策树的构建规则，选择信息增益率最大的属性项作为决策树分裂的属性项。经过计算，在上面的案例库中，构建一级决策树的分裂属性为属性（$A$）。构建的一级决策树如图 4.17 所示。

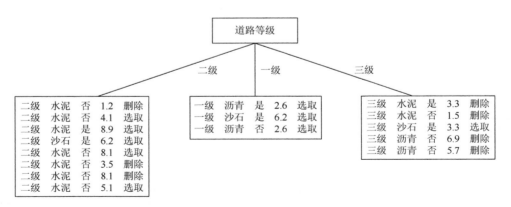

图 4.17　C4.5 算法构建一级决策树

注：图中数值单位为千米

在图 4.16 的决策树中，属性道路等级将案例库分裂成为三个子集（表 4.19～表 4.21）。

**表 4.19 道路等级（A）＝一级分割的案例库子集**

| 案例编号 | 属性 | | | | 执行操作（T） |
|---|---|---|---|---|---|
| | 道路等级（A） | 铺面材质（B） | 居民地间唯一通道（C） | 道路长度（D）/km | |
| 2 | 一级 | 沥青 | 是 | 2.6 | 选取 |
| 8 | 一级 | 沙石 | 是 | 6.2 | 选取 |
| 13 | 一级 | 沥青 | 否 | 2.6 | 选取 |

**表 4.20 道路等级（A）＝二级分割的案例库子集**

| 案例编号 | 属性 | | | | 执行操作（T） |
|---|---|---|---|---|---|
| | 道路等级（A） | 铺面材质（B） | 居民地间唯一通道（C） | 道路长度（D）/km | |
| 1 | 二级 | 水泥 | 否 | 1.2 | 删除 |
| 3 | 二级 | 水泥 | 否 | 4.1 | 选取 |
| 5 | 二级 | 水泥 | 是 | 8.9 | 选取 |
| 6 | 二级 | 沙石 | 是 | 6.2 | 选取 |
| 7 | 二级 | 沙石 | 否 | 8.1 | 删除 |
| 14 | 二级 | 水泥 | 否 | 3.5 | 删除 |
| 15 | 二级 | 水泥 | 否 | 8.1 | 选取 |
| 16 | 二级 | 水泥 | 否 | 5.1 | 选取 |

**表 4.21 道路等级（A）＝三级分割的案例库子集**

| 案例编号 | 属性 | | | | 执行操作（T） |
|---|---|---|---|---|---|
| | 道路等级（A） | 铺面材质（B） | 居民地间唯一通道（C） | 道路长度（D）/km | |
| 4 | 三级 | 水泥 | 是 | 3.3 | 删除 |
| 9 | 三级 | 水泥 | 否 | 1.5 | 删除 |
| 10 | 三级 | 沙石 | 是 | 3.3 | 选取 |
| 11 | 三级 | 沥青 | 否 | 6.9 | 删除 |
| 12 | 三级 | 沥青 | 否 | 5.7 | 删除 |

　　然后，对每个分割后的子集按照上述算法再计算各个属性的信息增益率，将信息增益率最大的属性项作为继续分裂的属性项。递归计算直到获得的子集为同一类。在图 4.17 决策树中，道路等级（A）＝一级获得的子集全部为同一类型 [执行操作（T）＝选取]，不需要再分割，其他两个属性获得的子集则需要继续分割。根据该算法，最后构建的决策树如图 4.18 所示。

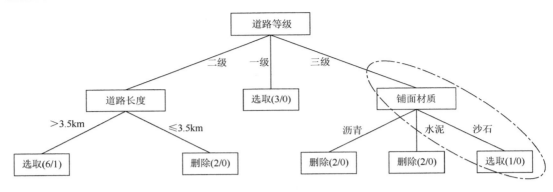

图 4.18　C4.5 算法构建的最终决策树

　　由于表 4.12 中的第 10 条案例是错误的（是制图专家的误操作引起的）。因此，在图 4.18 中铺面材质为"沙石"的道路在决策树中被选取（虚线椭圆内部分）。如果不剔除这种错误，将对后续的规则集归纳推理产生影响。

### 4.2.3　归纳推理结果

#### 1. 规则集的形成

　　案例库数据经过 C4.5 学习之后，形成的决策树对案例数据的一般特性具有一定概括性，这种概括性并不直观。为了把这种数据特征以一种易理解的方式表达出来，最为有效的方法就是决策树的规则化。

　　决策树的规则化是指从决策树的根节点开始，到每一个叶节点为止，将分类条件和分类结果写成 If-Then 的规则形式。其中，If 包含所需要的条件路径，Then 包含分类的结果。这种规则化大大提高了复杂树的受理解程度。

　　以表 4.12 提供的案例库为例，经过归纳学习后产生的决策树如图 4.18 所示。决策树规则化之后得到一个规则集，如表 4.22 所示。

表 4.22　决策树规则化后的规则集

| 规则编号 | 规则内容 |
|---|---|
| 1 | If[道路等级 = 二级] and [道路长度 > 3.5]　　　Then　选取 |
| 2 | If[道路等级 = 二级] and [道路长度 ≤ 3.5]　　　Then　删除 |
| 3 | If[道路等级 = 一级]　　　　　　　　　　　　Then　选取 |
| 4 | If[道路等级 = 三级] and [铺面材质 = 沥青]　　Then　删除 |
| 5 | If[道路等级 = 三级] and [铺面材质 = 水泥]　　Then　删除 |
| 6 | If[道路等级 = 三级] and [铺面材质 = 沙石]　　Then　选取 |

　　决策树规则化后得到的规则集与决策树的效果完全相同，规则集中的规则是互斥的、完全的，每个规则出现和使用的顺序对决策结果没有影响。

## 2. 规则集的简化

当决策树非常复杂时，产生的规则集也相当复杂。在复杂的决策树中，有些规则的前提条件与结果没有直接关系，如图 4.19 提供的示例决策树。

图 4.19　示例决策树

其规则集合如图 4.20 所示。

```
If[铺面材质=沥青] and [道路等等级=一级] Then 选取
If[铺面材质=沥青] and [道路等等级=二级] Then 选取
If[铺面材质=沥青] and [道路等等级=三级] Then 删除
If[铺面材质=水泥] and [道路等等级=一级] Then 选取
If[铺面材质=水泥] and [道路等等级=二级] Then 选取
If[铺面材质=水泥] and [道路等等级=三级] Then 删除
```

图 4.20　示例决策树规则集

仔细分析，图 4.20 中的规则集可以简化为图 4.21 所示。

```
[道路等等级=一级] Then 选取
[道路等等级=二级] Then 选取
[道路等等级=三级] Then 删除
```

图 4.21　示例决策树简化规则集

为使复杂规则集得到简化，采用"爬山算法"泛化规则，对每条规则的条件进行逐个剔除判断，将最能降低错误率的条件逐次剔除，获取条件数最少、准确率最高的规则作为最终规则。其基本思路为：对于规则，$X$ 是 $A$ 的条件之一，$X \bigcup A' = A$。如果条件 $A'$ 分类的错误率小于 $A$ 分类的错误率，则说明删除 $X$ 对降低规则错误率有意义，规则 If $A$ Then $B$，替换成 If $A'$ Then $B$。

例如，$A = \{道路等级 = 三级, 铺面材质 = 沥青\}$，$B = \{删除\}$，$X = \{铺面材质 = 沥青\}$，则 $A' = \{道路等级 = 三级\}$，如果规则"If $A'$ Then $B$"对综合产生的错误率＜规则"If $A$ Then $B$"对综合产生的错误率，则用规则"If $A'$ Then $B$"替换规则"If $A$ Then $B$"。

这里采用在一定的置信水平下对规则错误率进行估计的方法。考察条件 $X$，得到条件 $X$ 的相依表，如表 4.23 所示。

**表 4.23　条件 $X$ 的相依表**

| 是否满足 $X$ | 案例执行操作（$T$）类别的个数 | 案例执行其他操作（$T$）类别的个数 |
|---|---|---|
| 满足条件 $X$ | $Y_1$ | $E_1$ |
| 不满足条件 $X$ | $Y_2$ | $E_2$ |

根据规则泛化原理，当 $U_{CF}(Y_1+Y_2+E_1+E_2,E_1+E_2)<U_{CF}(Y_1+E_1,E_1)$ 时，表示剔除条件 $X$ 后规则的错误率得到降低，不仅规则得到泛化，规则对案例的分类精度也得到提高。

结合 4.1 节案例库，考察表 4.22 中的规则 4：If[道路等级 = 三级] and [铺面材质 = 沥青] Then 删除。可能被删除的条件如表 4.24 所示（CF = 0.25）。

**表 4.24　可能被删除的条件考察表（1）**

| 可能被删除的条件 | 删除（$Y_1+Y_2$） | 选取（$E_1+E_2$） | 最大错误估计率 |
|---|---|---|---|
| 道路等级 = 三级 | 2 + 2 | 0 + 2 | $U_{0.25}(6,2)=0.553$ |
| 铺面材质 = 沥青 | 2 + 4 | 0 + 1 | $U_{0.25}(7,1)=0.341$ |

规则 4 的最大错误估计率：
$$U_{CF}(Y_1+E_1,E_1)=U_{0.25}(2,0)=0.866$$

由表 4.22 可以看出，删除规则 4 中的任意一个都可以降低错误率，其中删除条件：道路等级 = 沥青，最大错误估计率值最小，为 0.341。

更新规则 4 为：If[道路等级 = 三级]Then 删除。继续在置信度 CF = 0.25 考察条件：道路等级 = 三级，如表 4.25 所示。

**表 4.25　可能被删除的条件考察表（2）**

| 可能被删除的条件 | 删除（$Y_1+Y_2$） | 选取（$E_1+E_2$） | 最大错误估计率 |
|---|---|---|---|
| 道路等级 = 三级 | 4 + 7 | 1 + 9 | $U_{0.25}(21,11)=0.598$ |

泛化后的规则：If[道路等级 = 三级] Then 删除的最大错误率为
$$U_{CF}(Y_1+E_1,E_1)=U_{0.25}(5,1)=0.454<0.598$$

因此，条件不能继续删除。规则 4 最终泛化为：If [道路等级 = 三级] Then 删除。递归采用以上方法，将最后得到的规则集中的重复规则予以剔除。

表 4.22 规则集经过简化后，其结果如表 4.26 所示。有了简化后的规则集，计算机就可以据此进行道路网智能选取。同时，采用爬山算法后，表 4.22 中错误记录 6 被过滤掉了。

**表 4.26　简化后的规则集**

| 规则编号 | 规则内容 | |
|---|---|---|
| 1 | If[道路等级 = 一级] | Then 选取 |
| 2 | If[道路等级 = 二级] and [道路长度>3.5km] | Then 选取 |

| 规则编号 | 规则内容 | |
| --- | --- | --- |
| 3 | If[道路等级＝二级] and [道路长度＜＝3.5km] | Then 删除 |
| 4 | If[道路等级＝三级] | Then 删除 |
| 默认规则 | If[none of the above] | Then 选取 |

3. 规则的使用

道路网案例库经过 C4.5 决策树学习后,最终获得了在一定执行条件下的一个规则集。这个规则集反映了案例库数据的一般特征, 使不相关的独立案例之间隐含的制约关系被挖掘出来, 即制图专家的制图 "经验" 被挖掘出来,并采用计算机可识别的方式进行了形式化表达。从高水平制图专家构建的案例库中获得的规则集, 对于完成同样制图条件下的道路网选取任务具有重要指导意义。

对于获得的规则集, 可以直接作为道路网智能选取的依据, 也可以作为辅助决策道路网选取的依据。在案例库指导能力较弱的情况下, 可以根据规则的准确率水平, 选取一定数量的规则作为自动选取依据, 对部分道路网进行自动选取, 剩余的任务通过人工选取。

## 4.2.4　基于案例归纳推理的道路网智能选取流程

完整的基于案例归纳推理的道路网智能选取流程如图 4.22 所示。

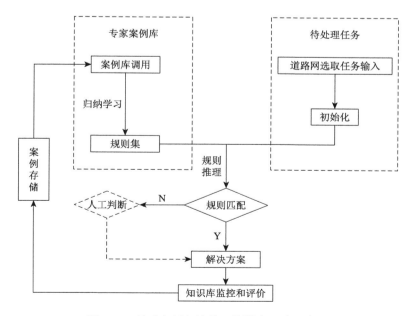

图 4.22　基于案例归纳推理的道路网选取流程

具体算法实现为：

（1）任务初始化。选择需要处理的道路网任务，通过空间分析，获取道路网与其他空间要素的空间关系描述，并对道路网的原始格式进行转换，完成道路网原始格式到案例格式的转换。

（2）案例库调用。根据当前制图综合的制图环境，依据制图区地理特征、地图用途和比例尺，选择相同环境下的专家案例库。

（3）决策树学习。对案例库的案例采用决策树算法进行归纳学习，获取规则。

（4）执行规则。将待处理的道路与规则进行比对，比对成功则获取相应规则中的解决方案，并调用相关知识库对解决方案进行判断：若通过知识库监控，则执行解决方案并作为成功案例加入案例库中，否则转入步骤（5）。

（5）人工处理。如果规则推理失败，需要人工处理。人工处理后，调用相关知识库对人工处理结果做出初步判断，通过知识库判断后作为新案例加入案例库中。

### 4.2.5　实验验证及结果分析

实验主要用于验证本节提出的基于案例归纳推理学习的道路网智能选取方法流程的合理性，归纳、推理过程的科学性和智能性，以及获取规则的普遍适应性。

1. 专家案例库生成

对图 4.23 所示的某比例尺局部道路、居民地等实验数据（其中，居民地、境界与行政区用于对道路通达重要性等指标的辅助评价）进行验证。图 4.24 是制图专家按照某目标比例尺，对原始数据中道路网进行选取后的结果。其中，线条粗细代表道路等级，红色表示原始道路数据与居民地数据通过空间分析计算，获取的居民之间唯一连通的道路。在制图专家对图 4.23 进行制图综合过程中，记录了如图 4.25 所示的专家案例库。

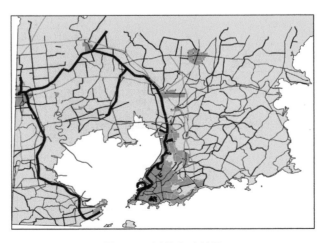

图 4.23　原始实验数据

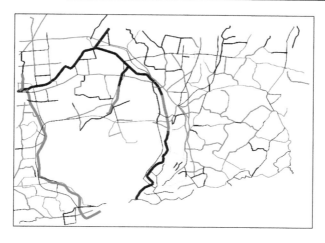

图 4.24　制图专家依据经验综合后的道路网数据

```
140307. 胶州湾高速公路. 沥青. S216. 高速. 24. 0.000000. 0. -32767.000000. 0.000000. 0. 0.000000.
0.000000. LA. 2770. 31. 4525.993981. 0.000000. -. 一般. 一般. 一般. 一般. 一般. 逾取
140307. 胶州湾高速公路. 沥青. S216. 高速. 24. 0.000000. 0. -32767.000000. 0.000000. 0. 0.000000.
0.000000. LA. 2770. 31. 2610.186527. 0.000000. -. 一般. 一般. 一般. 一般. 一般. 逾取
140305. 青银高速公路. 0. G035. 高速. 0. 0.000000. 0. -32767.000000. 0.000000. 0. 0.000000. 0.000000. LA.
2769. 12. 14655.651688. 0.000000. -. 一般. 一般. 一般. 一般. 一般. 逾取
140305. 青银高速公路. 0. G035. 高速. 0. 0.000000. 0. -32767.000000. 0.000000. 0. 0.000000. 0.000000. LA.
2769. 12. 4981.309342. 0.000000. -. 一般. 一般. 一般. 一般. 一般. 逾取
140305. 青银高速公路. 0. G035. 高速. 0. 0.000000. 0. -32767.000000. 0.000000. 0. 0.000000. 0.000000. LA.
2769. 12. 12102.303517. 0.000000. -. 唯一通道. 一般. 一般. 一般. 一般. 逾取
140305. 青(岛)-石(家庄). 沥青. G308. 一级. 26. 0.000000. 4. -32767.000000. 0.000000. 0. 0.000000.
0.000000. LA. 0. 31. 3795.211876. 0.000000. -. 唯一通道. 一般. 一般. 一般. 一般. 逾取
140309. 0. 0. 0. 0. 0.000000. 1. -32767.000000. 0.000000. 0. 0.000000. 0.000000. LA. 0. 22.
1122.578518. 0.000000. -. 一般. 一般. 一般. 一般. 一般. 逾取
140309. 0. 0. 0. 0. 0.000000. 5. -32767.000000. 0.000000. 0. 0.000000. 0.000000. LA. 0. 22.
3462.176014. 0.000000. -. 一般. 一般. 一般. 一般. 一般. 逾取
140316. 0. 0. S202. 0. 0. 0.000000. 0. -32767.000000. 0.000000. 0. 0.000000. 0.000000. LS. 0. 12.
200.598351. 0.000000. -. 一般. 一般. 一般. 一般. 一般. 逾取
140316. 0. 0. S202. 0. 0. 0.000000. 0. -32767.000000. 0.000000. 0. 0.000000. 0.000000. LS. 0. 12.
945.232802. 0.000000. -. 一般. 一般. 一般. 一般. 一般. 逾取
140307. 威(海)-青(岛). 0. S202. 0. 0. 0.000000. 6. -32767.000000. 0.000000. 0. 0.000000. 0.000000. LA.
0. 22. 5575.402876. 0.000000. -. 一般. 一般. 一般. 一般. 一般. 逾取
140307. 威(海)-青(岛). 0. S202. 0. 0. 0.000000. 3. -32767.000000. 0.000000. 0. 0.000000. 0.000000. LA.
0. 22. 2583.739862. 0.000000. -. 一般. 一般. 一般. 一般. 一般. 逾取
140307. 黄(岛)-王(台). 沥青. S328. 二级. 12. 0.000000. 3. -32767.000000. 0.000000. 0. 0.000000.
0. 0. 31. 3477.799530. 0.000000. -. 唯一通道. 一般. 一般. 一般. 一般. 逾取
140307. 黄(岛)-王(台). 沥青. S328. 二级. 12. 0.000000. 3. -32767.000000. 0.000000. 0. 0.000000.
0.000000. LA. 0. 31. 2772.128571. 0.000000. -. 一般. 一般. 一般. 一般. 一般. 逾取
· · ·
```

图 4.25　构建的案例库（部分）

　　在该案例库中，案例描述信息一共有 24 项。从保持道路连通性的角度考虑，为了避免机器学习后按照一定长度进行删除时，有些重要道路（名称相同或者编号相同）因为长度较短被删除而出现部分道路不连通的情况，因此加入道路编号和道路名称属性项目作为决策项。同时，部分属性由于数据原因空间探测无法获取，导致所有案例该属性全部出现缺省，这些属性项不能参与决策。因此，在实验中，道路网属性项是否参与归纳学习决策的详情如表 4.27 所示。

**表 4.27　是否参与归纳学习决策的道路网属性列表**

| 属性项 | 是否参与决策 | 属性项 | 是否参与决策 | 属性项 | 是否参与决策 |
|---|---|---|---|---|---|
| 道路编码 | 是 | 比高 | 否 | 道路长度 | 是 |
| 道路名称 | 是 | 通行月份 | 否 | 路网密度 | 否 |
| 道路类型 | 是 | 最小曲率半径 | 是 | 车道数 | 否 |
| 道路编号 | 是 | 里程 | 是 | 通达重要性 | 是 |
| 道路等级 | 是 | 最大纵坡 | 是 | 特殊价值等级 | 否 |
| 道路宽度 | 是 | 图形特征代码 | 是 | 政治价值等级 | 否 |
| 载重吨数 | 是 | 注记编号 | 是 | 经济价值等级 | 否 |
| 高程 | 否 | 资料说明 | 是 | 专用性 | 否 |

### 2. 基于专家案例库的规则集生成

计算机对图 4.25 所示的案例库进行归纳、推理（决策树构建）、简化，获取如表 4.28 所示的简化后规则集。

**表 4.28　对图 4.25 所示案例库进行归纳、推理、简化后获取的规则集**

| 规则编号 | 规则内容 | |
|---|---|---|
| 1 | If[道路编码 = 140401]and[道路长度＜ = 2233.15m]and[通达重要性 = 一般] | Then 删除 |
| 2 | If[道路名称 = 胶（州）-王（村）] | Then 删除 |
| 3 | If[道路编号 = 0] and[里程 = 0] and[图形特征代码 = LS]and[道路长度＞1577.49m] and[道路长度＜ = 1966.88] and[通达重要性 = 一般] | Then 删除 |
| 4 | If[道路编码 = 140403]and[图形特征代码 = LA]and[通达重要性 = 一般] | Then 删除 |
| 5 | If[道路编码 = 140402]and[图形特征代码 = LA]and[道路长度＞1577.49m]and[通达重要性 = 一般] | Then 删除 |
| 6 | If[道路编码 = 140102]and[道路名称 = 胶济线] | Then 删除 |
| 7 | If[道路编码 = 140309]and[通达重要性 = 一般] | Then 选取 |
| 8 | If[道路编号 = S309] | Then 选取 |
| 9 | If[道路编号 = G204] and[道路长度＞760.279m] | Then 选取 |
| 10 | If[道路宽度 = 16] | Then 选取 |
| 11 | If[道路名称 = 0]and[里程 = 4] | Then 选取 |
| 12 | If[道路编号 = G308] | Then 选取 |
| 13 | If[里程 = 5] | Then 选取 |
| 14 | If[通达重要性 = 唯一通道] | Then 选取 |
| 15 | If[道路编码 = 140401]and[道路长度＞2233.15m] | Then 选取 |
| 16 | If[里程 = 6] | Then 选取 |
| 17 | If[道路名称 = 胶州湾高速公路] | Then 选取 |
| 18 | If[道路编码 = 140101] | Then 选取 |

续表

| 规则编号 | 规则内容 | |
|---|---|---|
| 19 | If[道路长度＜＝534.666m] | Then 选取 |
| 20 | If[道路名称＝莱（阳）-青（岛）] | Then 选取 |
| 21 | If[道路名称＝济青高速公路] | Then 选取 |
| 22 | If[里程＝3] | Then 选取 |
| 23 | If[里程＝2]AND[通达重要性＝一般] | Then 选取 |
| 24 | If[道路编码＝1405] | Then 选取 |
| 25 | If[none of the above] | Then 选取 |

### 3. 归纳、推理过程的科学性验证

实验中，制图专家对图 4.23 进行制图综合，产生了图 4.25 所示的案例库，采用本方法进行归纳、推理，得到了表 4.28 所示的规则集。为了验证本方法中归纳、推理过程及结果的正确性，采用表 4.28 所示的规则集对同一数据（图 4.23）进行计算机自动综合，把计算机自动综合结果与制图专家综合结果进行对比，来验证表 4.28 所示规则集的正确性，如果计算机自动综合结果能接近制图专家综合结果，则表明本方法的归纳、推理原理与过程是科学的，推理结果能够反映制图专家的制图经验。

图 4.26 是采用表 4.28 规则集对图 4.23 的原始数据进行指导选取的结果。图 4.27 是计算机自动综合结果与制图专家综合结果（图 4.24）对比情况。图 4.23 中原始道路条数为 556 条，图 4.24 中制图专家选取 442 条，删除 114 条，图 4.26 中计算机自动选取 469 条，删除 87 条。在这 87 条中，有 66 条与制图专家的删除结果一致。另外，21 条的删除结果与制图专家的删除结果不一致。对比上述制图专家与计算机自动综合结果，可以发现两个特点：

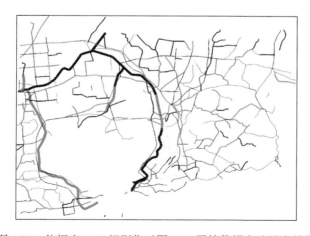

图 4.26　依据表 4.28 规则集对图 4.23 原始数据自动综合结果

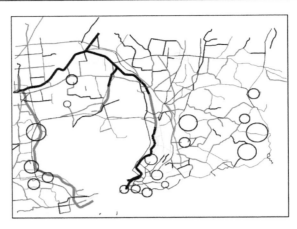

图 4.27　机器自动综合结果与制图专家综合结果对比情况

（1）计算机删除的道路网条数（87 条）比制图专家删除的道路网条数（114 条）少。这是因为，计算机对制图专家案例进行了归纳、概括和简化，其删除数量小于样本的删除数量，体现了知识归纳、概括和简化过程的严谨性。

（2）计算机自动删除的 87 条道路网中，有 66 条是与制图专家删除结果完全一致的，剩余 21 条与制图专家删除的结果不一致。这是因为，制图专家在删除某一种类型的道路时，可能没有把全图中该类型的道路删除干净（这也是难以达到的），而计算机的优势恰恰在于可有效弥补人的这一缺陷，只要给计算机规定了计算规则，其执行结果一定是完整的、唯一的。

实验结果分析：通过对比图 4.26 所示计算机自动综合结果与图 4.24 所示制图专家综合结果，表明计算机选取结果在整体形态、重要道路选取、道路网的拓扑结构与专家选取结果方面保持了较高的一致性，证明了本方法的归纳、推理原理与过程是科学的，推理结果能够反映制图专家的制图经验。

4. 归纳、推理获取规则的适用性验证

为了验证计算机从专家案例库中学习的规则具有普遍的适用性，采用与制图专家相似制图环境下的其他数据进行实验验证。图 4.28 是与制图专家采用的案例数据（图 4.23）属于同一地区、具有相同比例尺的另一道路网数据。计算机采用表 4.28 中的规则集，对图 4.28 中的道路网进行自动选取，图 4.29 是自动选取结果。

图 4.28 中原始道路共有 1046 条，自动选取后，图 4.29 中保留了 837 条，删除 209 条。

实验结果分析：对比图 4.29 与图 4.28 表明，选取后的道路较好地保持了道路网的整体结构，高等级道路和具有重要连通性道路选取质量较好，道路的选取数量和道路网密度适中，说明本方法归纳、推理获取的规则具有普遍的适用性，即只要与案例数据具有相同制图环境（区域特点、比例尺）的空间数据，均可以采用该规则集进行自动综合。

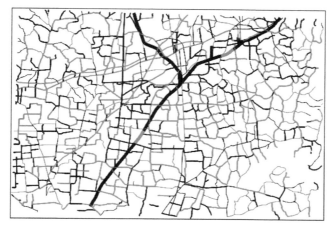

图 4.28　原始实验数据

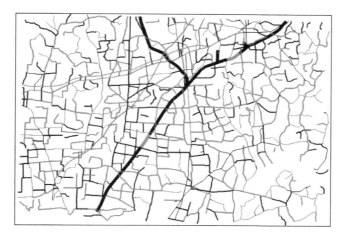

图 4.29　依据表 4.28 规则集对图 4.28 原始数据自动综合结果

5. 进一步提高本方法综合结果正确性的措施

上述实验表明，本节提出的基于案例归纳、推理的道路网智能选取方法是可行的、科学的，获取的规则集能够接近制图专家的制图经验，但还没有完全吻合。其原因在于：

（1）道路网的属性描述不完整，目前还不能将所有制约道路网选取的因素都形式化描述。

（2）制图专家的案例数量、类型没有覆盖所有可能出现的道路网选取类型。

（3）制图专家由于疲劳、操作失误以及自身制图经验等，会出现个别错误案例，影响学习结果，这也是需要进一步改进之处。

## 4.2.6　小结

本节在总结当前道路网选取方法的基础之上，提出了基于案例归纳推理的道路网选取方法。该方法以案例的形式存储专家的制图知识，降低了知识获取与表达的代价；采用机器学习算法，从案例库中自主归纳、推理获取规则，完成了制图专家知识从案例表达到规则表达的转化，从而将制图专家难以形式化表达的"隐形经验"规则化；从制图专家的制图过程中直接归纳、推理规则，获取的规则具有良好的现势性和普适性，同时大大降低了制图人员在道路网选取过程中的复杂程度，从而为基于案例归纳学习的智能化自动综合探索了新途径。

# 4.3　基于卷积神经网络的立交桥识别方法

## 4.3.1　理论依据

公开地图（Open-Street-Map，OSM）数据作为开源数据，是地理信息情报（特别是境外地理信息数据）收集的重要数据源。在对该来源数据进行处理和建立多尺度模型时需要对其进行一定程度的制图综合。在大比例尺交通要素制图综合中，立交桥的分类是典型化的重要依据，并且能够为导航和位置服务、拥堵分析等提供重要信息。然而，由于立交桥结构复杂，变化多样，往往属于同一类型的立交桥其辅路的形态也不完全相同，且和人行道相互交错，从而对分类模型的构建造成不小挑战。如何让计算机对复杂多变的交叉路口进行准确地分类一直是研究的难点。

当前针对立交桥的识别方法主要有：Mackaness 和 Mackechnie（1993）提出一种利用道路节点密度对立交桥进行非结构化的定位方法，然而该方法仅限于定位，无法对立交桥所属类型进行判断；徐柱等（2011）提出一种基于结构模式识别的立交桥判别方法，该方法利用有向属性关系图来描述道路交叉口结构，建立典型结构模板库，然后通过关系图匹配识别典型交叉口；王骁等（2013）提出了一种改进的结构模式识别方法，该方法利用道路拓扑特征分类对立交桥进行描述，建立典型量化表达式模板库，通过对比量化表达式识别立交桥类型；马超等（2016）对以往的结构描述方式进行了丰富，采用长度、面积、紧凑度、平行度、对称度和语义属性六个参数组成立交桥的特征空间，利用支持向量机（Support Vector Machine，SVM）结合样本进行训练，并将训练好的模型用于主路和辅路的识别，不过该方法并未对立交桥进行分类，而只是识别了主路和辅路。

以上方法均属于基于人工设计特征的识别方法，将矢量的立交桥点、线结构通过空间计算，映射到一个特征描述空间中，然后进行识别和分类。这类方法十分依赖于特征项的设计（如长度、对称度、弯曲度等），这种浅层特征只对典型化的立交桥数据进行比较有效的识别，如图 4.30（a）所示。然而，现实中所处理的立交桥数据往往并不是以理想状态呈现的，存在大量干扰，因此很难用浅层次的模型进行类型描述，从而在传统手段下无法进行有效的分类判断。在来自 OSM 的开放城市数据中，立交桥本身属性信息不全，且往往伴随着各种辅路、交叉路、人行道等 [图 4.30（b）]，严重影响对基于人工特征描述模型的判断。

(a) 喇叭形立交桥结构化模型　　　　　　　　　(b) OSM数据中的喇叭形立交桥

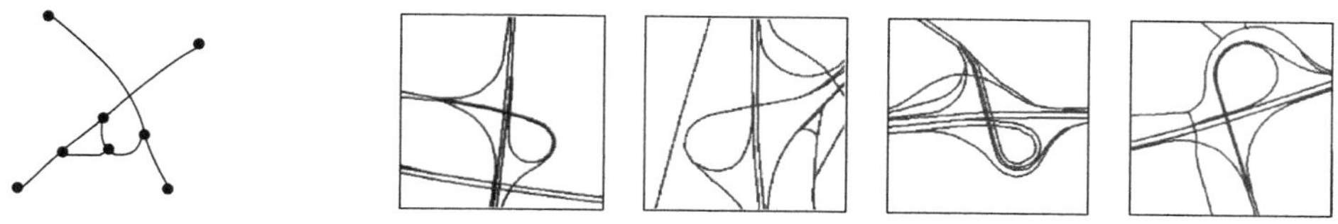

图 4.30　模型与现实数据对比

　　人对立交桥的认知是基于视觉的模糊判断过程，自动过滤掉无关信息，从整体和局部中提取深层次模糊性特征，从而辨别出大量干扰下的立交桥类型。模拟人类的视觉感知过程是机器视觉（Computer Vision，CV）领域研究的热点问题之一。在机器视觉领域，卷积神经网络（Convolutional Neural Network，CNN）已经逐渐取代以往的模式识别方法，并成功应用于手写字识别、人脸识别和遥感影像分类等领域，取得了令人瞩目的成就（Donahue et al.，2013；郑胤等，2014；Jia et al.，2014；赵爽，2015；何小飞等，2016；刘栋等，2016；Zhu et al.，2017）。受到这些成功案例的启发，本节将卷积神经网络引入立交桥的识别中，以解决在大比例尺复杂情况下对立交桥的识别问题。

　　其基本思路为：首先，利用矢量特征进行定位，通过自动抓取图像以及人工标注得到训练样本；然后，利用样本对卷积神经网络进行训练，学习立交桥的深层次模糊性特征，从而得到立交桥分类的卷积神经网络模型；最后，通过卷积神经网络模型对新抓取的立交桥对象进行分类，并将分类的结果反馈到相应的矢量数据中去。

## 4.3.2　基于视觉型案例的栅矢结合立交桥识别策略

### 1. 视觉型案例的定义

　　本节将视觉型案例定义为：采用栅格图像的形式对制图综合要素进行描述的制图综合案例（CGC）。视觉型案例的主体是带标记（L-Label）的栅格分类样本（Pixels），以栅格图像和标记文件的形式进行存储，同样采用三元组的形式表示：

$$\text{Visual CGC} = <I,\ \text{Pixels},\ L> \tag{4.7}$$

　　（1）$I$ 表示视觉型 CGC 的元数据，记录所提供案例的环境信息，包括地图用途、制图区域类型以及相关专题需求。

　　（2）区别于几何型案例和描述型案例，视觉型案例的主体以栅格图像的形式进行存储。

　　事实上，三元组中的 Pixels 可以看作是以矩阵形式排列的高维特征项 $F$，在屏幕上显示为人眼可识别的图像，如图 4.31 所示。

### 2. 卷积神经网络的概念

　　传统的图像物体检测和分类的关键在于特征表达，而特征设计需要具有较高专业素养的专家手工完成，这种方式投入精力大、时间成本高，虽然应用广泛，但并不是一个可拓展的途径。

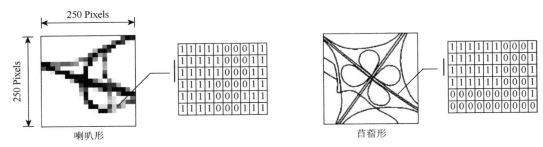

Trumpet Sample：<ID_01；…1 1 1 1 0 0 0 1 1…；
Clover Sample：<ID_02；…0 0 0 0 0 0 0 0 1…；

图 4.31　视觉型案例的结构示例

　　基于神经网络的图像识别不需要人工进行特征设计，而是直接由计算机通过读取栅格图像进行训练，收敛得到各层神经元对应的参数值，这些参数反映了区分图像类型的深层次特征。然而，构建深度神经网络模型的难点在于其训练过程，深度越深，模型的参数规模越大越不容易收敛。近年来，深度神经网络在机器视觉领域得以有效应用，这归功于卷积神经网络的提出（Lecun et al.，1989；Hinton and Salakhutdinov，2006；Lecun et al.，2015）。卷积神经网络继承了传统 BP（Back-Propagation）神经网络的优点，采样权值共享的方式，加入了卷积层和池化层，大大减少了权重参数的个数，不仅很好地控制了整个网络的规模，而且对图像在位移、缩放和扭曲等形变的识别上具备很强的鲁棒性（Arveson，2002；谢剑斌，2015；邓力和俞栋，2016）。

　　众多学者针对图像分类提出了大量的卷积神经网络模型，如 Lecun 等（1998）针对手写数字识别提出的 LeNet 模型被广泛应用于银行手写数字的识别系统；Geoffrey 和 Alex（2012）将卷积神经网络进行了深度拓展，提出了 AlexNet 模型（图 4.32），该模型在大规模视觉识别挑战赛（ImageNet Large Scale Visual Recognition Challenge，ILSVR）中获得了第一，并将错误率降低了 10 个百分点，从此奠定了卷积神经网络在计算机视觉中的地位。

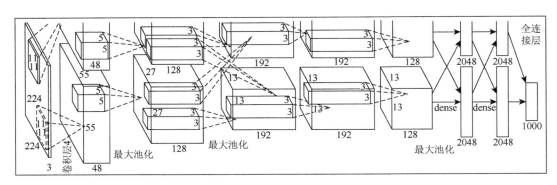

图 4.32　AlexNet 卷积神经网络模型结构图

### 3. OSM 立交桥数据特点分析

在大比例尺交通要素制图综合中，立交桥的分类是其典型化的重要依据，并且能够为导航和位置服务、拥堵分析等提供重要信息。

OSM 数据中立交桥识别的难点主要体现在以下三个方面：

（1）立交桥附属匝道属性类别不统一。组成立交桥的匝道属性类别较多，同一类型的立交桥的匝道在 OSM 数据中的类别命名各不相同（图 4.33），难以通过属性类型进行直接判断。

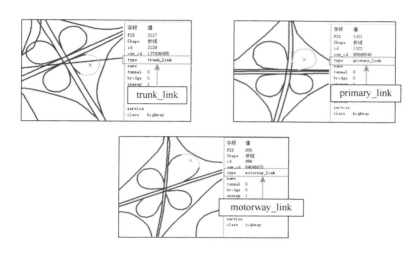

图 4.33　OSM 道路数据立交桥类型属性示例图

（2）匝道数据存在拓扑错误。OSM 由于采用众源的数据收集方式，每个志愿者采集的矢量数据质量参差不齐，甚至经常出现同一匝道结构由多个独立的弯曲段组成的情况（图 4.34）。这严重影响基于曲率和匝道数量的立交桥类型判断。

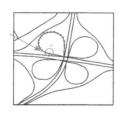

图 4.34　OSM 道路数据立交桥匝道矢量结构示例

（3）其他类型道路要素干扰。由于 OSM 提供的开放数据中，道路网数据在同一图层存储，立交桥结构经常与其他类型道路或道路相关要素重叠（图 4.35），从而干扰立交桥匝道之间的相交和连通判断，对立交桥的拓扑特征分类造成不利影响。

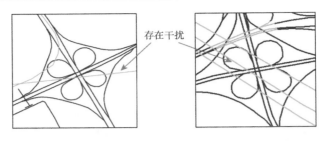

图 4.35　OSM 道路数据立交桥所处环境示例图

在以上三方面的影响下，试图通过构建特征模型的方式进行立交桥类型判别是难以实现的。因此，如何让计算机能够对复杂多变的交叉路口进行准确分类成为当前研究的焦点。

4. 栅矢结合的立交桥识别策略

一直以来，立交桥识别问题都是围绕矢量数据，通过建立各种几何、拓扑、图论等精确模型来寻求解决方案的。在大比例尺数据中，立交桥局部结构复杂多变且存在辅路和人行道干扰，视觉上只能找到模糊的区别，很难用规整的语言去形容，更别谈设计模板来提取特征了。要想解决对视觉感受依赖较强的综合问题，引入机器视觉的方法无疑是一个值得研究的思路。

因此，本节提出基于卷积神经网络的栅矢结合立交桥识别方法，在立交桥的识别中，分别发挥矢量计算和栅格图像识别的优势。传统矢量数据计算的优势在于，模型精确可控、执行简单、处理速度快，善于处理结构化、可线性描述的问题（Heinzle et al.，2006；Mackaness et al.，2007；Yang et al.，2010）。基于栅格图像的机器视觉算法的优势在于，通过大量样本数据的训练，能够提取不同类别的深层次特征进行分类学习。由于卷积神经网络中深层次特征由神经网络各个神经元参数在样本数据训练下得到，在大量神经元结构的相互影响下，其具有类似人类判断过程中的模糊性和抗干扰性。简而言之，在立交桥结构识别过程中，将对视觉依赖性较强的分类环节交给基于卷积神经网络的机器学习模型，学习深层次的模糊性分类特征，结合矢量结构特征的快速定位，实现图上立交桥的识别和分类。

具体流程如图 4.36 所示。首先，通过矢量计算，定位待分类的交叉路口得到采样图像；其次，经人工分类的样本作为训练集和测试集，对卷积神经网络进行训练，得到分类模型；再次，在处理实际数据中，利用矢量计算初步定位的粗筛作用，得到待识别数据；最后，待识别数据通过训练好的卷积神经网络分类模型进行分类，得到分类结果，并最终将分类结果反馈到 OSM 矢量数据中。

### 4.3.3　立交桥初步定位以及案例获取

人的视觉感受范围是模糊的，而卷积神经网络处理的是固定输入维数的数据，即固定大小的图像。其能够感受的范围与训练时所采用的样本数据大小相一致。因此，利用计算机视觉进行模型训练之前，需要给定一个计算机的视觉范围，即告诉计算机"往哪

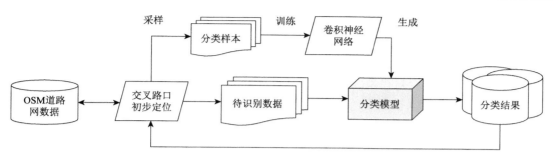

图 4.36　采用卷积神经网络进行立交桥分类流程图

看"。在基于卷积神经网络的人脸识别的过程中，由于预先不知道人脸在图像中的位置，所以以一定的步长将整个图像划分成众多的矩形图块，然后逐行从图块中识别出人脸。对于空间跨度大的地图数据而言，通过这样全局扫描式的方法识别一幅地图中的元素显然会严重影响识别的效率。

因此，本方法提出利用矢量计算对视觉区域进行初步定位，同时设计合理的视觉感受范围和感受尺度，从而提高样本获取的效率和质量，提升识别判断过程的效率。

**1. 视觉区域定位**

首先认为道路交叉口都是潜在的立交桥目标。因此，在进行训练样本收集，以及最后立交桥识别前，利用矢量数据的空间计算得到道路交叉节点密集的位置，达到对立交桥进行初步筛选和定位的目的。具体步骤如下。

步骤 1：获取所有道路的交叉节点数据。

步骤 2：对交叉节点进行缓冲区聚类，初步识别存在一定规模（交叉点数大于某一阈值）的交叉节点群。

步骤 3：计算点群中心点，并将其作为采样栅格区域矩形的中心位置，如图 4.37 所示。

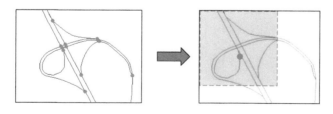

图 4.37　自动确定采样中心点示例

**2. 采样参数的确定**

卷积神经网络的学习过程的原理与人视觉神经对物体的感知过程的原理是类似的。因此，想要通过样本训练获得正确的分类模型，就必须采集符合人对立交桥的一般性认知规律，即采样的栅格样本在视觉上具有很好的可辨认性。为了得到完整、清晰的立交桥样本，除了确定采样矩形的位置外，还需要确定采样数据范围、样本图像尺寸和采样符号大小这三个参数。

1）采样数据范围的确定

采样数据范围可以视为计算机的视觉感受范围，即图 4.37 中红色矩形框的大小。采样数据范围关系到样本数据的质量，若采样区域过大，则宜过多地将非立交桥元素包含到样本图像中，这样会对模型的训练精度产生干扰，如图 4.38（a）所示；若采样区域过小，则容易造成"盲人摸象"，导致以偏概全，以至于成为影响模型训练精度的噪声数据。如图 4.38（d）、图 4.38（e）所示，由于该采样区域过小，立交桥的形态不完整，无法满足在视觉上进行分类的判断条件。

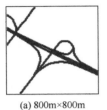 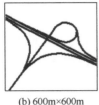  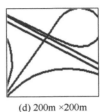 

(a) 800m×800m　　(b) 600m×600m　　(c) 400m×400m　　(d) 200m×200m　　(e) 100m×100m

图 4.38　不同采样数据范围样本示例

现实世界中的立交桥，其跨度在一定范围内变化。对立交桥汇入点间的距离进行统计，得出除部分特大型立交桥外，立交桥结构的跨度一般在 300～600m。为了保证样本中立交桥结构的完整性，取立交桥跨度规模区间的上限值作为采样区域的范围值，即将采样区域对应的实地范围设定为 600m×600m。

2）样本图像尺寸的确定

在采样范围确定的情况下，样本图像尺寸影响样本内容表达以及样本数据量。若样本图像尺寸太小，则"马赛克"现象严重，无法清晰表达采样范围内立交桥的形态特征；若样本图像尺寸太大，则对应的神经网络模型越大，占用的计算资源越多，也就越影响学习效率。综合比对多种样本图像尺寸下的立交桥形态，参考常见图像分类中的采样策略，将立交桥样本图像尺寸设定为 250×250 像素（pix）（jpg 格式图片）。图 4.39 为各种采样尺寸下图形显示效果对比。

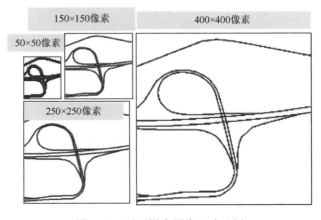

图 4.39　不同样本图像尺寸示例

3）采样符号大小的确定

计算机在自动采样过程中，需要预先设定好线状矢量道路的符号大小，即符号宽度，以得到可辨认的立交桥形态，如图 4.40 所示。

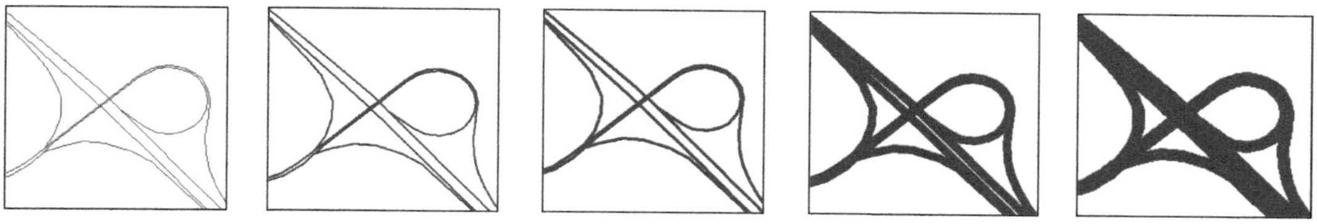

(a) 符号宽度 = 1(pix)　(b) 符号宽度 = 2(pix)　(c) 符号宽度 = 3(pix)　(d) 符号宽度 = 5(pix)　(e) 符号宽度 = 10(pix)

图 4.40　不同道路符号宽度的样本示例

不同分辨率和符号宽度下得到的样本，其显示的道路符号宽度也不同。若道路符号宽度太大，则会出现道路符号重叠，影响立交桥形态的表达；若符号宽度太小，则道路网形态过于精细，不利于卷积过程对特征的提取。因此，选择图 4.40（c）对应的符号宽度参数 3（pix），即 3 个像素点宽度，作为立交桥采样的标准。各采样样本相关参数如表 4.29 所示。

表 4.29　采样样本参数设置

| 参数名称 | 参数值 |
| --- | --- |
| 采样尺寸 | 250×250（pix） |
| 符号宽度 | 3（pix） |
| 采样范围 | 600m×600m |

根据以上采样数据范围、样本图像尺寸和采样符号大小这三个参数，可以确定采样栅格图形的一般形态。以上三个参数一经设定，则无须修改，其通用于整个立交桥数据的采样以及识别过程。

**3. 样本数据筛选和增量操作**

1）训练样本数据筛选

选取北京、上海、广州三个城市的 OSM 交通数据作为训练样本的采样源，如图 4.41 所示。为进一步减少数据量，对图像进行二值化处理。在自动生成了大量样本图像后，需要对样本数据进行人工筛选和标记。标记的样本数据分为训练集和测试集，以用于训练立交桥识别和分类的卷积神经网络。

卷积神经网络的深度学习过程类似于人类视觉感受和学习过程，通过训练能够对样本的分类特征进行模糊感知。样本在筛选时，只需要保证选用的样本数据能够反映其类型、满足人对立交桥的一般认知即可。

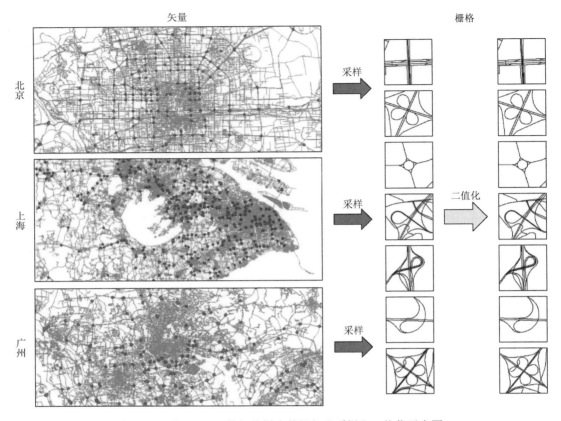

图 4.41　基于 OSM 数据的样本数据部分采样和二值化示意图

2）样本数据增量

对于神经网络的训练而言，样本数量越多，训练得到的模型越精确。因此，扩大样本的规模是提高训练精度的一个重要方面。除了通过加大采集量得到更多样本这一手段外，还可以利用样本自身特点产生新的样本，也就是根据研究对象的特点设计各种数据增强（Data Augmentation）方法。

由于立交桥具有方向不变性，立交桥方位的变化不影响立交桥的分类。因此，利用这一特性对立交桥样本数据进行旋转和镜像操作，以扩大样本规模。如图 4.42 所示，通过对立交桥样本数据进行旋转和镜像操作，样本数量增加了 7 倍，有效地扩大了样本规模，提升了样本覆盖度。

### 4.3.4　采用 AlexNet 模型对立交桥样本进行分类模型训练

模型的好坏并不绝对，往往要结合具体问题以及样本数据的特点进行选择。当前对于样本数据应该选用哪种深度神经网络模型没有一套明确的评价标准。考虑到立交桥的结构相较于手写数字更为复杂，基于卷积神经网络的立交桥识别方法选择用于大规模图像分类的 AlexNet 模型作为训练模型，并在卷积神经网络框架（Convolutional

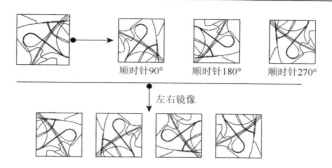

图 4.42　样本数据增强操作示意图

Architecture for Fast Feature Embedding，Caffe）下进行训练。Caffe 发布于 2014 年，是一个清晰、高效的开源深度学习框架，核心语言是 C ++ ，它支持命令行、Python 和 MATLAB 接口，也支持 GPU 运行。

1. 卷积神经网络的计算过程

1）卷积计算

卷积神经网络的输入层为二维图像的所有像素值。卷积神经网络的核心思想是利用多层卷积层（Convolution Layer）对图像逐层提取更高层次的特征，其间特征不断地以特征图（Feature Map）的形式作为输入传递到下一个卷积层。假设第 $l$ 层的第 $j$ 个特征图为 $X_j^l$（输入层可视为原始特征图 $X_1^1$），$X_j^l$ 的卷积操作计算公式如式（4.8）所示。

$$X_j^l = f\left(\sum_{i \in M_j} X_i^{l-1} * k_{ij}^l + b_j^l\right) \tag{4.8}$$

式中，$k_{ij}^l$ 为卷积层的权重参数；$b_j^l$ 为偏置变量参数；$f(*)$ 为激活函数，其作用是对特征值进行映射。$f(*)$ 类型有多种，如 AlexNet 模型中常用的"ReLU"激活函数，表示 $f(x) = \max(x,0)$。

2）池化计算

为减少参数规模，每个卷积层后对应一个抽样层（Subsampling Layer），也称为池化层。池化的作用是对特征图进行尺寸上的缩小操作。假设池化后的特征图为 $X_j^{l+1}$，池化操作的计算公式如式（4.9）所示：

$$X_j^{l+1} = f[\beta_j^{l+1} \text{down}(X_j^l) + b_j^{l+1}] \tag{4.9}$$

式中，$\beta_j^{l+1}$ 为池化层的权重参数；$b_j^{l+1}$ 为偏置变量参数；$\text{down}(*)$ 为规模池化操作类型；$f(*)$ 为激活函数。$\text{down}(*)$ 类型有多种，如当池化层规模设定为 $2 \times 2$ 像素，池化操作类型为"MAX"型时，表示 $2 \times 2$ 像素范围内的像素值用其最大的值代替。对于一个卷积神经网络模型而言，$f(*)$ 和 $\text{down}(*)$ 的类型在模型开始训练之前就已经设定好了，需要训练的对象是各层的卷积权重 $k_{ij}^l$ 和偏置 $b_j^l$，以及池化权重 $\beta_j^{l+1}$ 和偏置 $b_j^{l+1}$。

3）损失值计算

样本经过一系列的卷积、池化以及映射操作后，到达卷积神经网络的损失层（Loss

Layer）。损失层是卷积神经网络的终点，接受两个输入数据，一个为卷积神经网络的预测值，另一个为该样本的真实标签。在损失层中经过运算，输出卷积神经网络的损失值（Loss）。Loss 是评价模型收敛效果的重要指标，用来衡量模型分类估计值与真实值之间的误差值，其越趋近于 0 则表示模型对于当前测试数据的分类效果越好。

AlexNet 模型采用 Softmax 计算损失值。Softmax 广泛应用于各种机器学习算法中，其作用是把所有输入项的值都压缩到 0～1。假设有 $K$ 个分类标签，Softmax 的计算如式（4.10）所示：

$$\text{Softmax}(a_i) = \frac{\exp(a_i)}{\sum_j \exp(a_j)} (i、j = 0, 1, 2, \cdots, K-1) \tag{4.10}$$

式中，$a_i$ 为卷积神经网络对于第 $i$ 个分类标签的预测值，Softmax 的结果相当于输入图像被分到每个标签的概率分布。假设图像正确分类为第 $x$ 个标签，则 Loss 的计算公式如式（4.11）所示：

$$\text{Loss} = -\log_2[\text{Soft max}(a_x)] \tag{4.11}$$

从式（4.11）可以看出，得到正确分类的概率越高，Loss 的值就越小。Loss 值作为误差反向传播的起点，通过链式求导将值传递回池化层和卷积层，作为 $k_{ij}^l$、$b_j^l$、$\beta_j^{l+1}$ 和 $b_j^{l+1}$ 参数更新的依据。

样本训练的过程可简要概括为：在训练迭代过程中对各样本进行卷积、池化以及映射等操作，得到模型对样本分类的预测值；计算得到损失值 Loss，通过误差反向传播算法计算参数修正梯度值；对以上四个参数值不断地进行迭代修正，以趋近全局最优解参数。

2. 训练立交桥分类卷积神经网络

为了训练用于立交桥分类的卷积神经网络模型，选取常见的三类典型的交叉路口作为实验对象，分别为"十"形路口、喇叭形交叉路口和苜蓿形交叉路口，样本示例如图 4.43 所示。这三类样本出现的频率较高，容易在短时间内收集大量样本用于实验测试。用于训练的数据样本总量为 8721 个，按 2 : 1 的比例分为训练集和测试集。

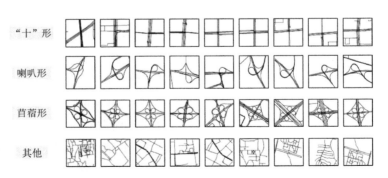

图 4.43　四类交叉路口样本示例

Caffe 中提供了在其框架下定义的 AlexNet 模型文件，以及修改控制训练过程的参数文件。通过修改参数文件，可以对训练的基础学习率（Base Learning-rate）、权重衰减

（Weight Decay）系数、最大迭代次数（Max Iteration）等参数进行调整。基础学习率如果太大，则容易跨过极值点，如果太小，又容易陷入局部最优；权重衰减系数可以用来防止训练过拟合，一般设置为经验值 0.0005；最大迭代次数由样本数据量和模型的复杂程度决定。

根据样本数据的特点，对以上参数进行了调试，最终将基础学习率设置为 0.001，权重衰减系数设置为 0.0005，最大迭代次数设置为 1000。模型在训练中的收敛过程和最终得到的 Loss 和正确率（Accuracy）如图 4.44 所示。正确率是指模型在分类正确时给出的概率值，越趋近于 1 表示分类的可信度越高。在本实验参数设置下，模型对测试集的最终分类的 Loss 值为 0.2207，正确率值为 0.9194，并且从图 4.44 可以看出，在训练过程中整个 AlexNet 模型得到了较好的收敛。

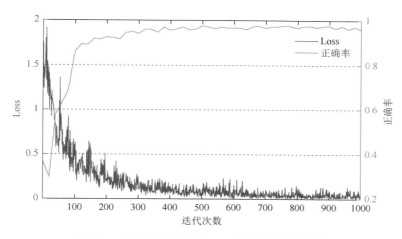

图 4.44　模型训练过程中 Loss 和正确率变化曲线

值得注意的是，模型训练正确率值为测试集样本的分类正确率，该指标反映出模型的训练效果，并不能完全代表其在实际应用中的分类效果。为进一步验证本方法模型的有效性，根据分类流程，在实验与分析中选用另一城市的交通数据对该模型进行分类测试。

### 4.3.5　实验与分析

实验数据为 OSM 提供的大比例尺重庆市交通要素数据。通过对交叉路口初步定位，获得了 1846 个待识别的交叉路口，如图 4.45 所示。

如图 4.46 所示，待分类立交桥在卷积神经网络计算下依次得到各个层级的特征图，并最终由激活函数计算得到分类的概率值。从图 4.46 中可以看到，当图像输入卷积神经网络中时，特定的像素结构与特定的卷积核相乘得到较高的响应值（图中 Conv* 为各卷积层计算后得到的特征图，红色代表较高响应，蓝色代表较低响应），即待识别图像和训练图像中的某一类特征对应上后才会被保留，反之会被忽略以避免干扰项的影响。卷积神经网络中的卷积核不需要预先的人工设计，而是通过大量样本的训练不断调整卷积核

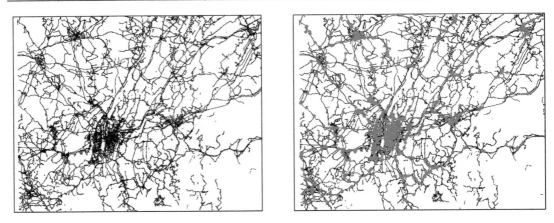

图 4.45　实验数据及待分类定位点

参数，参数不断调整直至稳定的过程也就是卷积神经网络收敛的过程，该过程使卷积神经网络算法具备从不同形态和干扰中区分各类型立交桥的能力。

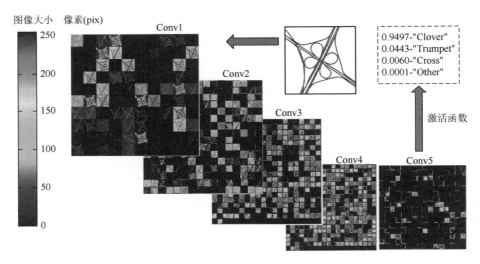

图 4.46　采用卷积神经网络进行深层次特征提取并得到预测结果

　　分类的局部效果如图 4.47 所示，黄色点表示分类为苜蓿形（Clover）立交桥，红色点表示分类为喇叭形（Trumpet）立交桥，蓝色点表示"十"形（Cross）路口。采用卷积神经网络分类输出的结果是待识别对象被归为各类型的分类概率值（$p$）。$p$ 越接近 1，则表示该位置路口被分为该类型的可信度越高。本方法将分类结果采纳的最低置信度设置为 0.7，满足 $p>0.7$ 的分类结果则认为模型将其分类为对应类型路口。从分类的局部放大效果图可以看出，分类结果与其真实类型吻合度较高。

　　实验中部分典型复杂交叉路口的分类效果如图 4.48 所示，图 4.48 中展示了模型给出的各项分类对应的概率值。从分类效果可以看出，待识别立交桥均以较高的概率划分到正确的分类中。

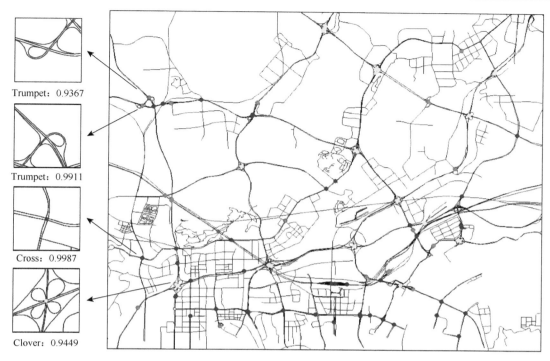

Trumpet: 0.9367

Trumpet: 0.9911

Cross: 0.9987

Clover: 0.9449

图 4.47 利用立交桥卷积神经网络分类模型对 OSM 数据进行识别

0.9482-"Clover"
0.0372-"Cross"
0.0128-"Trumpet"
0.0019-"Other"

0.9369-"Clover"
0.0316-"Cross"
0.0313-"Trumpet"
0.0001-"Other"

0.9497-"Clover"
0.0443-"Trumpet"
0.0060-"Cross"
0.0001-"Other"

0.8903-"Trumpet"
0.0949-"Cross"
0.0147-"Clover"
0.0001-"Other"

0.7584-"Trumpet"
0.2176-"Clover"
0.0239-"Cross"
0.0001-"Other"

0.9879-"Trumpet"
0.0067-"Cross"
0.0053-"Clover"
0.0001-"Other"

图 4.48 部分复杂交叉路口的分类效果

　　将基于卷积神经网络的立交桥识别方法与基于人工特征的立交桥分类方法进行对比。采用传统的人工特征描述方法得到的结果如表 4.30 所示，编号 1～6 分别对应图 4.48 中的 6 个立交桥测试区域。表 4.30 中各项指标参照文献（王家耀和钱海忠，2006）的道路拓扑类型描述方法进行计算，量化表达式的五个参数分别代表：判断区域内悬挂道路数、桥接道路数、轮廓道路数、网眼内部道路数和孤立路段数。从计算的结果来看，量化表达式在各种干扰下与理论值偏差较大，无法匹配到正确的立交桥类型，在 OSM 数据中基本无法应用。

表 4.30 采用人工特征方法描述的分类结果

| 编号 | 量化表达式 | 理论量化表达式 | 匹配情况 |
| --- | --- | --- | --- |
| 1 | （22，2，10，45.0） | Clover（4，0，4，4，0） | 不匹配 |
| 2 | （17，1，8，23，0） | Clover（4，0，4，4，0） | 不匹配 |

| 编号 | 量化表达式 | 理论量化表达式 | 匹配情况 |
|---|---|---|---|
| 3 | (10, 1, 4, 16, 0) | Clover (4, 0, 4, 4, 0) | 不匹配 |
| 4 | (9, 0, 8, 12, 0) | Trumpet (3, 0, 2, 0, 0) | 不匹配 |
| 5 | (12, 2, 6, 7, 0) | Trumpet (3, 0, 2, 0, 0) | 不匹配 |
| 6 | (8, 0, 11, 4, 0) | Trumpet (3, 0, 2, 0, 0) | 不匹配 |

进一步对实验结果进行统计分析,如表 4.31 所示。表 4.31 中查全率(Recall)由模型正确分类数除以人工判别数量得出,能够反映该模型对特定类型的识别效果;查准率(Precision)由模型正确分类数除以模型分类总数量得出,能够反映该模型对非特定类型路口的区分效果。$F_1$ 测度值是查全率和查准率的调和均值,即在认为两者具有同等重要作用的前提下,将二者结合为一个指标。

$$查全率: \quad R = \frac{模型正确分类数}{人工判别数} \tag{4.12}$$

$$查准率: \quad P = \frac{模型正确分类数}{模型分类数} \tag{4.13}$$

$$测度值: \quad F_1 = \frac{2 \times R \times P}{R + P} \tag{4.14}$$

**表 4.31　实验相关数据统计**

| 交叉路口类型 | 人工判别数 | 模型分类数 | 模型正确分类数 | 查全率($R$)/% | 查准率($P$)/% | 测度值($F_1$) |
|---|---|---|---|---|---|---|
| 喇叭形(Trumpet) | 265 | 324 | 257 | 96.98 | 79.32 | 0.8724 |
| 苜蓿形(Clover) | 74 | 91 | 63 | 85.14 | 69.23 | 0.7636 |
| "十"形(Cross) | 591 | 546 | 538 | 91.03 | 98.53 | 0.9463 |

从分类实验效果图以及相关统计可以得出:

(1)该模型的分类效果比较好,能够有效地对一些复杂的路口和立交桥结构进行正确定位和分类。如图 4.48 所示,从复杂交叉路口的分类效果展示中可以看出,对于存在大量干扰的复杂喇叭形和苜蓿形交叉路口,该模型能够准确判断出对应的立交桥类型,并给出较高的分类概率值。

(2)查全率值较高,说明卷积神经网络对立交桥样本进行了很好的学习,能够从复杂形态结构中抽取出高层次的模糊特征,从而对存在形变和干扰的立交桥能够准确分类。

(3)从实验的整个流程可以看出,基于卷积神经网络的立交桥识别的一个优势在于,不需要很强的专家知识的指导,人为对于模型的干预较少,减轻了研究模型的成本,缩短了模型研究的周期。但仍存在部分错误分类的情况,对查准率造成了不利影响,如图 4.49 所示。从错误分类的路口示例可以看出,该部分路口不属于以上任何一种类型,由于模型需要对所有路口输出一个分类结果,容易错误地将待分类对象归类到本方法的三种类型中，因此对于提高模型的查准率，可以通过进一步丰富已有的样本库、建立其他类型立交桥样本库以及扩充"非典型交叉路口"样本库的方式进行改善，从而进一步提高模型实际应用能力。

图 4.49　错误分类交叉路口示例

### 4.3.6　小结

本节将当前机器视觉领域的研究热点模型卷积神经网络引入道路交叉路口的分类中，通过矢量数据与栅格图像相结合的方式，将对视觉依赖性较强的分类环节交给卷积神经网络模型，学习深层次的模糊性分类特征，结合矢量结构特征的快速定位，实现了对于 OSM 数据的立交桥识别和分类。本方法的分类策略具备了一定的模糊感知能力，能够对存在干扰的喇叭形和苜蓿形立交桥进行准确识别，并且分类模块依赖的是卷积神经网络模型的训练，不涉及复杂的人工特征设计，从而降低了模型研究的成本投入。

分类效果的进一步提升，需要继续丰富样本库类型、扩大样本库规模以及提升样本库质量；同时，结合 CV 领域的最新研究成果，寻找适应性更强的图像分类模型。在后续研究中，可探索卷积神经网络在制图综合中的更多应用，以解决传统特征描述手段难以解决的制图综合问题。

## 4.4　线要素（道路）化简算法及参数自动设置的案例类比推理方法

本节提出了线要素（道路）化简算法及参数自动设置的案例类比推理方法。该方法采用 CBR 的思想，将算法化简的结果与专家化简案例进行类比推理，利用算法结果与专家化简案例结果间的相似性指标，自动调整算法和参数，最终得到最符合预期化简程度的最优算法和参数组合（当前同一综合环境和制图需求下的线要素化简算法及参数的最佳设置），从而省去制图员不断试错的烦琐过程，提高参数设置的效率和准确性，降低化简算法工具的使用难度。

### 4.4.1　理论依据

在线要素化简过程中，化简算法的选择以及参数设置往往高度依赖于人工反复修正，其主要过程包括三个步骤：算法选择、算法阈值参数设置和人工修正（图 4.50）。为了适应多样化制图任务的需求，制图员需根据具体情况不断地进行算法和参数的调整，以达到预期的化简效果，并且各化简算法所产生的化简效果不尽相同，导致在算法的选择上需要反复比较。例如，Douglas-Peucker 算法在化简阈值较大时易产生锯齿；Li-Openshaw 算法光滑效果十分明显，但对于原节点的位置精度改变较大；基于弯曲的线要素化简算法对曲线的基本形态特征保持较好，但不同化简阈值之间的化简效果跳跃性较大。

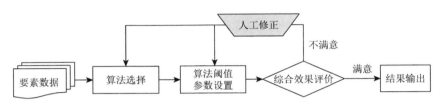

图 4.50　基于人工判断的算法选择及其阈值设置流程

制图员往往不是算法的研究者，对于算法原理的把握存在一定的认知差距，制图员只能通过判断化简结果的好坏不断选择算法和修正参数设置；同样，算法的研究者对实际生产要求也存在着认知差距，无法事先提供可靠的参数预设。

当前制图综合软件对各种算法进行了集成，具备强大的自动综合能力。然而，针对综合算法的使用，即制图综合过程中的人机协同机制研究较少（王家耀，1999）。研究化简算法及其参数的自动设置，单从建模的角度来看，是研究算法的综合程度与比例尺之间的关系。当前已有不少针对该问题的研究成果，如经典的开方根模型、等比数列法、最小可视距离、载负量约束等（江南等，2010；王家耀等，2011）。这些指标和模型在制图过程中具备一定的指导意义，然而由于都是采用统一的模型描述，参数理论值与实际值往往存在较大偏差，在实际应用中无法满足不同区域、不同要求下的个性化制图需求。

根据 CBR 的思想，新的问题可以通过寻找与之相似的历史案例得到参考的解决方案（Kolodner，1992；郭敏等，2014；谢丽敏等，2017）。专家人工化简结果即可视为案例，若计算机能够从这些少量的专家化简案例中自动得到线要素化简算法及参数的最优设置，而不是依赖于固定的模型，必能更加快速精确地得到合适的化简程度，从而满足不同区域、不同要求下的个性化制图需求。

## 4.4.2　案例推理的化简算法及参数自动设置原理

本节提出采用案例推理的化简算法及参数自动设置方法，其原理可以简单概括为：制图员以预先进行少量的化简（或者提供少量的化简案例）作为参照，计算机在参数候选集内不断地对同一线要素进行化简，通过相似性评价指标和参数寻优策略实现基于参照案例的类比推理，即自动筛选出与案例化简效果吻合度最高的算法和参数的组合。基于案例推理的阈值设置流程如图 4.51 所示，案例的类比推理替代了图 4.50 中人工反复修正参数的过程，并且参数的设置由制图员预先提供化简案例决定，更加符合特定制图任务的需求。

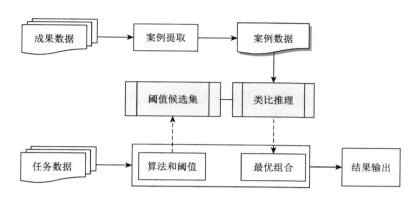

图 4.51　基于案例推理的阈值设置流程

该方法的三个关键性步骤在于：①案例的记录（自动获取）；②面向案例类比推理的化简效果评估；③算法及参数的案例类比寻优。

**1. 线要素化简案例的定义**

线要素化简案例的定义源于 CBR 中对于案例的定义。在该方法中，案例的含义是"历史解决方案以及方案所处环境的描述"，案例推理的过程即寻找相似历史案例的过程。据此，将线要素化简案例定义为：相同环境下化简效果的范例数据，包括记录化简环境的元数据、化简前线要素、化简后线要素以及相似性评价函数四个部分，如式（4.15）所示：

$$\text{CASE} = <I, O, R, F> \tag{4.15}$$

式中，$I$ 表示化简环境的元数据，记录所提供案例的化简环境信息，包括地图用途、制图区域类型、原始比例尺、目标比例尺以及相关专题需求；$O$ 表示化简前线要素的集合，$O = \{O_{L1}, O_{L2}, \cdots, O_{Lm}\}$；$R = \{R_{L1}, R_{L2}, \cdots, R_{Lm}\}$ 表示化简后线要素的集合；$F$ 表示算法化简结果 $A_{Li}$ 与案例结果 $R_{Li}$ 的相似性计算函数，用于评价化简程度是否符合预期。在实际的案例数据管理中，化简案例数据由单个线要素案例组成，其主体是一对化简前后矢量线状要素数据（$O_{Li}$，$R_{Li}$），如图 4.52 所示。

图 4.52　一组专家化简案例数据示例

由图 4.52 可以看出，制图员对该线要素上的节点进行了一定程度的取舍，以制图员手动化简结果为参照案例，自动匹配不同算法及参数设置下最相似化简结果，即可实现将"隐藏化简信息"转化为算法和参数最优设置的目的。

2. 线要素化简案例的获取

案例必须来源于可靠的综合结果，并且需要多组化简数据作为案例，以计算结果的平均值作为最后的参数寻优结果。线要素化简案例的来源可以归纳为两种：①由经验丰富的制图员提供化简案例；②调取同一综合环境和制图需求下的成果数据，以小比例尺线要素数据为基准自动获取化简案例。

其中，来源 1 比较简单，利用计算机直接记录制图员的化简操作即可。来源 2 能够在短时间内自动获得较多的化简案例，但需要借助同名要素匹配进行案例对象的识别，以及根据要素变化情况对识别的案例数据进行预处理。综合前后线要素为同源线要素数据，因此在进行匹配时只需要采用简单的缓冲区匹配算法即可。匹配后的关键步骤是对存在伪节点的线要素进行接链处理。例如，当匹配到多个线要素时需要进行接链处理，将其合并为同一条线要素，如图 4.53 所示。

图 4.53　线要素化简案例自动获取示意图

3. 案例的筛选和预处理

通过分析发现，自动获取的案例中存在少量不适合作为案例的噪声案例，需要对这些噪声案例进行识别并剔除，否则将对案例类比推理计算得到的阈值结果产生不利影响。

将线要素化简案例自动获取中可能存在的噪声案例归纳为以下两类：

（1）残缺型。如图 4.54 所示，其表现为化简前后线要素 $(O_i, R_i)$ 的起止节点位置和长度值存在较大偏差。该类噪声案例的产生来源于两个方面：①作为案例来源的不同尺度数据的部分要素间存在较大的位置偏差，导致匹配结果的不完整；②要素数据存在拓扑错误，出现断开的情况导致无法正确地进行接链，从而影响案例要素的完整性。

（2）静态型。如图 4.55 所示，其表现为化简前后线要素 $(O_i, R_i)$ 均为直线段或近似于直线。由于化简前案例 $O_i$ 节点数量较少，结构简单，无法作为案例对化简阈值进行寻优。该类噪声案例主要来源于部分直线形线要素和零碎的线要素。

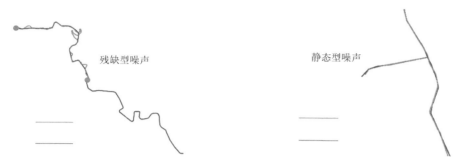

图 4.54　自动获取化简案例中存在的噪声案例示　　图 4.55　自动获取化简案例中存在的噪声案例示
　　　　　　例 1　　　　　　　　　　　　　　　　　　　　　例 2

针对以上两种噪声案例的识别和剔除，本方法采取以下两种方式：

（1）针对残缺型噪声案例，计算起止点位置坐标的累计偏离程度 $b$，具体计算公式为

$$b = \frac{d_s + d_e}{L_r} \tag{4.16}$$

式中，$d_s$ 为 $(O_i, R_i)$ 起始点间的距离；$d_e$ 为 $(O_i, R_i)$ 终点间的距离（注：为排除两条曲线方向不一致的情况，以 $R_i$ 的起止点为参照，通过位置关系确定 $O_i$ 的起止点）；$L_r$ 为线要素 $R_i$ 的长度。本方法将计算结果 $b > 0.3$ 的要素组 $(O_i, R_i)$ 视为偏差较大的残缺型噪声，并对其进行剔除。

（2）针对静态型噪声案例，计算化简前线要素 $O_i$ 的曲折度 $\zeta$ （刘鹏程，2009），用于衡量案例线要素的曲折程度，其计算公式如下：

$$\zeta = \frac{\sum\limits_{i=1}^{n-2} d_i}{L_o} \tag{4.17}$$

式中，$d_i$ 为线要素 $O_i$ 中第 $i$ 个节点到线要素起止点连线的垂直距离；$L_o$ 为线要素 $O_i$ 的长度。本方法将曲折度 $\zeta < 0.3$ 的线要素 $O_i$ 视为"平直"线要素进行剔除。

对于几何型案例，直接将获取的成对要素对象集 $(O, R)$ 进行存储即可，从而得到几何型案例 $<I, O, R>$。类比推理的实施则需要针对具体的制图综合问题，设计合理的类比推理评价函数 $f$。

### 4.4.3　面向案例类比推理的化简效果评估

算法结果 $A_{Li}$ 与案例结果 $R_{Li}$ 相似性评价函数 $f(A_{Li}, R_{Li})$ 的选择，是实现自动求解最优化简算法和参数组合的关键之一。算法及参数设置的目的是使化简程度与制图员预期效果趋于一致。因此，评价指标的选择应考虑以下两个标准：

（1）"相同化简算法不同阈值"化简结果的纵向比较中，能够区分不同化简程度与案例结果在总体形态上的相似性，以衡量不同阈值化简程度的优劣；

（2）"不同化简算法最优阈值"化简结果的横向比较中，能够区分不同算法结果与案例结果在总体形态上的相似性，以衡量不同算法化简结果的优劣。

### 1. 各相似性评价指标的适用性分析

众多学者针对要素间的相似性度量指标进行了研究，并将其广泛应用于多源空间数据融合、空间数据更新和综合质量评估领域。其中，线要素的相似性度量指标主要包括：基于距离的 Hausdorff 方法、基于形态描述函数的转角函数法，以及顾及整体形态的缓冲区限差法（唐炉亮等，2008；Yan，2010；付仲良等，2010；安晓亚等，2012；刘慧敏等，2014；陈竞男等，2016）。

由三种评价指标的定义和原理可知，Hausdorff 方法和转角函数法能够分别排除同名实体间突变和细节差异的干扰，这对于空间数据融合和更新中的同名实体匹配而言是十分有利的。然而，上文提出的两个标准与面向案例类比推理的化简方法所要达到的目的正好相反，突变和细节差异是体现化简效果是否达到预期效果的重要方面。差异较大的突变结构和细节表达程度应在面向案例类比推理的相似性评价中起到消极的作用，即存在的突变结构越多或细节表达程度差异越大，则认为化简结果与案例结果的差异性越大，算法和参数设置越不合理；反之差异越小，算法和参数越趋近于最优解。

相比较而言，缓冲区限差更加符合面向案例类比学习的算法化简结果相似性评价。其原理为，线段 $A$ 与 $B$ 的相似性 $\text{Sim}_{AB}$ 等于 $A$ 落在 $B$ 缓冲区内线段长度 $L_{\text{in}}$ 与 $A$ 线段总长度 $L_A$ 的百分比。其计算公式为

$$\text{Sim}_{AB} = 100\% \times (L_{\text{in}} / L_A) \tag{4.18}$$

图 4.56 为缓冲区限差法计算的相似性示例，图中化简程度一致性较好的曲线有更高的相似性值。根据视觉上对图上位置偏离的感知程度，缓冲区半径的大小一般设置为目标比例尺图上两个点要素最小距离值（0.2mm）的 1～2 倍（武芳和朱鲲鹏，2008）。

$$\text{Sim}_{AB} = 70.4\% \qquad\qquad \text{Sim}_{AB} = 95.3\%$$

图 4.56　缓冲区限差评价效果示例

为了更加客观地比较各指标对化简效果评价的有效性，下文分别用 Douglas-Peucker 算法、Li-Openshaw 算法和弯曲组算法对以上三个不同的相似性度量指标进行适用性测试。

### 2. 相似性指标适用性对比

判断评价指标是否适用于案例类比推理的关键在于观察指标随化简程度变化的情况。如图 4.57 所示，随着算法阈值的增大，化简结果与案例结果（图中左边绿色曲线）

的相似性随着阈值的增大而增大，超过一定阈值后相似性随着过度化简而逐渐减小，说明评价指标的变化应存在明显峰值，且峰值所对应的化简效果为最佳。

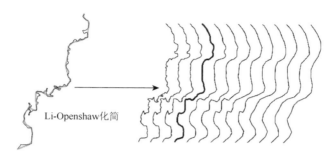

图 4.57　Li-Openshaw 化简效果随阈值变化示例

　　下面分别对三个评价指标进行测试。为直观地进行对比，图 4.58 中采用图表的方式进行展示（其中，蓝色代表 Douglas-Peucker 化简算法，红色代表 Li-Openshaw 算法，绿色代表弯曲组算法），并将各评价指标下的最优化简阈值对应的算法化简结果（图上对应于①、②、③）与案例结果（$R_{Li}$）进行了对比。为了方便对比，对三个指标值进行了归一化处理；同时各算法的阈值用其最大化简阈值的百分比代替。由图中对比可以得出：

　　（1）Hausdorff 距离指标的曲线呈现无规律波动。在化简阈值接近最大阈值时仍然没有明显的减小反而更大值波动，这与化简过程中曲线形态变化的客观规律不相符［图 4.58（a）左］；并且由 Hausdorff 距离指标得出的各算法最佳化简效果与案例结果差别十分明显［图 4.58（a）右］。

　　（2）转角函数指标的相似性曲线随着化简阈值的变化波动很小，波动范围一直在0.95～1，没有明显的峰值［图 4.58（b）左］，表明转角函数无法有效区分不同化简程度之间的差别。

　　（3）缓冲区限差指标曲线最符合预期效果。其存在明显的峰值［图 4.58（c）左］，且曲线峰值所对应的各算法化简结果均与给定的案例化简结果在视觉上十分相近［图 4.58（c）右］；同时，图 4.58（c）中①、②、③对应的相似性值分别为 0.852、0.850、0.711，符合视觉上与案例相似程度①＞②＞③的客观事实，证明该指标能有效地对比不同算法间最优结果的优劣程度，较好地满足了两条相似性指标筛选标准。

　　因此，缓冲区限差指标更加适用于案例类比学习中算法化简结果与案例结果的相似性评价。

## 4.4.4　基于案例类比推理的算法及参数迭代寻优

### 1. 参数候选集的自动获取

　　理论上任何化简算法和参数的组合都有可能是最优解。考虑到计算成本，需要预先计算出合理的参数候选集。候选集的计算可分为两步：①确定候选化简阈值范围；②内插得到阈值候选集。

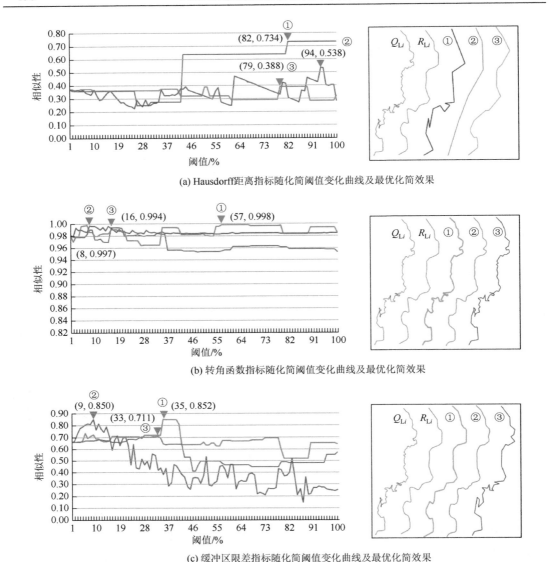

(a) Hausdorff距离指标随化简阈值变化曲线及最优化简效果

(b) 转角函数指标随化简阈值变化曲线及最优化简效果

(c) 缓冲区限差指标随化简阈值变化曲线及最优化简效果

图 4.58　各指标相似性变化曲线及最优化简效果展示

最大和最小化简阈值与化简前的案例对象（$O_{Li}$）有关。根据各化简算法特点，将 Douglas-Peucker 算法和 Li-Openshaw 算法的最小化简阈值设定为 0，将基于弯曲的化简算法的最小阈值定为待 $O_{Li}$ 的最小弯曲面积（$A_{min}$）。

Douglas-Peucker 算法的最大阈值为 $O_{Li}$ 上节点到线要素首尾节点连线的最大垂距（$V_{max}$），Li-Openshaw 算法的最大半径阈值为起始点到线要素与首尾节点中垂线交点的距离（$D_{max}$），基于弯曲的化简算法的最大阈值为弯曲中最大的弯曲面积值（$A_{max}$），如图 4.59 所示。

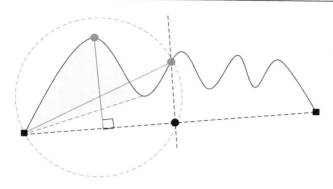

图 4.59　三种算法最大阈值计算示意图

为了得到有限的参数候选集，需要进行一定等步长的离散化。Douglas-Peucker 算法和 Li-Openshaw 算法采用确定步长的方式获取离散值。取最大化简阈值 $T_{\max}$ 的 1/100 为基本步长 $k_1$，插值得到参数的初始候选集（$T_{\text{set}}$）；基于弯曲的化简算法，其阈值是离散的，取线要素（$O_{\text{L}i}$）上所有弯曲的面积值组成的集合作为参数的候选集（$T_{\text{set}}$）。

需要说明的是，Douglas-Peucker 算法理论上也具有不连续的特性，但由于线要素节点数量较多，且计算过程较为复杂，因此采用固定步长的方式进行候选参数集的计算。

2. 化简算法及参数的自动寻优

寻优过程包括以下两个步骤：

（1）各化简算法逐个采用其参数候选集（$T_{\text{set}}$）中的参数值，对案例源数据进行迭代化简。寻找该算法对于各组案例需设置的最优阈值设置。

（2）根据各化简算法最优阈值的平均值以及其分布情况，得到最优算法和阈值参数的组合。

步骤（2）中对于各算法得到的多组结果，需要设计一个综合的评价指标以兼顾算法结果的相似性和稳定性。多组案例计算得到的最优阈值在一定范围内变化，其相似性的平均值反映了算法的准确性，其离散程度反映了算法的稳定性。在数理统计中变异系数（Coefficient of Variation，CV）常用来比较不同量纲下实测数据间的离散程度。因此，步骤（2）中采用 CV 的反向指标 1–CV 与相似性平均值 $\overline{\text{Sim}}$ 的乘积作为参数推理结果好坏的综合评价指标 $E$，通过比较 $E$ 的大小得到最优的化简算法，并取最优算法的平均阈值作为最终的最优阈值。

$$变异系数：\quad CV = SD \times n \Big/ \sum_{i=1}^{n} \text{Sim}_i \tag{4.19}$$

$$综合评价指标：\quad E = \overline{\text{Sim}} \times (1 - CV) \tag{4.20}$$

计算过程如式（4.19）、式（4.20）所示，其中 SD（Standard Deviation）为各组案例计算得到最佳阈值的标准差。采用多组案例进行算法和阈值参数的自动寻优，其计算流程如图 4.60 所示。通过步骤（1）完成在各个算法内寻找最优阈值参数设置，对于多组案例而言，这个最优参数为各组计算结果的均值；通过步骤（2）完成各算法间的横向比较，利用 $E$ 值得出最优的算法及阈值参数组合。

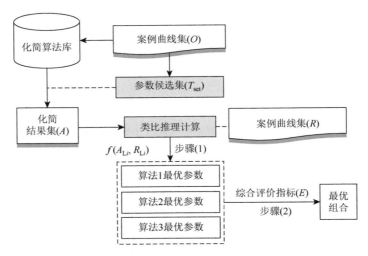

图 4.60　算法和参数寻优计算流程

## 4.4.5　实验与分析

### 1. 实验数据及步骤

本实验中的案例数据来源于宁波市附近 1 : 5 万和 1 : 25 万两幅不同比例尺的道路网数据，图 4.61 中框线内区域作为本次实验的测试区域。实验流程如下。

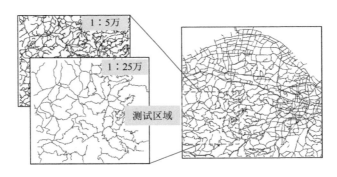

图 4.61　实验数据及测试区域示意图

（1）对实验数据进行预处理，消除伪节点以及对道路连接处进行断链，以便于实施案例获取和化简。

（2）化简案例获取。依据训练样本和测试样本相分离的原则，从非测试区域 1 : 25 万数据中抽取 20 条道路作为案例化简后曲线集合 $R$，同时识别出 1 : 5 万数据中与其相对应的 20 条道路作为案例化简前曲线集合 $O$。

（3）计算最优算法和阈值。用三种不同的化简方法对 20 组案例数据进化简，并进行基于案例结果的类比推理，得出最佳算法及其平均阈值（$\overline{T}$）。

（4）最后采用最优算法和参数组合对测试区域线要素进行化简，得到测试区域的化简结果。

各组案例数据进行类比推理得到的三种算法的最优阈值分布情况如图 4.62 所示。从图 4.62 可以看出，对于给定的案例而言，Li-Openshaw 算法得到的最优阈值在分布的紧密程度和整体的相似性上都优于其他两种算法。

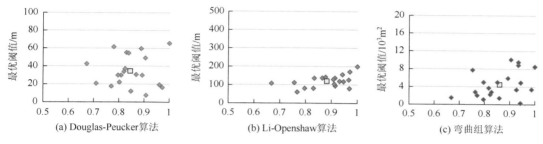

图 4.62　三种算法类比推理得到的最优阈值分布

相关的统计结果如表 4.32 所示，Li-Openshaw 算法的 $\overline{\text{Sim}}$ 最高，表明该方法及其最优参数组合下的化简结果更趋近于预期的化简程度，且其 CV 值最低，表明其化简的稳定性最强。

表 4.32　实验类比推理寻优结果统计值

| 化简算法 | 阈值平均值（$\overline{T}$） | 相似性平均值（$\overline{\text{Sim}}$） | 变异系数（CV） | 综合系数（$E$） |
| --- | --- | --- | --- | --- |
| Douglas-Peucker 算法 | 34.64m | 0.845 | 0.497 | 0.425 |
| Li-Openshaw 算法 | 120.27m | 0.882 | 0.269 | 0.645 |
| 弯曲组算法 | 4481.02m² | 0.860 | 0.654 | 0.298 |

通过比较 $E$ 值的大小最终得出，化简半径阈值为 120.27m 的 Li-Openshaw 算法为当前制图环境下实施化简的最优算法。

2. 实验分析

下面将计算得到的最优化简算法和参数组合（Li-Openshaw，120.27m）对图 4.61 中的测试区域进行化简，最终化简结果如图 4.63（a）所示。

结合表 4.33 数据，从图 4.63 的整体效果可以看出，化简程度与作为参照的 1∶25 万成果数据吻合程度非常高，相似性值由原图的 0.545 增长到 0.801，反映了算法和参数设置的合理性。

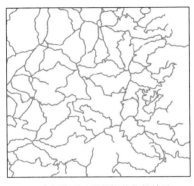 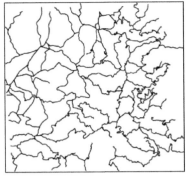

(a) 案例推理出最优阈值化简结果　　　　　　　　(b) 1：25万成果数据

图 4.63　测试区域化简结果与 1：25 万成果数据对比

**表 4.33　化简前后平均相似性指标统计**

| 指标名称 | 化简前 | 案例推理化简 | 最小可视距离化简 |
|---|---|---|---|
| 相似性平均值 | 0.545 | 0.801 | 0.653 |

　　值得说明的是，本方法是针对算法选择及阈值设定的优化，得到的结果是当前化简算法下的最优结果，算法计算的结果与人工结果之间的相似性不可避免地存在一定的差异，化简效果的进一步完善依赖于算法本身的改进。

　　将本方法与传统的基于最小可视距离方法的化简结果进行对比。基于最小可视距离的阈值为图上 0.2mm 对应的实际长度，换算为 1：25 万图上距离为 50m。图 4.64 为最优阈值化简结果和理论计算值的化简结果分别与 1：25 万成果数据叠加的显示。由实验结果可以得出：

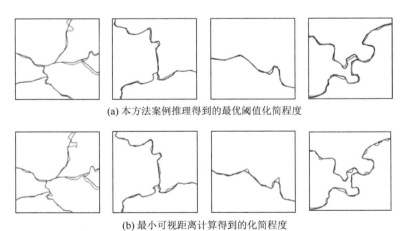

(a) 本方法案例推理得到的最优阈值化简程度

(b) 最小可视距离计算得到的化简程度

图 4.64　本方法与最小可视距离计算得到的化简程度对比

　　（1）传统最小可视距离计算阈值方法的不足。如表 4.33 所示，根据最小可视化距离求解的化简阈值得到的化简结果与预想效果往往偏差较大，其相似性值仅为 0.653。具体体现在化简程度偏低、化简力度不够［图 4.64（b）］。为了得到理想效果，制图员需要手动对化简算法和参数进行反复修正。

（2）本方法计算得到的化简参数和阈值所得化简程度更接近于已有成果数据。如图 4.64（a）所示，化简后的道路与已有成果图中道路概括程度十分相近。对于基于算法的化简而言，采用本方法自动得出的算法和参数组合能够计算出最理想的化简结果，因此不再需要制图员对参数进行修正，达到了由少量案例自动进行化简方法选择和阈值设定的目的。

（3）本方法的优势在于，制图人员只需要进行少量化简（或提供少量案例）就可以实现算法和参数的自动设置，省去了反复试错的烦琐过程；且化简的程度由制图员提供的化简结果决定，方便制图员理解和控制；案例计算得到的结果可推广到对整个相似区域的自动化简，效率高、人工作业量小。

## 4.4.6　小结

本节利用基于案例推理的思想，通过对少量专家化简案例进行类比推理的方式，实现线要素化简算法及其参数的自动寻优。相比于人工设定和基于定量模型的参数计算方式，案例的自动类比推理替代了人工反复修正参数的过程，并且参数设置的合理性由制图员提供的化简案例决定，更加符合具体制图任务的需求。通过该方法，制图员能够高效准确地得到理想的制图综合算法及其参数设置的参考值，降低了化简算法工具的使用难度，提高了化简过程中人机协同的效率。

## 参 考 文 献

安晓亚，孙群，尉伯虎. 2012. 利用相似性度量的不同比例尺地图数据网状要素匹配算法[J]. 武汉大学学报（信息科学版），37（2）：224-228.

陈竞男，钱海忠，王骁，等. 2016. 提高线要素匹配率的动态化简方法[J]. 测绘学报，45（4）：486-493.

程龙，蔡远文. 2009. 数据挖掘 C4.5 算法的编程设计与增量学习改进[J]. 计算技术与自动化，28（4）：83-87.

邓力，俞栋. 2016. 深度学习：方法及应用[M]. 北京：机械工业出版社.

付仲良，邵世维，童春芽. 2010. 基于正切空间的多尺度面实体形状匹配[J]. 计算机工程，36（17）：216-217.

郭敏，钱海忠，黄智深，等. 2014. 采用案例类比推理进行道路网智能选取[J]. 测绘学报，43（7）：761-770.

哈申花，张春生. 2010. 基于 C4.5 决策树学生成绩数据挖掘方法[J]. 内蒙古民族大学学报（自然科学版），25（2）：151-152.

何小飞，邹峥嵘，陶超，等. 2016. 联合显著性和多层卷积神经网络的高分影像场景分类[J]. 测绘学报，45（9）：1073-1080.

江南，白小双，曹亚妮，等. 2010. 基础电子地图多尺度显示模型的建立与应用[J]. 武汉大学学报（信息科学版），35（7）：768-772.

李光，寇应展，杨妆，等. 2006. 基于案例推理的知识库系统设计[J]. 科学技术与工程，6（8）：1087-1088.

李建洋，陈雪云，刘慧婷，等. 2007. 基于案例推理中案例表示的研究[J]. 合肥学院学报（自然科学版），17（3）：26-29.

李雄飞，李军. 2003. 数据挖掘与知识发现[M]. 北京：高等教育出版社.

刘栋，李素，曹志冬. 2016. 深度学习及其在图像物体分类与检测中的应用综述[J]. 计算机科学，43（12）：13-23.

刘慧敏，邓敏，徐震，等. 2014. 线要素几何信息量度量方法[J]. 武汉大学学报（信息科学版），39（4）：500-504.

刘鹏程. 2009. 形状识别在地图综合中的应用研究[D]. 武汉：武汉大学.

马超，孙群，陈换新，等. 2016. 利用路段分类识别复杂道路交叉口[J]. 武汉大学学报（信息科学版），41（9）：1232-1237.

史忠植. 1998. 高级人工智能[M]. 北京：科学出版社.

唐炉亮，杨必胜，徐开明. 2008. 基于线状图形相似性的道路数据变化检测[J]. 武汉大学学报（信息科学版），33（4）：367-370.

唐宇，刘宇，刘传菊. 2008. 基于案例推理和故障树诊断的专家系统设计[J]. 广西物理，29（3）：25-27

王家耀. 1999. 关于数字地图制图综合中的人机协同问题[J]. 解放军测绘学院学报，2：121-125.

王家耀，钱海忠. 2006. 制图综合知识及其应用[J]. 武汉大学学报（信息科学版），31（5）：382-386，439.

王家耀，李志林，武芳. 2011. 数字地图综合进展[M]. 北京：科学出版社.

王骁，钱海忠，丁雅莉，等. 2013. 采用拓扑关系与道路分类的立交桥整体识别方法[J]. 测绘科学技术学报，30（3）：324-328.

武芳，朱鲲鹏. 2008. 线要素化简算法几何精度评估[J]. 武汉大学学报（信息科学版），33（6）：600-603.

谢剑斌. 2015. 视觉机器学习 20 讲[M]. 北京：清华大学出版社.

谢丽敏，钱海忠，何海威，等. 2017. 基于案例推理的居民地选取方法[J]. 测绘学报，46（11）：1910-1918.

徐柱，蒙艳姿，李志林，等. 2011. 基于有向属性关系图的典型道路交叉口结构识别方法[J]. 测绘学报，40（1）：125-131.

赵爽. 2015. 基于卷积神经网络的遥感图像分类方法研究[D]. 北京：中国地质大学.

郑胤，陈权崎，章毓晋. 2014. 深度学习及其在目标和行为识别中的新进展[J]. 中国图象图形学报，19（2）：175-184.

Arveson W. 2002. Methods and Applications[M]. New York：Springer.

Davies J，Goel A K，Neusession N J. 2005. Transfer in visual case-based problem solving[C]// Case-Based Reasoning Research and Development. ICCBR 2005. Berlin：Springer：163-176.

Donahue J，Jia Y，Vinyals O，et al. 2013. DeCAF: a deep convolutional activation feature for generic visual recognition[J]. Computer Science，10：1-10.

Heinzle F，Anders K H，Sester M. 2006. Pattern Recognition in Road Networks on the Example of Circular Road Detection[C]. Münster，Germany：Geographic Information Science，4th International Conference，GIScience 2006，September 20-23，Proceedings.

Hinton G，Salakhutdinov R. 2006. Reducing the dimensionality of data with neural networks[J]. Science，313（5786）：504-507.

Jia Y，Shelhamer E，Donahue J，et al. 2014. Caffe：convolutional architecture for fast feature embedding[J]. Computer Science，6：1-4.

Kolodner J. 1992. An introduction to case-based reasoning[J]. Artificial Intelligence Review，6（1）：3-34.

Krizhevsky A，Sutskever I，Hintion E. 2012. Image Net Classification with Deep Convolutional Neural Networks[C]//Proceedings of the 25th International Conference on Neural Information Processing Systems. Lake Tahoe，Nevada：ACM：1097-1105.

Lecun Y，Bengio Y，Hinton G. 2015. Deep learning[J]. Nature，521（28）：436-444.

Lecun Y，Boser B，Denker J S，et al. 1989. Backpropagation applied to handwritten zip code recognition[J]. Mit Press，1（4）：541-551.

Lecun Y，Bottou L，Bengio Y，et al. 1998. Gradient-based learning applied to document recognition[J]. Proceedings of the IEEE，8（11）：2278-2324.

Mackaness W A，Mackechnie G A. 1993. Automating the detection and simplification of junctions in road networks[J]. Kluwer Academic Publishers，3（2）：185-200.

Mackaness W A，Ruas A，Sarjakoski L T. 2007.Generalisation of Geographic Information：Cartographic Modelling and Applications[M]. Amsterdam：Elsevier Science Ltd.

Quinlan J R. 1993. C4. 5：Programs for Machine Learning [M]. San Francisco：Morgan Kaufmann Publishers Inc.

Yan H L. 2010. Fundamental theories of spatial similarity relations in multi-scale map spaces[J]. Chinese Geographical Science，20（1）：18-22.

Yang B，Luan X，Li Q. 2010. An adaptive method for identifying the spatial patterns in road networks[J]. Computers Environment & Urban Systems，34（1）：40-48.

Zhu Q，Zhong Y，Zhao B，et al. 2017. Bag-of-visual-words scene classifier with local and global features for high spatial resolution remote sensing imagery[J]. IEEE Geoscience & Remote Sensing Letters，13（6）：747-751.

# 第 5 章　居民地自动化综合

居民地自动综合最基本的方法是选取，即从大量的居民地中选取一部分，这一部分居民地既能符合地图用途和地图比例尺的需求，又能反映制图区域的地理特点，还能满足地图主题的需要（王家耀等，1993）。目前，居民地自动选取方法多以点群形式来进行，主要有空间比率算法、分布系数算法、重力模型算法（Langran and Poiker，1986）以及圆增长算法（van Kreveld et al.，1997），这些方法可以保证综合后专题信息的正确性，但是仍可能导致几何信息的错误传输；基于遗传算法的选取方法（邓红艳等，2003），从全局最优化的角度进行选取，能够较好地保持密度分布特征；基于 Circle 原理的选取方法（钱海忠等，2005a，2005b），考虑到保持居民地的集群特征，以居民地自身的形状和周围相关的居民地要素作为重要性指标进行居民地选取；基于 Kohonen 网络的选取方法（蔡永香和郭庆胜，2007），能够有效保持点群目标空间分布的特征，但只考虑了点与点之间相对位置所构成的点群空间特征的保持；基于 Voronoi 图的选取方法（艾廷华和刘耀林，2002；郭庆胜，2002；闫浩文和王家耀，2005），顾及居民地的属性特征和几何分布，较好地保持了居民地信息传输的正确性。以上方法主要考虑了居民地自身及其与周围居民地之间的几何关系，但居民地选取往往除了需要考虑自身及周围同类要素因素之外，还要考虑其与其他种类要素（如道路等）的关联关系，并加以定量描述，使得选取结果更加符合实际需求。

## 5.1　采用主成分分析法的面状居民地自动选取方法

居民地选取是一个多种因素相互约束、相互关联的过程，而这些影响居民地重要性因素的关系往往难以定量地描述出来。本节提出了基于主成分分析法的居民地重要性评价方法。首先，采用主成分分析法将这些相互约束、相互影响的评价因子转换成一组无关变量；其次，对转换后的无关变量提取主要成分；再次，计算出相关矩阵的特征向量来赋予主成分适当的权重，用于间接评价居民地的重要性；最后，利用开方根模型完成居民地要素的定额选取。该方法将相互关联、相互约束的影响居民地重要性的因子转换成新的无关变量，提炼出其主要成分并计算权值，用于综合评价居民地的重要性。实验对比分析表明，该方法综合考虑了居民地要素的行政等级、位置特征和面积大小等因素对居民地重要性的影响，定量评价了居民地的重要性。结合定额选取模型进行居民地的自动选取，初步选取结果较好地保持了居民地选取前后的整体形态，符合选取原则。

### 5.1.1　采用主成分分析法的居民地重要性评价原理

居民地自动综合最基本的操作是选取。而在居民地选取中，选取目标的确定问题是考虑的重点，也是难点所在。居民地的选取实质上是多种信息相互关联、相互约束的过程，往往难以用定量方式描述它们之间的相互关系。

制图人员根据地图上居民地要素的重要性进行选取，优先选取重要的居民地要素。居民地是否重要，则是通过居民地的行政等级（温婉丽，2006）、位置特征（Guo et al., 2013）、面积大小等影响居民地重要性的因子来反映的。综合考虑这些因子对居民地重要性的影响，需要采用数学方法来定量衡量居民地重要性。由于主成分分析法在系统评估中得到了较好的应用，且广泛应用于地理分析中，因此本节采用主成分分析法，将这些影响居民地重要性的因子线性转换为一组无关变量，并提炼出其主要成分，定量计算出主成分的权值，用于评价居民地要素的重要性，如图 5.1 所示。

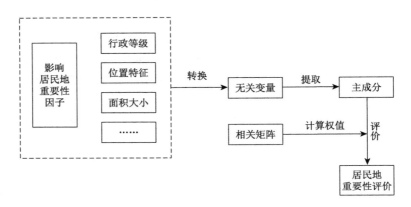

图 5.1　采用主成分分析法对居民地重要性进行评价

## 5.1.2　主成分分析法的原理与步骤

随着数据采集技术的不断提高，居民地要素的描述信息越来越丰富，影响重要性判断的因子也越来越多，这些因子之间往往是相互关联的。在众多评价因子中，有必要提取重要的要素、减少不重要的信息、消除冗余信息，从而简化数据，以利于进一步分析研究。主成分分析法通过寻求一个变换，将原来存在相关关系的一组变量变换成一个互不相关的变量，其是一种提炼数据主要成分的统计分析方法。

为了简化数据的信息结构，主成分分析法将具有相互关联的 $n$ 个变量 $x_1, x_2, \cdots, x_n$，通过线性变换组合成一组互不相关的新变量 $f_1, f_2, \cdots, f_p$，并且保证这组新变量保留旧变量的全部信息。

用尽可能少的主成分来代替 $p$ 个变量，且对地图要素所具有的实际意义进行分析是主成分分析的目的之一。因此，根据实际应用的需求选取合适数量的主成分，通常只取前 $l$（$l < p$）个，保证其方差之和占总方差一定比重，即

$$\frac{\sum_{k=1}^{l} \lambda_k}{\sum_{k=1}^{m} \lambda_k} \geqslant \theta \tag{5.1}$$

式中，$\theta$ 的取值通常在 85% 以上（何宗宜，2004）。

**1. 主成分分析法的基本概念**

在主成分分析法中，所涉及的最主要概念有：原始变量、主成分、方差贡献率、累计方差贡献率等。

（1）原始变量，是 $X = (X_1, \cdots, X_n)'$，它是一个 $n$ 维随机向量。

（2）主成分 $Y$，是原始变量的线性组合。若 $Y = (Y_1, \cdots, Y_n)'$，则 $X$ 的第 $i$ 个主成分 $Y_i = \mu_i X (i = 1, \cdots, n)$，其中 $\mu_i = (\mu_{1i}, \cdots, \mu_{ni})'$，$\mu_i$ 为原始数据协方差矩阵的第 $i$ 个特征值 $\lambda_i$ 所对应的单位特征向量，若对原始数据进行标准化处理，则所求得的协方差矩阵就是相关矩阵 $R$。

（3）方差贡献率，是用来表明主成分，反映原始变量能力强弱的指标，第 $i$ 个主成分的方差贡献率为 $q_h = \lambda_h / \sum_{i=1}^{m} \lambda_i \overline{X}$。主成分 $Y = (Y_1, \cdots, Y_n)'$ 都是 $X = (X_1, \cdots, X_n)'$ 的线性组合，其顺序按各自的方差在总方差中所占比重递减的原则确定，故各主成分反映原始变量的能力大小也依次递减。

（4）累计方差贡献率，是表示前 $m$ 个主成分所提取的原始变量信息量的比重，即 $Q_h = \sum_{i=1}^{h} \lambda_i \Big/ \sum_{i=1}^{m} \lambda_i$。实际应用中，确定 $m$ 的值通常需使累计方差贡献率达到 85% 以上。

**2. 主成分分析法的具体步骤**

（1）从数据中构建矩阵 $X = (x_{ij})$。

（2）数据的标准化处理：

由于不同变量间的量纲是不同的，为了确保不影响综合评价的结果，在计算之前需要先对数据进行标准化处理，消除变量之间不同量纲的差异，得到矩阵 $X^* = (x_{ij}^*)$。

$$x_{ij}^* = \frac{x_{ij} - \overline{x}_j}{\sigma_j} (i = 1, \cdots, n; j = 1, \cdots, m) \tag{5.2}$$

式中，$\overline{x}_j = \dfrac{\sum_{i=1}^{n} x_{ij}}{n}; \sigma_j = \sqrt{\dfrac{\sum_{i=1}^{n}(x_{ij} - \overline{x}_j)^2}{n}}$。

（3）计算数据矩阵的相关系数矩阵 $R = (r_{ij})$，其中：

$$r_{ij} = \frac{1}{n} \sum_{i=1}^{n} x_{ii}^* x_{ij}^* (i = 1, \cdots, n; j = 1, \cdots, m) \tag{5.3}$$

（4）求 $R$ 的特征值 $\lambda_1 > \cdots > \lambda_m$ 及单位特征向量 $\mu_1, \cdots, \mu_m$。

（5）计算第 $h$ 个主成分的贡献率和前 $h$ 个主成分的累计贡献率：

$$q_h = \lambda_h \Big/ \sum_{i=1}^{m} \lambda_i \overline{X} \ (i = 1, \cdots, m; h = 1, \cdots, m) \tag{5.4}$$

$$Q_h = \sum_{i=1}^{h} \lambda_i \bigg/ \sum_{i=1}^{m} \lambda_i (i = 1, \cdots, m) \tag{5.5}$$

（6）计算第 $h$ 个主成分为 $Y_h$：

$$Y_h = X^* \mu_h \tag{5.6}$$

（7）对其进行综合评价：

当前 $h$ 个主成分的累计贡献率大于某值（如 85%、90%）时，对前个主成分 $Y_1, \cdots, Y_n$ 作线性组合，构造一个综合评价函数的评估指数 $F$：

$$F = \varpi_1 Y_1 + \cdots + \varpi_h Y_h \tag{5.7}$$

式中，$\varpi_i$ 为前 $h$ 个特征值归一化处理计算得到的第 $i$ 个主成分的权重；$Y_i$ 为第 $i$ 个主成分。

总体上，主成分分析就是用损失少量的信息（如小于总的信息量的 15%）来换取减少 $(m-h)$ 个变量的方法。

### 5.1.3　采用主成分分析法的居民地自动选取流程

居民地的取舍受到多种因素的影响，需要构建一个合理的评价指标来评价居民地要素的重要性。影响居民地要素取舍的因素往往是相互关联、相互约束的，不能仅仅依靠单一因素来判断居民地要素的重要性。

居民地自动选取模型需要解决两个方面的问题，即选取哪些和选取多少（盛文斌，2010）。居民地的取舍受到多种因素的影响，需要构建一个合理的评价指标来评价居民地要素的重要性，然后根据定额选取模型计算出新编地图上所需要选取的居民地要素的数量，完成居民地要素的选取。

针对选取哪些居民地要素的问题，本方法采用统计分析方法中的主成分分析法对居民地要素的重要性进行评价。影响居民地要素取舍的因素往往是相互关联、相互约束的，不能仅仅依靠单一因素就判断居民地要素的重要性程度。然而，这些因素之间相互约束、相互关联的关系难以定量地描述，因此，本方法采用主成分分析方法，将这些相互关联的影响居民地重要性的因子进行线性变换，转化为一组不相关的变量，然后根据新变量方差的大小及所在方差变量综合所占的份额，提取主要成分，简化数据，以利于评价居民地要素的重要性。对于选多少的问题，本方法采用开方根模型（王桥和吴纪桃，1996；何宗宜，2004）进行选取。开方根模型直观地显示了居民地选取数量与地图比例尺的变换关系，随着比例尺的变换，构成了一个有序的选取等级系统规律，当新编图和资料图的比例尺明确后，图上居民地的选取数量可以依据该模型算出来。

下文以廊坊市及其周边地区 1∶100000 的矢量地图数据为例，介绍基于主成分分析法的居民地重要性评价具体实现步骤：

（1）从实验数据中获得居民地影响因子的数据矩阵，如表 5.1。

**表 5.1 部分居民地属性原始数据**

| 名称 | 面积/m² | 位置特征 | 行政等级 |
|---|---|---|---|
| 牛镇 | 671520.6 | 2 | 2 |
| 赵村 | 555666.7 | 1.2 | 1 |
| 肖家务 | 530223.4 | 0.4 | 1 |
| 薛庄 | 358296.2 | 1.2 | 1 |
| 白垡 | 592292.3 | 0.7 | 1 |
| 万庄镇 | 524802.1 | 4.8 | 2 |
| 张村 | 835933.5 | 1.6 | 1 |
| 大伍龙 | 532146 | 1 | 1 |
| 廊坊市 | 23698514 | 13.099998 | 4 |
| … | … | … | … |

（2）计算前根据式（5.2）对数据进行标准化处理，其结果见表 5.2。

**表 5.2 标准化处理后的数据**

| 名称 | 面积 | 位置特征 | 行政等级 |
|---|---|---|---|
| 牛镇 | −0.23769 | 0.38687 | 0.790687 |
| 赵村 | −0.28733 | −0.10518 | −0.53577 |
| 肖家务 | −0.29824 | −0.59723 | −0.53577 |
| 薛庄 | −0.37192 | −0.10518 | −0.53577 |
| 白垡 | −0.27164 | −0.41271 | −0.53577 |
| 万庄镇 | −0.30056 | 2.109051 | 0.790687 |
| 张村 | −0.16723 | 0.140844 | −0.53577 |
| 大伍龙 | −0.29741 | −0.2282 | −0.53577 |
| 廊坊市 | 9.630467 | 7.214087 | 3.443592 |
| … | … | … | … |

（3）对实验数据进行主成分分析，获得相关矩阵的特征值、方差贡献率及累计贡献率，如表 5.3 所示。

**表 5.3 相关矩阵的特征值、方差贡献率及累计贡献率**

| 成分 | 初始特征值 | | |
|---|---|---|---|
| | 特征值 | 方差贡献率/% | 累计贡献率/% |
| 1 | 2.356 | 78.206 | 78.206 |
| 2 | 0.418 | 13.937 | 92.143 |
| 3 | 0.236 | 7.857 | 100.000 |

从表 5.3 中可以看出，前两项的累计贡献率已达到 92.143%，因此，可以选择前两个主成分对该数据进行综合评价。

（4）根据相关矩阵的前两个主成分的特征值 $\lambda_1 = 2.356$、$\lambda_2 = 0.418$，计算出相应的单位特征向量：

$$\mu_1 = \begin{pmatrix} 0.877 \\ 0.920 \\ 0.854 \end{pmatrix}, \mu_2 = \begin{pmatrix} -0.407 \\ -0.073 \\ 0.497 \end{pmatrix}$$

（5）再由式（5.6）计算这两个主成分 $Y_1$、$Y_2$，如表 5.4 所示。

**表 5.4　根据前两个特征值计算出的主成分 $Y_1$、$Y_2$**

| $Y_1$ | $Y_2$ |
| --- | --- |
| 0.822717353 | 0.461468 |
| −0.80630352 | −0.14165 |
| −1.26855417 | −0.10129 |
| −0.88048194 | −0.10723 |
| −1.07546757 | −0.12559 |
| 2.351981621 | 0.361339 |
| −0.47462489 | −0.2085 |
| −0.92831564 | −0.12857 |
| 18.02370717 | −2.73476 |
| … | … |

（6）最后根据式（5.7）就可以计算出该地区数据的综合评价指数，如表 5.5 所示。

**表 5.5　依据主成分计算出各居民地要素的综合评价指数**

| 名称 | $Y_1$ | $Y_2$ | 综合评价指数 | 综合排名 |
| --- | --- | --- | --- | --- |
| 牛镇 | 0.822717353 | 0.461468 | 1.310954757 | 64 |
| 赵村 | −0.80630352 | −0.14165 | −0.675204168 | 133 |
| 肖家务 | −1.26855417 | −0.10129 | −1.027297244 | 254 |
| 薛庄 | −0.88048194 | −0.10723 | −0.703756768 | 136 |
| 白堡 | −1.07546757 | −0.12559 | −0.887662881 | 185 |
| 万庄镇 | 2.351981621 | 0.361339 | 2.509171439 | 27 |
| 张村 | −0.47462489 | −0.2085 | −0.46045286 | 111 |
| 大伍龙 | −0.92831564 | −0.12857 | −0.765709949 | 147 |
| 廊坊市 | 18.02370717 | −2.73476 | 12.71836419 | 1 |
| … | … | … | … | … |

### 5.1.4　实验验证与分析

1. 实验验证

以某地区 1∶100000 的地图数据为例，对居民地自动选取方法进行验证。图 5.2（a）为 1∶100000 居民地与交通图，图 5.2（b）为 1∶100000 面状居民地分布图。

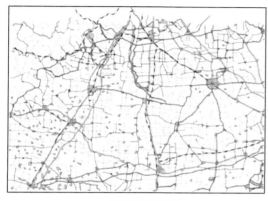
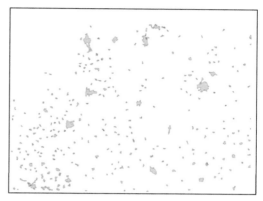

(a) 原始数据资料图　　　　　　　　　　　　　(b) 面状居民地分布图

图 5.2　某地区的实验数据图

采用主成分分析法综合评价居民地的重要性，按照开方根模型计算选取的居民地数量，由大到小依次选取，直至满足定额选取的数量。

数据的原比例尺为 1∶100000，由该图进行选取得到 1∶250000 的新地图。原始地图数据的居民地数量为 307 个，根据开方根模型 $N_B = N_A\sqrt{(M_A/M_B)}$ 可以计算出比例尺为 1∶250000 的地图数据的居民地个数，如表 5.6 所示。

表 5.6　开方根模型计算出的新编地图上居民地数量

| 比例尺 | 居民地数量 |
| --- | --- |
| 1∶100000 | 307 |
| 1∶250000 | 194 |

其选取的结果如图 5.3 所示。

2. 实验分析

从整体分布形态来看，采用本方法选取的结果分布更为均匀，基本上保持了居民地要素选取前后的分布密度和整体形态。本方法考虑到居民地的行政等级、面积大小及位置特征等因素，综合评价了单个居民地要素的重要性，更为符合选取原则。

为说明本方法的合理性，本节对基于面积大小的选取方法的居民地选取结果与基于主成分分析法的居民地选取结果进行了对比，实验结果如图 5.4 所示。

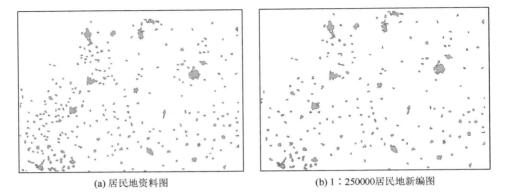

(a) 居民地资料图　　　　　　　　(b) 1∶250000居民地新编图

图 5.3　采用主成分分析法自动选取居民地的结果

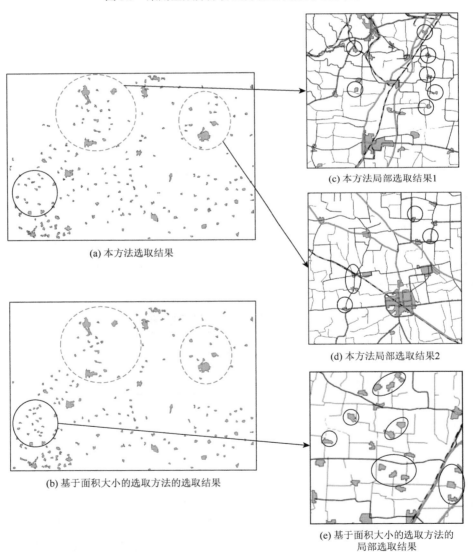

(a) 本方法选取结果

(b) 基于面积大小的选取方法的选取结果

(c) 本方法局部选取结果1

(d) 本方法局部选取结果2

(e) 基于面积大小的选取方法的
局部选取结果

图 5.4　两种选取方法的选取结果对比图

　　从图 5.4 的对比中可以看出，基于面积大小的选取方法考虑的因素过于单一，在进行选取时未能较好地保持居民地的整体形态。由开方根模型定额选取的居民地要素的数量为 194 个，其中采用两种方法选取的结果相同的有 143 个，选取的结果有差异的有 51 个。

　　从细节上看（图 5.4 中圆圈部分），本方法顾及居民地要素的位置特征，即便居民地要素面积相对较小，但如果其行政等级较高或所处位置较为重要，在进行选取时应该予以保留，选取前后分布较为均匀。而基于面积大小的选取方法仅考虑面积大小进行选取，选取的结果分布不均匀，某些地区的居民地要素过于密集（如实线圈部分），有些地区过于稀疏（如虚线圈部分）。

　　由于基于面积大小的选取方法考虑的影响因子过于单一，本节将采用主成分分析法自动选取的结果与人工综合选取结果进行了对比，如图 5.5 所示。

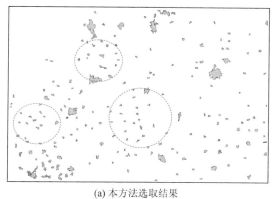

(a) 本方法选取结果　　　　　　　　　　　　　　(b) 人工综合选取结果

图 5.5　本方法与人工综合选取结果对比图

　　从图 5.5 的对比可以看出，采用主成分分析法评价居民地重要性，结合定额选取模型初步选取的结果在整体形态、分布密度上与人工综合选取的结果保持较高的一致性。资料图居民地要素数量为 307 个，通过开方根模型定额确定的居民地选取数量指标为 194 个，分别采用主成分分析法和人工选取，结果中有 168 个居民地要素选取的结果一致，有 26 个居民地要素选取的结果有差异。从细节上看（图中虚线圈为采用两种方法进行选取的结果中部分有差异的居民地），采用主成分分析法选取的结果与人工综合选取的结果存在少量差异，采用主成分分析法进行选取时将影响居民地重要性的因子定量地计算出单个居民地的重要性程度，然而进行人工选取时，人为主观性较强，对于部分居民地要素的重要性程度的决策判断与基于主成分分析法定量计算的重要性有细微的差别。但就图 5.5 中两种选取结果的整体对比而言，采用主成分分析法自动选取居民地的选取结果与人工综合结果是整体符合的，能够较好地反映制图专家的作业经验。

　　居民地选取应遵循由主到次的原则，因此准确科学地评价居民地的重要性程度是很有必要的。然而，居民地的选取需要考虑到多种相互约束、相互联系的因子的影响，这些因子之间的关系往往难以定量地描述出来，本节采用主成分分析法将这些定性描述居民地重要性的因子转换成一组无关变量，提取主要成分并定量计算主成分值，用以间接评价居民地的重要性，再结合定额选取模型进行居民地的自动选取，选取的结果较为符合选取原则。

### 5.1.5　小结

本节采用主成分分析法，将影响居民地重要性的相互关联、相互约束的因子线性变换成一组互不相关的变量，并提取出这组变量中的主要成分，计算主成分的权值来评价居民地的重要性程度。该方法通过提取重要的要素，简化数据，计算出主成分值，从而定量地计算出地图上居民地的重要性，较好地解决了居民地选取过程中难以定量描述影响居民地重要性的因子之间相互关系的问题。

## 5.2　基于层次分析法的面状居民地自动选取方法

影响居民地重要性的因素之间是相互关联、相互约束的，由于影响居民地重要性的因子之间有主次之分，本节提出了基于层次分析法的居民地重要性评价方法，采用层次分析法对这些因子构建单个居民地层次结构模型，使这些因子加以关联；在此基础上，通过比较影响因子之间的相对重要程度构建判断矩阵，计算各因子的权值，并综合评价地图上单个居民地要素的重要性程度。该方法将定性分析和定量分析相结合，综合考虑不同因子对居民地重要性影响程度的差别，使权值分配更科学。实验证明，采用该方法评价居民地的重要性的结果符合选取原则。

### 5.2.1　采用层次分析法的居民地重要性评价原理

层次分析法是 Saaty（1980）提出的一种定性和定量相结合、系统化、层次化的分析方法。由于影响居民地重要性的因子（如行政等级、位置特征、面积大小等）对居民地重要性的影响存在着一定的差异，即存在主次之分，因此难以定量地区分这种关系。通常情况下，人们在没有确定的标准下对事物的判断都是通过两两比较的方式来确定主次程度，层次分析法的基本原理与该方式相同，因此把层次分析法引入居民地自动综合中来，利用影响居民地重要性的因素来构建其重要性层次结构模型，通过比较和计算，可得出这些属性对居民地重要性影响的权重，从而定量地描述这些评价因子之间的相互关系（郭伦等，2001）。该方法将人类的思维过程条理化、数量化，便于计算，容易被人们所接受，同时所需的定量化数据较少，对涉及居民地重要性的因素及其内在关系分析得更为透彻、清楚。

层次分析法对这些相互关联的重要性评价因子构建层次结构模型，计算出层次结构模型的判断矩阵，从而确定各个因子影响居民地重要性程度的权值，用于评价居民地要素的重要性。采用层次分析法评价居民地重要性过程如图 5.6 所示。

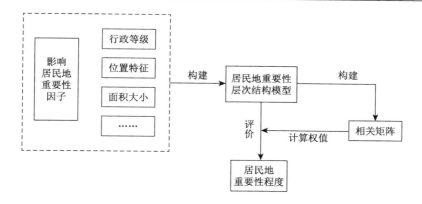

图 5.6  基于层次分析法评价居民地重要性过程

## 5.2.2  层次分析法的原理与步骤

### 1. 层次结构模型的构建

将层次分析法应用于实际中，首先需要对所考虑到的各个因子进行分组，将每一组作为一个层次，构建一个具有自上而下的支配关系的层次结构，其中，同一个层次的因子可以作为准则对下一个层次的因子进行支配，同时也受到上一层因子的支配，其可以划分如下。

（1）最高层：表示解决问题的目标或者理想结果。

（2）中间层：表示采用某种措施和政策来实现预定目标所涉及的中间环节，一般可称为准则层。

（3）最底层：表示决策的方案或解决问题的措施和政策。

通常一个层次分析结构模型可以用图 5.7 表示。

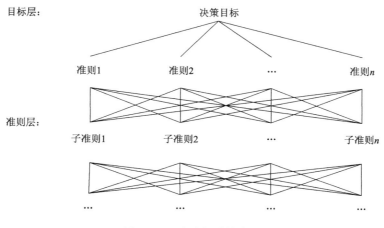

图 5.7  层次分析结构模型

### 2. 层次分析法的计算步骤

层次分析法的基本计算过程有：构造判断矩阵、计算权重系数、计算各元素的组合权重（即层次的总排序）、一致性检验等（朱长青和史文中，2006）。

1）构造判断矩阵

对于上一层的某一准则，需要确定在这一准则下有关的各元素相对重要性的权值，在没有确定统一的尺度下，对事物的认识总是通过两两比较进行的。

假设 $A$ 层中元素 $A_k$ 与下一层次中元素 $B_1, B_2, \cdots, B_n$ 有联系，则构造的判断矩阵如表 5.7。

**表 5.7　判断矩阵的构造**

| $A_k$ | $B_1$ | $B_2$ | $\cdots$ | $B_n$ |
|---|---|---|---|---|
| $B_1$ | $b_{11}$ | $b_{12}$ | $\cdots$ | $b_{1n}$ |
| $B_2$ | $b_{21}$ | $b_{22}$ | $\cdots$ | $b_{2n}$ |
| $\vdots$ | $\vdots$ | $\vdots$ | $\vdots$ | $\vdots$ |
| $B_n$ | $b_{n1}$ | $b_{n2}$ | $\cdots$ | $b_{nn}$ |

其中，$b_{ij}$ 为对于 $A_k$ 而言，$B_i$ 对 $B_j$ 的相对重要性的数值表现形式（表 5.8）。心理学研究表明，进行成对比较的等级最多为 9，即 $b_{ij}$ 取 $1, 2, 3, \cdots, 9$ 及它们的倒数。

**表 5.8　重要性数值对应的含义**

| 重要性数值 | 含义 |
|---|---|
| 1 | $B_i$ 与 $B_j$ 一样重要 |
| 3 | $B_i$ 比 $B_j$ 重要一点 |
| 5 | $B_i$ 比 $B_j$ 重要 |
| 7 | $B_i$ 比 $B_j$ 重要得多 |
| 9 | $B_i$ 比 $B_j$ 极端重要 |

其中，2、4、6、8 表示上述相邻判断的中间值。若 $B_i$ 与 $B_j$ 比较得 $b_{ij}$，则 $B_j$ 与 $B_i$ 比较的判断为 $1/b_{ij}$。

2）计算权重系数

对于判断矩阵 $B$，计算符合 $Bx = \lambda_{\max} x$ 的最大特征根 $\lambda_{\max}$ 和特征向量 $x$，$x$ 的分量即相应元素的权值。判断矩阵最大特征值和特征向量有许多求法，在层次分析法中一般采用近似方法，在这里我们采用求和法来求解，其基本步骤如下。

（1）对矩阵的每一列向量归一化：

$$\overline{b_{ij}} = \frac{b_{ij}}{\sum\limits_{m=1}^{n} b_{mj}} \quad (i,j=1,2,3,\cdots,n) \tag{5.8}$$

（2）按行求和：

$$\overline{\varpi}_i = \sum\limits_{j=1}^{n} \overline{b_{ij}} \quad (i,j=1,2,3,\cdots,n) \tag{5.9}$$

（3）对向量 $\overline{\varpi} = (\overline{\varpi}_1, \overline{\varpi}_2, \cdots, \overline{\varpi}_n)^{\mathrm{T}}$ 进行归一化，即得特征向量的近似值 $\varpi_i$：

$$\varpi_i = \frac{\overline{\varpi}_i}{\sum\limits_{i=1}^{n} \overline{\varpi}_i} \quad (i,j=1,2,3,\cdots,n) \tag{5.10}$$

（4）判断矩阵的最大特征值为

$$\lambda_{\max} = \frac{1}{n} \sum\limits_{i=1}^{n} \frac{B\varpi_i}{\varpi_i} \quad (i=1,2,3,\cdots,n) \tag{5.11}$$

3）一致性检验

从理论上讲，对任何一个判断矩阵都应具有一致性，但是由于比较是两两进行的，可能会造成不一致，为了检验判断矩阵的有效性，需要进行一致性检验。

一致性指标 CI 为

$$CI = \frac{\lambda_{\max} - n}{n-1} \tag{5.12}$$

当判断矩阵具有完全一致性时，$\lambda_{\max} = n$，即 $CI = 0$。

人为主观意志会造成不一致，为了检验矩阵是否具有符合的一致性，需将 CI 与平均随机一致性指标 RI（表 5.9）进行比较。

表 5.9 一致性指标 RI

| 阶数 | 1 | 2 | 3 | 4 | 5 | 6 | 7 | 8 | 9 |
|---|---|---|---|---|---|---|---|---|---|
| RI | 0 | 0 | 0.58 | 0.90 | 1.12 | 1.24 | 1.32 | 1.41 | 1.45 |

对于一、二阶判断矩阵，只是形式上的一致性，因此定义一、二阶判断矩阵总是完全一致，当 $n>2$ 时，计算一致性比例 CR：

$$CR = CI / RI \tag{5.13}$$

如果 $CR < 0.1$，则认为所构建的判断矩阵满足一致性的要求，否则就要重新对判断矩阵进行调整，直至判断矩阵满足表 5.9 中的指标。

## 5.2.3 基于层次分析法的居民地自动选取流程

采用层次分析法进行居民地自动选取的具体步骤如下。

## 1. 数据标准化

从居民地属性信息中提取出影响居民地重要性的因子（如居民地的行政等级、位置特征、面积大小等），构造属性数据矩阵：$X = (x_{ij})$，由于居民地的行政等级、位置特征和面积大小等因子的量纲不同，为了避免影响居民地重要性的评价，需要消除不同变量间的量纲差异，因此在计算之前先对数据标准化处理，得到矩阵 $X^* = (x_{aj}^*)$，

$$x_{aj}^* = \frac{x_{aj} - \overline{x}_j}{\sigma_j}(a = 1,\cdots,n; j = 1,\cdots,p) \tag{5.14}$$

式中，$\overline{x}_j = \dfrac{\sum\limits_{a=1}^{n} x_{aj}}{n}; \sigma_j = \sqrt{\dfrac{\sum\limits_{a=1}^{n}(x_{aj} - \overline{x}_j)^2}{n}}$。

## 2. 构造判断矩阵

根据上述分析，建立如图 5.8 所示的居民地重要性评价模型。

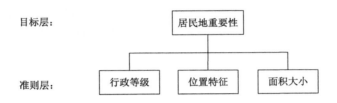

图 5.8　居民地重要性评价模型

如图 5.8 所示，目标层的居民地重要性为 $A$，准则层的居民地的行政等级、位置特征及面积大小分别用 $B_1$、$B_2$、$B_3$ 表示。在进行居民地选取时，需要考虑准则层的因素对居民地重要性的影响。居民地的行政等级对居民地要素的取舍有最重要、最明显的影响。同一行政等级下的居民地要素，则需要考虑其位置特征和面积大小的影响。当居民地要素处于相对重要的交通枢纽时，即便其面积相对较小，重要性相对较大，在选取时也应予以保留。因此，居民地的行政等级要比位置特征重要一点，位置特征要比面积大小重要一点，根据层次分析法判断矩阵的构造原理及其重要性数值的含义，居民地重要性判断构造矩阵如表 5.10。

表 5.10　各因素判断构造矩阵

| $A$ | $B_1$ | $B_2$ | $B_3$ |
|---|---|---|---|
| $B_1$ | 1 | 2 | 3 |
| $B_2$ | 1/2 | 1 | 2 |
| $B_3$ | 1/3 | 1/2 | 1 |

## 3. 计算权值

根据式（5.8）～式（5.11）计算判断矩阵 $B$ 的特征向量为 $\varpi = (0.539292, 0.297424, 0.163284)$，$\lambda_{\max} = 3.005536$，

## 4. 一致性检验

由式（5.12）计算一致性指标：$\mathrm{CI} = \dfrac{\lambda_{\max} - n}{n-1} = \dfrac{3.005536 - 3}{3-1} = 0.002768$。

由于 $n = 3$，从表 5.9 中得 $\mathrm{RI} = 0.58$，因此可以计算出一致性比例 $\mathrm{CR} = 0.004772 < 0.1$，可以认为构造的判断矩阵满足一致性要求，不用再对其进行调整。

## 5. 计算居民地的重要性

根据上述步骤，单个居民地的重要性计算公式为：$S = \varpi_1 S_{\mathrm{Level}} + \varpi_2 S_{\mathrm{LocateWeight}} + \varpi_3 S_{\mathrm{Area}}$（其中，$\varpi_1 = 0.539292$，$\varpi_2 = 0.297424$，$\varpi_3 = 0.163284$ 作为各参数的权值，$S_{\mathrm{Level}}$、$S_{\mathrm{LocateWeight}}$、$S_{\mathrm{Area}}$ 分别为标准化后的居民地行政等级、位置特征和面积大小等属性值。）

## 6. 根据开方根模型进行自动选取

采取层次分析法计算出居民地的重要性排序后，采用开方根模型来确定居民地选取的个数。利用开方根模型计算出新编地图上居民地要素的个数，然后按照层次分析法计算的居民地的重要性进行选取，得到新编图上的居民地。

### 5.2.4　实验验证与分析

#### 1. 实验验证

实验同样以 5.1 节中的数据（图 5.2）为实验对象，采用层次分析法和基于面积大小的选取方法分别对实验数据进行了选取，结果如图 5.9 所示。

其中，图 5.9（a）是采用层次分析法选取的结果，图 5.9（b）是基于面积大小的选取方法的选取结果，图 5.9（c）～图 5.9（e）为局部选取结果图（其中圈出的居民地为两种方法部分选取结果的不同之处）。

从整体形态上看，本方法选取的结果分布密度较为均匀，如图 5.9（a）所示，而基于面积大小的选取方法的选取结果部分地区过于密集、部分地区过于稀疏，整体密度分布不均匀，如图 5.9（b）所示。

从细节上看，本方法选取的居民地要素顾及了居民地所处位置的重要性程度，保留了面积相对较小但处于交通枢纽位置的居民地要素，如图 5.9（c）、图 5.9（d）；而基于面积的选取结果中保留了较多的居民地面积相对较大但其位置不重要的居民地要素，如图 5.9（e）所示。

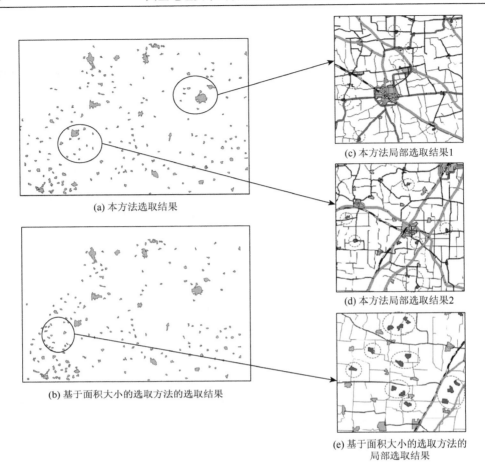

(a) 本方法选取结果

(b) 基于面积大小的选取方法的选取结果

(c) 本方法局部选取结果1

(d) 本方法局部选取结果2

(e) 基于面积大小的选取方法的
局部选取结果

图 5.9　两种选取方法的选取结果对比图

2. 实验分析

（1）居民地的选取实质上是多种原因相互关联、相互制约的过程，本方法将这些因素构建层次关联，用数学方法定量描述出它们之间的关系，用于评价居民地的重要性程度，选取的结果顾及多种因素的相互影响。

从 1∶100000 比例尺的原始数据（数量为 307 个）新编到 1∶250000 比例尺时，地图上居民地选取的数量为 194 个，删除的居民地要素为 113 个，其中有 143 个居民地数据使用两种方法选取的结果相同，有 62 个居民地要素都删除，有 51 个居民地数据选取结果不同（选取数量对比见表 5.11）。其中，选取的 143 个居民地数据的行政等级、面积大小和位置特征均相对较大，选取的结果一致；而对于 51 个选取结果不同的数据，因为本方法选取的居民地要素顾及居民地要素的行政等级和所处位置的重要性程度，保留了面积相对较小但其行政等级和位置相对重要的居民地，而基于面积大小的选取方法保留了较多面积相对较大但其位置不重要的居民地要素。

**表 5.11　由 1∶100000 到 1∶250000 两种方法居民地选取数量对比**　　　（单位：个）

| 本方法选取结果 | 基于面积大小选取方法的选取结果 | |
| --- | --- | --- |
| | 选取（143 + 51） | 删除（51 + 62） |
| 选取（143 + 51） | 143（两种方法均选取） | 51（本方法选取，基于面积大小选取方法删除） |
| 删除（51 + 62） | 51（本方法删除，基于面积大小选取方法选取） | 62（两种方法均删除） |

从本方法与基于面积大小的选取方法产生差异的 51 个不同选取结果中提取如表 5.12 所示的典型数据进行分析，从部分居民地重要性（表 5.12）和部分居民地局部位置特征（图 5.10）可以看出，对于选取结果相同的 143 个居民地要素（表 5.12 中的廊坊市和高碑店市），其影响居民地重要性的因子值相对来说均较大，因此毫无疑问是应该选取的；对于不同的 51 个居民地数据，针对面积相对较小的居民地要素（表 5.12 和图 5.10 中的易县和张坊镇），由于采用层次分析法考虑到居民地的行政等级和位置特征等因素的影响，在选取时予以保留；对比表 5.12 中后 6 个（大十三里、磁家务、芦村、流井、南连、尚堡）数据可以看出，当行政等级一致时，居民地的位置特征重要性对居民地选取的影响要比居民地面积大小的影响程度大，如"大十三里"和"磁家务"这两个居民地处于重要的交通枢纽位置，即便其面积相对较小，在进行选取时应该予以保留，由表 5.12 中的后 4 个（指芦村、流井、南连、尚堡）居民地要素数据可以看出，居民地要素的面积相对较大，然后其行政等级和位置特征均不重要，因此在选取的时候应该删除。

**表 5.12　两种方法计算的部分代表性居民地的重要性**

| 名称 | 行政等级 | 位置特征 | 面积 | 重要性 | |
| --- | --- | --- | --- | --- | --- |
| | | | | 本方法 | 基于面积大小的选取法 |
| 廊坊市 | 4 | 13.1 | 23698514 | 1 | 1 |
| 高碑店市 | 4 | 8.4 | 13108008 | 3 | 4 |
| 易县 | 3 | 2.1 | 324847.1 | 21 | 300 |
| 张坊镇 | 2 | 4 | 561483.1 | 33 | 234 |
| 大十三里 | 1 | 1.6 | 551834.8 | 117 | 242 |
| 磁家务 | 1 | 1.3 | 554648.1 | 127 | 239 |
| 芦村 | 1 | 0.2 | 730313.7 | 274 | 128 |
| 流井 | 1 | 0.2 | 625189.1 | 282 | 193 |
| 南连 | 1 | 0 | 795083.8 | 297 | 108 |
| 尚堡 | 1 | 0 | 706103 | 299 | 142 |

综上所述，本方法综合考虑到居民地行政等级、位置特征、面积大小等因素之间的关联，选取的结果较好地保留了一些位置特殊（如交通枢纽处）但面积相对较小的居民地，删除了一些面积相对较大但行政等级和位置不重要的居民地。

（2）为验证本方法的优势，将基于层次分析法的居民地自动选取与 5.1 节提出的基于主成分分析法的居民地自动选取进行了对比，对比结果如图 5.11 所示。

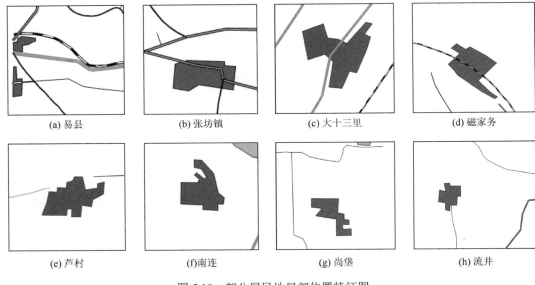

(a) 易县　　　　　　　(b) 张坊镇　　　　　　(c) 大十三里　　　　　　(d) 磁家务

（（e) 芦村　　　　　　　(f)南连　　　　　　　(g) 尚垡　　　　　　　(h) 流井

图 5.10　部分居民地局部位置特征图

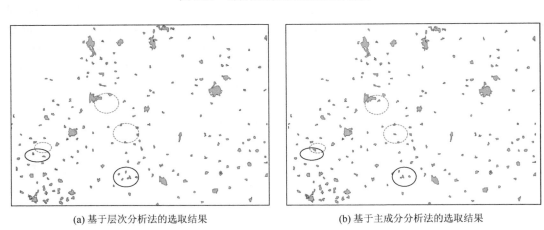

(a) 基于层次分析法的选取结果　　　　　　　　　　　(b) 基于主成分分析法的选取结果

图 5.11　两种方法的对比

　　从图 5.11 的对比来看，两种方法选取的结果在整体形态上基本保持一致。从细节上看，基于层次分析法和基于主成分分析法的居民地重要性评价结果中有 6 个存在差异，如表 5.13。

表 5.13　6 个存在差异的居民地属性对比

| 名称 | 行政等级 | 位置特征 | 面积/m² | 重要性排名 | | 人工选取结果 |
| --- | --- | --- | --- | --- | --- | --- |
| | | | | 层次分析法 | 主成分分析法 | |
| 徐里营 | 1 | 0.6 | 737908.4 | 195（删除） | 193（选取） | 选取 |
| 艾蒲庄 | 1 | 0.8 | 170414.2 | 198（删除） | 190（选取） | 删除 |
| 郎府 | 1 | 0.6 | 733798.4 | 196（删除） | 194（选取） | 删除 |

续表

| 名称 | 行政等级 | 位置特征 | 面积/m² | 重要性排名 | | 人工选取结果 |
| --- | --- | --- | --- | --- | --- | --- |
| | | | | 层次分析法 | 主成分分析法 | |
| 午方北庄 | 1 | 0.4 | 1330576.0 | 188（选取） | 195（删除） | 选取 |
| 杨漫撒 | 1 | 0.4 | 1302464.0 | 191（选取） | 199（删除） | 删除 |
| 谢坊营 | 1 | 0.4 | 1325269.0 | 189（选取） | 196（删除） | 选取 |

从表 5.13 可以看出，这 6 个居民地的取舍与人工选取的结果相比较，采用层次分析法评价居民地重要性选取的结果有 4 个与人工选取的结果相符合，而主成分分析法只有 2 个与人工选取的结果相同。

采用主成分分析法进行居民地的重要性评价，是将影响因子转换成新的变量，通过主成分分析法提取新变量的主要成分，其实质上是一个降维的过程，在权值分配的过程中有一定的缺失。

采用层次分析法进行居民地的重要性评价，则是直接根据影响居民地重要性因子之间的主次关系，构建判断矩阵，合理分配权值。因此，层次分析法对居民地重要性影响因子的权值分配更符合人的认知，采用层次分析法评价居民地重要性的选取结果更符合人工选取的结果。

（3）考虑到基于面积大小的选取法的选取参数过于单一，本节将基于层次分析法的居民地自动选取结果与人工综合选取结果进一步做对比，对比结果如图 5.12 所示。

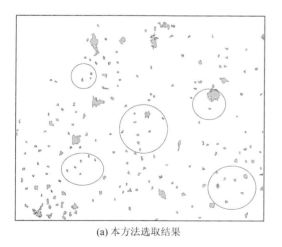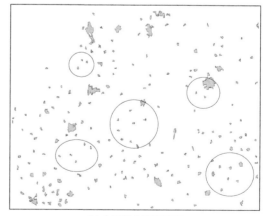

(a) 本方法选取结果　　　　　　　　　　　(b) 人工综合选取结果

图 5.12　本方法选取结果与人工综合选取结果对比

从图 5.12 的对比来看，采用本方法选取的结果在整体形态和分布密度上与人工综合选取的结果保持了较高的一致性。从细节上看，本方法选取的结果与人工综合选取的结果仍存在一些差异，由 1∶100000 的资料图到 1∶250000 的新编图，居民地要素选取的个数为 194 个，其中有 23 个居民地要素的选取结果不同（图中圆圈为部分选取结果不同的居民地要素）。

这部分区别产生的主要原因是，人工综合选取时，虽然也综合考虑到居民地要素的行政等级、面积大小、位置特征等因子的影响，但人类无法做到按照一个既定的模型进行精确的计算，因此在判断标准上存在一定的模糊性。同时，人在综合过程中，还兼顾了整幅地图要素的密度对比和空间分布情况，这部分是无法通过直接衡量重要性指标来实现的。

### 5.2.5　小结

影响居民地选取的因素是相互关联、相互约束的，以往的方法主要考虑了居民地自身及其与周围居民地之间的几何关系。但居民地选取往往除了考虑自身及周围同类要素之外，若能考虑其与其他种类要素（如道路、水系等）的关联关系，并加以定量描述，则选取结果将会更加符合实际需求。本节采用层析分析法，将这些影响居民地重要性的因子构建层次结构模型，通过比较影响因子对居民地重要性评价的主次程度，构造对应的判断矩阵并计算出其对应的权重，综合评价地图上居民地要素的重要性程度。通过计算可以看出，将层次分析法应用于居民地重要性计算中的权值分配是切实可行的。本方法定量地计算出地图上居民地的重要性程度，较好地解决了居民地选取中选取哪些的问题。利用开方根模型进行的定额选取是根据选取前后地图比例尺和原地图上的居民地数量计算出新编地图上的居民地个数，这样能够有效地解决选取多少的问题，完成居民地的自动选取。通过实验对比，本方法选取结果基本符合选取原则，可以看出，将层次分析法应用于居民地重要性计算中的权值分配是可行的。

## 5.3　顾及分布特征的面状居民地自动选取方法

在进行居民地选取时，不仅要考虑居民地的行政等级、面积大小和位置特征等因素，还要考虑居民地要素的密度对比和分布特征。本节采用约束 Delaunay 三角网对居民地要素间的空白区域提取骨架线，通过构建居民地要素间的空白区域骨架线网眼，将骨架线网眼与居民地要素一一对应，通过骨架线网眼的大小来反映居民地要素的密度情况，以骨架线网眼间的邻近关系来反映居民地要素之间的邻近关系。在进行选取时，结合主成分分析法和层次分析法的重要性评价方法，将居民地的密度对比和分布特征考虑进来，首先，采用主成分分析法对重要性影响因子提取主成分；然后，采用层次分析法对提取的主要成分进行权值分配，根据提取的主成分之间的主次之分，构造相对应的判断矩阵，合理科学地定量计算权值，评价居民地的重要性；最后，通过定额选取模型确定选取的居民地数量，按照计算的居民地重要性依次进行选取。

### 5.3.1　基于约束 Delaunay 三角网的居民地分布特征提取

#### 1. Delaunay 三角网的原理

Delaunay 三角网是 Voronoi 图的几何对偶，在计算几何中应用广泛。目前，在 GIS 领域中主要用于处理邻近分析、空间内插等方面的问题。

Delaunay 三角网是将平面离散点集按照一定的规则连接而成的一种三角形网络,主要具有以下特点。

（1）唯一性：针对一个确定的点集,构造的 Delaunay 三角网是唯一的。

（2）外接圆规则：任何一个三角网的外接圆范围内不能存在其他点,如果存在,则需要重新构造 Delaunay 三角网,直至满足条件。

（3）最大最小角特性：相邻的两个 Delaunay 三角形构成的凸四边形,在交换对角线后,所有的内角中的最小角不再增大。

（4）Delaunay 三角网最多有 $3N–6$ 条边和 $2N–5$ 个三角形,其中 $N$ 为离散点数。

（5）Delaunay 三角网和 Voronoi 图是对偶的,得到一个就会很容易得到另外一个。

Delaunay 三角网的构造方法主要有三种：分而治之算法、三角网生成法和逐点插入法。目前一些新的方法也不断出现,但大多还是对这些方法的优化和改进。

2. 基于约束 Delaunay 三角网的居民地邻近关系构建

由于居民地要素的离散性和稀疏性等特点,邻近关系构建是评价居民地分布特征的第一步。空间邻近关系是空间对象在特定概念层次上的核心特征,反映了空间对象之间相互联系、相互依存和相互影响的能力。Delaunay 三角网具有"外接圆规则"和"最邻近连接"的特征,从整体上最佳地反映了区域上空间对象的空间分布情况（Delaunay, 1934；王辉连等,2006；刘秀芳等,2010）。

居民地要素在地图上的分布是离散的,两个居民地要素之间存在大量的空白区域,采用约束 Delaunay 三角网提取这些空白区域的骨架线,其步骤如下：

（1）确定居民地数据边界。

（2）加密居民地节点,考虑到居民地数据节点较少,为了构建较好的 Delaunay 三角网,需要进行节点加密。

（3）构建约束 Delaunay 三角网,以居民地轮廓和边界为约束边,构建约束 Delaunay 三角网。

（4）提取空白区域骨架线,对约束 Delaunay 三角网构建骨架线,形成面要素的 Voronoi 图,建立居民地要素的邻近图,如图 5.13 所示。

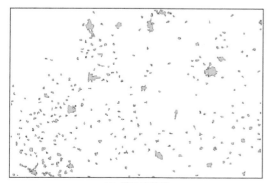

(a) 居民地数据

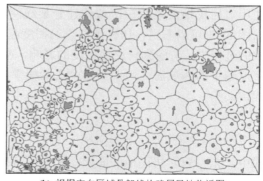

(b) 根据空白区域骨架线构建居民地临近图

图 5.13　居民地邻近关系构建

　　从图 5.13 可以看出，每个骨架线网眼中只包含一个居民地要素，因此可以构建居民地要素与骨架线网眼之间一一对应的关系。

　　通过构建居民地要素与骨架线网眼间一一对应的关系，将居民地邻近关系转化为骨架线网眼的邻近关系，网眼的大小反映了居民地分布密度情况。

　　为了进一步说明本方法构建居民地要素邻近关系方法的优势，本方法与基于居民地重心点构建的居民地邻近关系进行了对比，如图 5.14 所示。

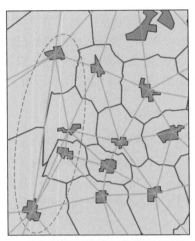

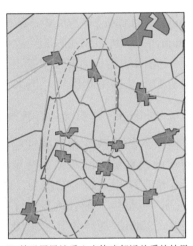

(a) 基于骨架线网眼构建邻近关系的结果　　　　(b) 基于居民地重心点构建邻近关系的结果

图 5.14　两种方法的居民地邻近关系对比

　　由图 5.14 可以看出，采用居民地重心点构建的居民地邻近关系存在许多缺陷，主要原因是以居民地的重心点生成的 Delaunay 三角网不能很好地反映居民地之间的空间邻近关系、结构特征和分布特征（张巧风，2004）。

### 3. 居民地分布特征度量因子

　　居民地要素的密度对比和分布特征可以用 Voronoi 图来表示（蔡永香和郭庆胜，2007），使用对居民地要素空白区域构建骨架线网的方法，形成了面状居民地要素的 Voronoi 图，由图 5.13 可以看出，居民地要素的密度越大，其对应的 Voronoi 的面积相对较小。在选取的过程中，考虑到居民地密度的影响，密度越大的区域居民地要素被舍去的概率越大，密度越小的区域居民地要素被舍去的概率越小。因此，将居民地的全局密度指标计算公式定义为

$$F_i = 1 - \frac{S_{\text{Area}(i)}}{S_{\text{Voronoi}(i)}} \tag{5.15}$$

式中，$S_{\text{Area}}$ 表示居民地的面积；$S_{\text{Voronoi}(i)}$ 表示居民地对应的骨架线网眼面积。

　　$F_i$ 越大，居民地要素所处的区域密度越小，则居民地被选取的概率越大，反之，被舍弃的概率越大。

在地图上，面状居民地之间是离散的，其拓扑关系普遍为相离关系，将居民地邻近关系转换为与之对应的骨架线网眼的邻近关系，利用骨架线网眼的相接拓扑关系，构建其对应的对偶图，通过描述骨架线网眼对偶图节点的度中心性，反映居民地要素的分布情况，从而来衡量居民地的重要性程度（图 5.15）（Porta et al.，2006；刘刚等，2014）。

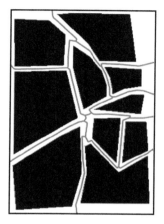
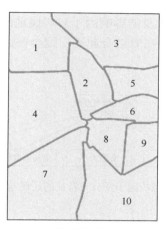
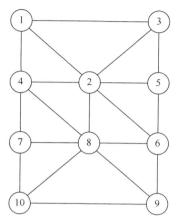

| (a) 空白区域骨架线提取 | (b) 构建骨架线网眼 | (c) 骨架线网眼对应的对偶图 |

图 5.15 骨架线网眼对偶图

在对偶图中，度中心性指的是在对偶图网络中与某一节点直接相连的其他节点数量，可用来衡量节点对其邻近节点的平均影响力，其一阶邻近度计算公式为

$$C_i = \sum_{j=1}^{n} \delta_{ij} \tag{5.16}$$

式中，$\delta_{ij}$ 表示节点 $j$ 是否与节点 $i$ 具有连接关系，如果具有连接关系，则 $\delta_{ij}=1$，否则 $\delta_{ij}=0$。在对偶图中，一个节点所连接的其他节点越多，表示该节点的连通性越强，在整个对偶图中表现得越重要，相应地表明其对应的居民地的重要性也就越强。

将计算得到的全局密度指标 $F_i$ 和一阶邻近度指标 $C_i$ 作为补充的重要性评价因子参与到居民地重要性评价中去。

## 5.3.2 顾及居民地分布特征的选取流程

在居民地的选取中，根据居民地的重要性来确定具体的选取对象。具体的做法如下：

（1）提取影响居民地重要性的因子及分布特征度量因子并标准化；

（2）计算每个居民地要素的重要性；

（3）对计算出的居民地要素的重要性由大到小进行排序；

（4）通过定额选取模型计算居民地要素选取的数量，根据选取的数量指标由大到小逐个选取，当选取的居民地要素的数量达到了定额选取模型确定的选取数量时，停止选取。

居民地的行政等级对居民地的取舍有最明显的影响；面积大小是地图上对居民地取

舍最直观的影响因素，制图人员在进行选取时一般都会舍弃面积较小的居民地，保留面积较大的居民地；除了居民地面积大小、行政等级外，还需要突出居民地的位置特征，特别是处在道路关键节点、交通枢纽等区域的居民地，其重要性会更加显著，若居民地要素处于交通枢纽的位置，即便其行政等级较低、面积较小，在选取时仍应予以保留；而对于独立的居民地要素，其位置并不重要，则相对来说舍弃的概率较大。本节在居民地选取时，不仅要考虑上文中所涉及的影响因子对居民地的重要性评价，还要顾及居民地的分布特征情况。因此，需要将二者结合起来，综合评价居民地的重要性，如图 5.16 所示。

图 5.16　顾及重要性影响因子及分布特征的居民地重要性评价模型

结合 5.1 节、5.2 节对居民地重要性的评价方法，同时顾及居民地分布特征的影响，本节提出的居民地自动选取步骤如下：

（1）从 5.1 节实验数据（图 5.2）中获取影响居民地重要性的因子及分布特征度量因子并标准化，便于科学地定量评价居民地的重要性，如表 5.14、表 5.15 所示。

表 5.14　部分居民地要素各因子原始数据

| 名称 | 面积/m² | 位置特征 | 行政等级 | 全局密度 | 一阶邻近度 |
|---|---|---|---|---|---|
| 太子务 | 594736.2 | 0.800000 | 1 | 0.983893 | 6 |
| 旧州 | 563218.7 | 3.200000 | 3 | 0.992836 | 5 |
| 涿州市 | 14877867 | 7.200000 | 4 | 0.838070 | 10 |
| 大赤土 | 498036.47 | 0.300000 | 1 | 0.992602 | 6 |
| 横岐 | 748988.2 | 0.600000 | 1 | 0.956188 | 5 |
| 徐里营 | 737908.4 | 0.600000 | 1 | 0.933285 | 4 |
| 白塔 | 496235.1 | 0.400000 | 1 | 0.990628 | 7 |
| 孙家庄 | 769494.44 | 2.000000 | 1 | 0.972747 | 6 |
| … | … | … | … | … | … |

表 5.15　部分居民地要素各因子标准化数据

| 名称 | 面积 | 位置特征 | 行政等级 | 全局密度 | 一阶邻近度 |
|---|---|---|---|---|---|
| 太子务 | −0.27059 | −0.35121 | −0.53577 | 0.48017 | 0.13937 |
| 旧州 | −0.28410 | 1.12495 | 2.11714 | 0.60336 | −0.52917 |
| 涿州市 | 5.85040 | 3.58521 | 3.44359 | −1.52845 | 2.81351 |

| 名称 | 面积 | 位置特征 | 行政等级 | 全局密度 | 一阶邻近度 |
|------|------|----------|----------|----------|------------|
| 大赤土 | −0.31203 | −0.65874 | −0.53577 | 0.60013 | 0.13937 |
| 横岐 | −0.20449 | −0.47422 | −0.53577 | 0.09855 | −0.52917 |
| 徐里营 | −0.20923 | −0.47422 | −0.53577 | −0.21692 | −1.19770 |
| 白塔 | −0.31280 | −0.59723 | −0.53577 | 0.57294 | 0.80790 |
| 孙家庄 | −0.19570 | 0.38687 | −0.53577 | 0.32664 | 0.13937 |
| ... | ... | ... | ... | ... | ... |

（2）采用主成分分析法对这些因子进行主成分提取，通过线性转换，将这些相互约束、相互关联的因子转换成一组无关变量，提取其主要成分，减少计算的数据量，便于定量计算居民地的重要性，如表 5.16 所示。

表 5.16 提取的主成分

| 名称 | 主成分 1 | 主成分 2 | 主成分 3 |
|------|----------|----------|----------|
| 太子务 | −1.11601 | 0.480985 | −0.09652 |
| 旧州 | 2.103249 | 0.238948 | 1.625343 |
| 涿州市 | 12.83211 | 0.758737 | −1.07867 |
| 大赤土 | −1.47293 | 0.562223 | −0.08216 |
| 横岐 | −1.27347 | −0.35662 | 0.038574 |
| 徐里营 | −1.40589 | −1.12687 | 0.231483 |
| 白塔 | −1.17122 | 1.059607 | −0.40898 |
| 孙家庄 | −0.3279 | 0.396838 | −0.07026 |
| ... | ... | ... | ... |

（3）计算主成分的权值，采用层次分析法对提取的主成分进行权值的分配，针对提取的主成分之间的主次关系，构建居民地重要性判断矩阵，定量计算各主成分对居民地重要性评价的权值，如表 5.17 所示。

表 5.17 采用层次分析法综合评价的结果

| 名称 | 综合评价结果 |
|------|--------------|
| 太子务 | 161 |
| 旧州 | 26 |
| 涿州市 | 3 |
| 大赤土 | 197 |
| 横岐 | 235 |

续表

| 名称 | 综合评价结果 |
| --- | --- |
| 徐里营 | 279 |
| 白塔 | 145 |
| 孙家庄 | 106 |
| … | … |

（4）确定选取数量，通过定额选取模型确定居民地要素选取的数量，按照居民地重要性由大到小的顺序依次选取，直至满足定额选取的数量为止。

### 5.3.3　实验与分析

1. 实验验证

顾及居民地的分布特征的影响，对 1：100000 比例尺居民地数据进行了实验，实验结果如图 5.17。

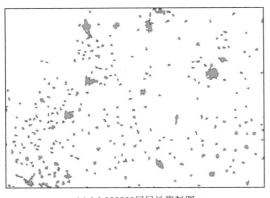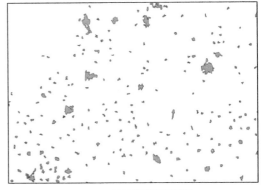

(a) 1：100000居民地资料图　　　　　　　　　(b) 1：250000居民地新编图

图 5.17　居民地选取前后对比图

（1）从整体分布形态来看，在居民地密度较大的区域，取舍的程度相对较大；在居民地密度较小的区域，取舍的程度相对较小。

（2）本方法选取的结果分布均匀，基本上保持了居民地要素选取前后的分布密度和整体形态，基本符合选取原则。

2. 实验分析

为了验证本方法的优势，将本方法与层次分析法选取结果进行了对比，对比结果如图 5.18 所示。

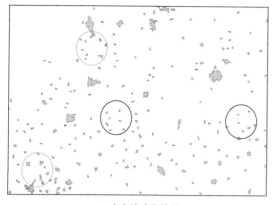

(a) 本方法选取结果

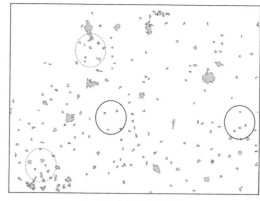

(b) 层次分析法选取结果

图 5.18 本方法与层次分析法选取结果对比图

从图 5.18 的对比中可以看出，由开方根模型定额选取的居民地要素的数量为 194 个，其中分别采用两种方法选取的结果相同的有 179 个，选取的结果有差异的有 15 个。部分居民地数据如表 5.18 所示。

**表 5.18 两种方法计算的部分代表性居民地的重要性**

| 名称 | 行政等级 | 位置特征 | 全局密度 | 一阶邻近度 | 面积 | 重要性顺序 | |
|---|---|---|---|---|---|---|---|
| | | | | | | 本方法 | 层次分析法 |
| 大兴区 | 4 | 5.100000 | 0.876386 | 8 | 12504078 | 6（选取） | 6（选取） |
| 东牛 | 1 | 0.800000 | 0.888491 | 5 | 1511414.8 | 211（删除） | 136（选取） |
| 张家庄 | 1 | 0.800000 | 0.884660 | 4 | 1112283 | 274（删除） | 146（选取） |
| 白塔 | 1 | 0.400000 | 0.990628 | 7 | 496235.1 | 145（选取） | 260（删除） |
| 肖家务 | 1 | 0.400000 | 0.983905 | 7 | 530223.44 | 148（选取） | 254（删除） |
| … | … | … | … | … | … | … | … |

通过构建骨架线网眼来反映居民地的密度对比和一阶邻近度分布特征，在密度相对大的区域，居民地被舍弃的概率相对较大，在密度相对小的区域，居民地被保留的概率相对较大；一阶邻近度指标越大，表明居民地与周围居民地要素的关联程度越大，反之，关联程度越小。

从图 5.18 中可以看出，图中实线圈部分的居民地处于相对密集的区域，因此在本方法中部分居民地要素被舍去，而在未顾及居民地分布特征的层次分析法选取结果中被保留；图中虚线圈部分的居民地处于相对稀疏的区域，因此本方法中部分居民地要素被保留，而在未顾及居民地分布特征的层次分析法选取结果中被舍弃。

从表 5.18 中可以看出，"东牛"和"张家庄"的全局密度相对较大，说明其处于密集区域，选取概率相对较大，但其一阶邻近度指标相对较小，表明该居民地与周围居民地要素的关联性较小，重要性程度相对较低，因此在本方法中的重要性评价结果相对较小,在进行选取时予以舍弃;"白塔"和"肖家务"的密度相对较大,说明其处于密集区域,选取概率相对较大,且其一阶邻近度指标相对较大,表明该居民地与周围居民地要素的关联性较大,因此在本方法中重要性评价结果相对较大,在进行选取时予以保留。

　　本方法顾及居民地要素的密度对比和分布特征,通过主成分分析法对评价因子进行简化,采用层次分析法计算这些因子的权值来评价居民地的重要性程度,由大到小依次选取直至定额选取的数量。

　　为了验证本方法选取的结果是否合理,本方法与人工综合选取的结果进行了对比,对比结果如图 5.19 所示。

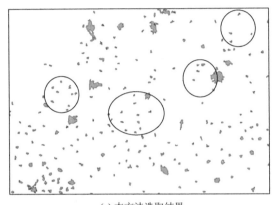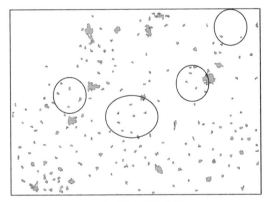

(a) 本方法选取结果　　　　　　　　　　　　　　　(b) 人工综合选取结果

图 5.19　本方法与人工综合选取结果对比图

　　从图 5.19 来看,采用本方法选取的结果在整体分布上与人工综合选取的结果保持了较高的一致性。从细节上看,二者仍存在一些差异,由 1∶100000 比例尺到 1∶250000 比例尺的缩编过程中,居民地要素选取的数量为 194 个,其中有 18 个居民地要素的选取结果不同,人工综合选取时,虽然也综合考虑到居民地要素的行政等级、位置特征、面积大小、分布特征等因子的影响,但基于算法的自动选取方法并不能真正完全模拟出人的思维方式。在居民地综合过程中,制图人员的人为主观性较强,对于选取结果的模糊性和不确定性太强,因此自动选取的结果与人工综合选取的结果之间存在一定范围的偏差。但就图 5.19 中两种选取结果的整体对比而言,本方法选取的结果与人工综合选取的结果整体是基本符合的,反映出较好的选取效果。

### 5.3.4　小结

　　居民地要素在地图上的分布是离散的、不均匀的,因此在进行居民地选取时,不仅需要考虑居民地的行政等级、面积大小和位置特征等因素的影响,还应顾及居民地的分布特征。本节采用约束 Delaunay 三角网对居民地之间的空白区域提取骨架线,通过构建居民地要素间空白区域的骨架线网眼,使居民地要素与网眼一一对应。通过骨架线网眼之间的邻近关系来间接反映居民地要素的邻近关系，以骨架线网眼对偶图的一阶邻近度来反映居民地之间的影响程度，从而衡量居民地的重要性；通过计算居民地要素与骨架线网眼的面积比来反映居民地的全局密度特征。将计算的与分布和密度相关的两个参数作为评价因子的补充，参与到居民地重要性评价中去。

　　本节首先采用主成分分析法对影响居民地重要性的因子及居民地分布特征度量因子进行主成分提取；然后，对提取的主成分采用层次分析法进行权值分配，评价居民地的重要性；最后，结合定额选取模型确定选取的居民地数量，完成居民地的自动选取。本方法综合考虑影响居民地重要性的因子及分布特征对居民地重要性的影响，采用主成分分析法简化数据以便于计算，通过层次分析法对提取的主成分进行合理的权值分配，定量计算居民地的重要性。

# 参 考 文 献

艾廷华，刘耀林. 2002. 保持空间分布特征的群点化简方法[J]. 测绘学报，31（2）：175-181.

蔡永香. 2007. 基于 Voronoi 图的居民地渐进式方法研究[J]. 长江大学学报（自科版），4（1）：66-68.

蔡永香，郭庆胜. 2007. 基于 Kohonen 网络的点群综合研究[J]. 武汉大学学报（信息科学版），32（7）：626-629.

邓红艳，武芳，钱海忠，等. 2003. 基于遗传算法的点群目标选取模型[J]. 中国图象图形学报，8（8）：970-976.

郭庆胜. 2002. 地图自动综合理论与方法[M]. 北京：测绘出版社.

何宗宜. 2004. 地图数据处理模型的原理与方法[M]. 武汉：武汉大学出版社.

刘刚，李永树，杨骏，等. 2014. 对偶图节点重要度的道路网自动选取方法[J]. 测绘学报，43（1）：97-104.

刘秀芳，杨永平，罗吉，等. 2010. 基于内侧缓冲区算法的多边形骨架线提取模型[J]. 海洋测绘，30（5）：46-48.

钱海忠，刘颖，张琳琳，等. 2005a. 基于圆特征的地图要素自动综合算法研究[J]. 海洋测绘，25（1）：14-17.

钱海忠，武芳，邓红艳. 2005b. 基于 CIRCLE 特征变换的点群选取算法[J]. 测绘科学，30（3）：83-85.

盛文斌. 2010. 散列式居民地的自动选取研究[D]. 郑州：中国人民解放军信息工程大学.

王辉连，武芳，王宝山，等. 2006. 利用数学形态学提取骨架线的改进算法[J]. 测绘科技，31（1）：29-32.

王家耀，等. 1993. 普通地图制图综合原理[M]. 北京：测绘出版社.

王桥，吴纪桃. 1996. 制图综合方根规律模型的分形扩展[J]. 测绘学报，25（2）：104-109.

温婉丽. 2006. 基于知识的居民地地图自动综合的研究[D]. 西安：长安大学.

邬伦，刘瑜，张晶，等. 2001. 地理信息系统——原理、方法和应用[M]. 北京：科学出版社.

闫浩文，王家耀. 2005. 基于 Voronoi 图的点群目标普适综合算法[J]. 中国图象图形学报，10（5）：633-636.

张巧凤. 2004. 应用 Delaunay 三角网进行城市居民地和路网自动综合理论和方法研究[D]. 太原：太原理工大学.

朱长青，史文中. 2006. 空间分析建模与原理[M]. 北京：科学出版社.

Delaunay B. 1934. Sur la sphere vide. a la memoire de Georges Voronoi[J]. Bulletin de l'Académie des Sciences de l'URSS. Classe des sciences mathématiques et na，6：793-800.

Guo M，Qian H Z，Wang X，et al. 2013. A New Road Network Selection Approach Based on the Importance Criteria of Spatial Interactive Relationship[C]//Proceedings of the 21st International Conference on Geoinformatics. Kaifeng，China：IEEE：1-5.

Langran G E，Poiker T K. 1986. Integration of Name Selection and Name Placement [C]//Proceedings of the 2nd International Symposium on Spatial Data Handling. Seattle：[s.n.]：50-64.

Porta S，Crucitti P，Latora V. 2006. The network analysis of urban streets：a dual approach[J]. Physica A：Statistical Mechanics and Its Applications，369（2）：853-866.

Saaty T L. 1980. The Analytic Hierarchy Process[M]. New York：Mc Gtaw Hill.

van Kreveld M，van Oostrum R，Snoeyink J. 1997. Efficient Settlement Selection for Interactive Display[C]. Bethesda：Auto Carto 12.

# 第6章 居民地智能化综合

## 6.1 基于决策树算法的面状居民地智能选取方法

针对居民地综合中专家综合规律难以形式化表达以及自动综合智能性较弱的问题，本节提出一种基于决策树算法的居民地自动综合新方法。首先，把专家对居民地综合的结果作为案例对象；其次，设计案例对象与居民地对象统一的属性描述参量和用于区分综合操作结果的目标参量；再次，采用决策树算法构造专家居民地综合决策树模型；最后，采用该模型对案例分析生成的决策树，提取出隐含在案例中的综合规则，进而指导同类居民地的自动综合。经验证，该方法能够较好地还原专家的选取规律，在同类型的居民地自动综合中取得了良好的效果。

### 6.1.1 理论依据

当前自动制图综合的实现主要依靠四种方式：定量化方式、模型化方式、算法化方式以及智能化方式（王家耀等，2011）。其中，制图综合的智能化一直是制图学家努力追求的目标。前三种方式都是以制图规范为依据，试图采用数学的方法对制图规则进行形式化表达。然而，单一的制图规则并不能对一些复杂的综合场景进行准确判断。

现有关于居民地自动综合的研究针对的居民地种类单一，普适性和灵活性较差。究其原因是，专家在进行居民地综合操作时，不仅参照某条单一的综合规则，而且通过观察居民地自身属性及其与周围地物的种种关系后做出主观判断，因此很难直接对专家的综合经验进行形式化表达。制图专家的主观判断在一定程度上保证了综合结果更加符合人类的认知习惯，增强了地图的可读性。从逻辑的角度来看，这部分"主观性"综合并不是无规律可循的，而是建立在人类认知规律的基础之上，满足某些隐含规则的判断过程。通过数据挖掘中的决策树算法（Kantardzic，2003；陆安生等，2005；田晶等，2012；郭敏等，2013），对专家的制图案例进行分析，挖掘出隐含在案例中的专家的制图综合规则，从而指导同尺度和类型下的居民地综合过程。

基于以上思想，本节首先从综合的角度设计了描述居民地要素的输入参量；其次，进一步对输出参量进行划分，划分为选取、删除、显性合并和隐形合并四类，增强推理结果表达的准确性；再次，采用C5.0决策树算法对专家综合案例进行决策树分析，挖掘出隐含在案例操作中专家的综合规则，并根据得到的规则实现居民地的自动选取；最后，检验了该方法的科学性和准确性。

### 6.1.2　居民地要素属性参量设计与初步分析

#### 1. 居民地要素属性参量设计

参与决策树生成的案例参量包括两大部分：一部分是输入参量，在本方法中即居民地属性描述参量，如居民地面积、等级和间隔等；另一部分是输出参量，在本方法中为居民地综合操作参量，如选取、删除和合并等。在设计居民地属性参量时，要客观考虑哪些因素可能影响到居民地的综合结果。在已有的居民地数据中，对居民地属性描述参量的考虑主要集中在居民地自身的属性，如行政等级、人口、面积等方面。而制图者在居民地的综合过程中除了依据居民地自身的属性外，还综合考虑了居民地之间以及居民地与道路等要素之间的关系（王辉连，2005；王菲，2007；王美珍，2008；盛文斌，2010；王红等，2010；陈文翰，2011；杨育丽，2012）。在综合分析了可能影响居民地综合的各项因素后，本节定义了下述属性描述参量用于决策树推理，并对各个输入参量对目标参量的划分效果进行了初步分析，如表 6.1 所示。

**表 6.1　居民地属性输入参量**

| 描述性参量 | 计算方法 | 说明 |
| --- | --- | --- |
| 面积（Area，$A$） | 通过对多边形的测算换算得到；<br>若为点状居民地，则该参量通过属性表获得 | 通过坐标计算获得，保留两位小数 |
| 居民地等级<br>（Level，$L$） | 按比例尺的不同区别考虑：<br>当比例尺较大时，Level = 建筑物（群）重要级别；<br>当比例尺较小时，Level = 居民地行政等级 | 根据比例尺考虑居民地重要性等级 |
| 居民地间隔距离<br>（Minimum Distance，MD） | $MD(A) = Min[Dis(A, B')]$<br>$A$ 为计算对象，$B'$ 为其他居民地对象 | 描述该居民地对象距其他居民地对象的最短距离 |
| 邻近居民地等级差<br>（Level Difference，LD） | $LD(A) = \sum [L(A) - L(B')]$<br>$B'$ 满足 $Dis(A, B') <$ NearRadius<br>（NearRadius 为判断是否邻近的半径阈值，小于该值即判定为邻近的居民地，具体阈值根据比例尺的不同设定） | 描述该居民地对象与周围居民地对象之间等级的差异 |
| 邻近居民地面积差<br>（Area Difference，AD） | $AD(A) = \sum \left[ \dfrac{Area(A) - Area(B')}{Area(A)} \right]$<br>$B'$ 满足 $Dis(A, B') <$ NearRadius | 描述该居民地对象与周围居民地对象之间面积的差异 |
| 道路等级加权<br>（Road Weighting，RW） | $RW(A) = \sum [NearRiadLevel(A)]$<br>NearRoadLevel($A$)表示与居民地 $A$ 相关联的道路等级权值 | 描述该居民地邻近道路等级对其影响的参数 |

居民地案例输出参量的设计。居民地属性参量除了以上的描述参量外，还需针对居民地的综合操作结果设计输出参量。由于居民地综合涉及很多复杂的操作，除了简单地选取（Select，S）、删除（Elimination，E）外，还有合并（Aggregation，A）、毗邻化（Agglomeration）、融合（Amalgamation）、融解（Dissolving）（邓红艳，2003）。在本节中，考虑到部分综合操作的出现频率较低，难以通过少量推理生成相应的规则，因此，把选

取、删除、合并三个出现频率最高的综合操作作为综合的输出参量。其中，选取和删除操作形式单一，而合并操作较为复杂。因此，为进一步区分，将合并操作进行细分，分为显性合并（Showtype Aggregation，SA）和隐性合并（Hidetype Aggregation，HA）两种，如表 6.2 所示。

表 6.2 居民地合并操作细分

| 操作结果参量 | 操作示例 | 说明 |
|---|---|---|
| 显性合并 | | 对于 $A$ 来说，综合操作结果为显性合并，合并后保留 $A$ 的不可叠加属性（如名称），其余可叠加属性（如人口）为居民地 $A$、$B$、$C$ 三者之和，作为新对象的属性 |
| 隐性合并 | | 对于 $B$、$C$ 来说，综合操作结果为隐性合并，合并后删除 $B$、$C$ 的不可叠加属性，其余可叠加属性（如人口）为居民地 $A$、$B$、$C$ 三者之和，作为新对象的属性 |

　　根据以上定义，将原居民地数据对应专家的选取结果进行统一格式化表达（在进行自动选取之前也要对待综合的居民地对象进行输入参量的统一格式化），并依照专家的综合结果对每个专家综合案例居民地对象进行综合结果的标记。图 6.1 为专家居民地综合案例示例。

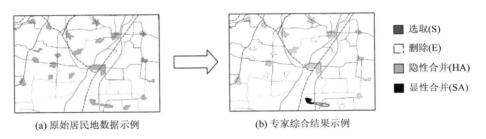

(a) 原始居民地数据示例　　　　　　　(b) 专家综合结果示例

■ 选取(S)
□ 删除(E)
■ 隐性合并(HA)
■ 显性合并(SA)

图 6.1　专家居民地综合案例示例

图 6.1 所示的专家居民地综合案例对象参量描述如表 6.3 所示。

表 6.3　专家居民地综合案例条目示例

| 案例编号 | 描述属性项 | | | | | | 综合操作（$C$） |
|---|---|---|---|---|---|---|---|
| | 面积（$A$） | 行政等级（$L$） | 道路等级加权（RW） | 最近居民地距离（MD） | 邻近居民地等级差（LD） | 邻近居民地面积差（AD） | |
| 1 | 689527.9 | 1 | 1.9 | 1644.638623 | 0 | 0 | S |
| 2 | 730313.7 | 1 | 0.2 | 1026.901482 | 0 | 0 | E |
| 3 | 985704.2 | 3 | 0.2 | 1827.254838 | 0 | 0 | S |
| 4 | 532788.1 | 1 | 0 | 2323.41707 | 0 | 0 | E |
| 5 | 467694.1 | 1 | 0.8 | 1133.635777 | 0 | 0 | E |
| 6 | 358296.2 | 1 | 0.6 | 2164.756767 | 0 | 0 | E |

续表

| 案例编号 | 描述属性项 | | | | | | 综合操作（C） |
| --- | --- | --- | --- | --- | --- | --- | --- |
| | 面积（A） | 行政等级（L） | 道路等级加权（RW） | 最近居民地距离（MD） | 邻近居民地等级差（LD） | 邻近居民地面积差（AD） | |
| 7 | 835933.5 | 1 | 1.6 | 261.65321 | 0.571429 | 0.023012 | SA |
| 8 | 545073.1 | 1 | 0.2 | 1566.522343 | 0 | 0 | E |
| 9 | 816701 | 1 | 0.6 | 261.65321 | 0.571429 | 0.023544 | HA |
| 10 | 487444.8 | 2 | 1 | 2055.265815 | 0 | 0 | S |

**2. 居民地要素属性参量初步分析**

为了验证参量对推理规则的影响程度，采用箱线图（Box-whisker Plot）对要素参量的分布情况进行分析。箱线图是用来描述参量分布的统计图形，可以直观地反映参量的分布情况。图中箱体最上方和最下方线段分别表示数据的上边缘和下边缘，即最大值、最小值；箱体本身的短边（长方形宽边位置）分别表示的是参量分布的上四分位数和下四分位数，位于中间的横线则表示中位数；"o"和"*"分别表示温和异常值和极端异常值。通过箱线图分析数据大致分布情况。对比各参量在执行操作上的分布，可以大致推断出其对于执行操作划分的贡献程度。

图 6.2 是对河北省廊坊市附近的 340 多个居民地综合操作情况进行统计的结果。由图 6.2 四个综合执行操作在横轴上的分布位置差异可以简单地得出，本方法所选取的六个参量均对执行操作划分有一定的贡献，其中面积（A）和道路等级加权（RW）两个参量

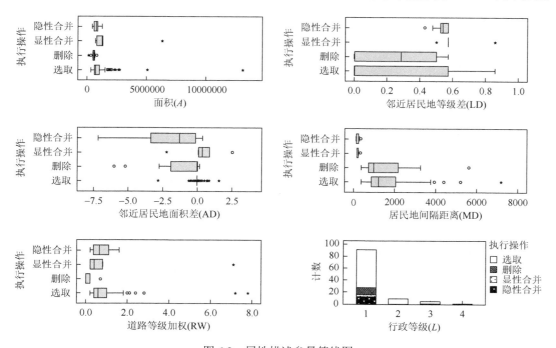

图 6.2　属性描述参量箱线图

对于删除的划分效果明显（删除的要素对应的 A 和 RW 值均较小）；邻近居民地面积差（AD）对于显、隐性合并的区分较为明显；居民地间隔距离（MD）对于是否合并的划分较为明显；行政等级（L）对于选取操作有明显的划分，在统计对象中高等级的居民地均得到保留，但由于要素中占主要部分的还是低等级居民地，并且综合操作的对象也集中在低等级居民地范围，所以行政等级（L）一项较其他的参量划分能力较弱。

### 6.1.3　基于决策树的居民地综合规则生成

1. 专家居民地综合操作决策树构建原理

对居民地案例进行专家综合操作决策树构建是一个层层递归的过程。首先，选择一个居民地属性参量作为分裂属性参量放置在根节点，每一个可能的属性参量值对应生成一个分支。这样按照分支将案例数据集分裂成多个子集，一个子集对应该属性参量的一个取值［图 6.3（a）］，子集中的数字对应操作的数量。然后，在每个分支上递归地重复这个过程。各个分支终止生长的条件是，在一个节点上的所有案例都对应相同的综合操作结果，即停止该部分树的向下扩展。同时，由于部分居民地属性参量是连续的（如面积），在进行决策树生成过程中还必须对连续参量进行离散化［图 6.3（b）］。

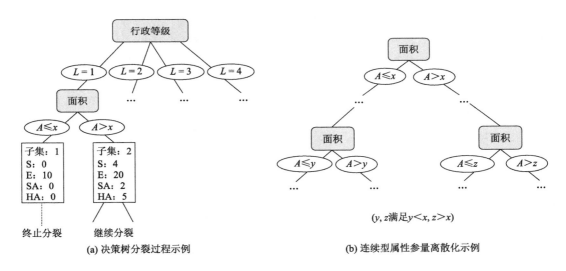

图 6.3　专家居民地综合决策树示例

因此，建立专家居民地综合决策树需要回答以下两个问题：①对于每一层的节点应该选择哪个属性参量作为下一步分裂的依据；②对于连续型属性参量选择什么阈值进行离散。

2. 采用 C5.0 算法的专家居民地综合决策树生成过程

在决策树生成算法中，C5.0 算法很好地解决了以上两个问题。C5.0 算法是 C4.5 算法的商业改进版本，由 Quinlan J. R. 提出。其前身都是 ID3 算法，ID3 算法与 C5.0 算法的区别在于前者是基于信息熵的决策树分类算法，后者则是用信息增益率（Gain Ratio）来选择决策属性，同时 C5.0 算法拓展了对连续参量的离散化、对未知参量的处理和产生规则等功能（石纯一等，1993；Quinlan，1993；Li et al.，2009；蒋艳凰和赵强利，2009）。

C5.0 算法采用属性参量的信息增益率来选择节点处的分裂属性以及进行连续属性的离散化，相关参数定义和计算方法如下：

设 $T$ 为案例集合。按照综合操作划分类别集合为 $\{C_1, C_2, \cdots, C_m\}$，选择一个描述属性 $V$ 把 $T$ 分为多个子集。

设 $V$ 有互不重合的 $n$ 个属性值 $\{v_1, v_2, \cdots, v_n\}$，则 $T$ 被分为 $n$ 个子集 $T_1, T_2, \cdots, T_n$，这里 $T_i$ 中的所有实例的取值均为 $v_i$。

令 $|T|$ 为案例集 $T$ 的案例个数，$|T_i|$ 为 $v = v_i$ 的子集案例个数，$|C_j| = \text{freq}(C_j, T)$ 为案例集 $T$ 中 $C_j$ 类的案例个数，$|C_j v|$ 是 $v = v_i$ 的子集中，类别为 $C_j$ 的案例个数，则有

（1）类别 $C_j$ 的发生概率：$P(C_j) = |C_j| / |T| = \text{freq}(C_j, T) / |T|$；

（2）属性 $v = v_i$ 的发生概率：$P(v_i) = |T_i| / |T|$；

（3）属性 $v = v_i$ 的子集中，具有类别 $C_j$ 的条件概率：$P(C_j | v_i) = |C_j v| / |T_i|$；

（4）类别的信息熵：

$$H(C) = -\sum_j P(C_j) \log_2[P(C_j)] = -\sum_j \{\text{freq}(C_j, T)/|T|\} \times \log_2\{\text{freq}(C_j, T)/|T|\} = \text{info}(T)；$$

（5）类别的条件熵，按照属性 $V$ 把集合 $T$ 分割，分割后的类别条件熵为

$$H(C|V) = -\sum P(v_i)\sum P(C_j|v_i)\log_2 P(C_j|v_i) = \sum_{i=1}^{n}(|T_i|/|T|)\times \text{info}(T_i) = \text{infov}(T)；$$

（6）属性 $V$ 的信息增益（Gain）：

$$I(C,V) = H(C) - H(C|V) = \text{info}(T) - \text{infov}(T) = \text{gain}(V)；$$

（7）属性 $V$ 的信息熵：

$$H(V) = -\sum_i P(v_i)\log_2[P(v_i)] = -\sum_{i=1}^{n}(|T_i|/|T|)\times\log_2(|T_i|/|T|) = \text{split\_info}(V)；$$

（8）信息增益率：

$$\text{gain\_ratio} = I(C,V)/H(V) = \text{gain}(V)/\text{split\_info}(V)$$

在节点处对所有属性进行测试，最大信息增益率对应的属性即该节点的最优分裂属性参量。同时，对于连续变量的参数，最大信息增益率也是对属性离散化阈值选择的准则。

下面以表 6.3 中的专家案例数据为例，讨论节点处分裂属性参量的选取以及连续参量离散化的过程。

第一，计算类别的信息熵。首先统计表 6.3 中案例的类别信息，如表 6.4 所示。

表 6.4　案例类别信息统计表

| 操作类别（C） | 案例个数 |
| --- | --- |
| 选取（S） | 3 |
| 删除（E） | 5 |

| 操作类别（C） | 案例个数 |
|---|---|
| 显性合并（SA） | 1 |
| 隐性合并（HA） | 1 |

根据（1）～（4）中的公式计算案例类型的信息熵为（信息熵的度量单位为 bit）

$$Info(T) = -3/10 \times \log_2(3/10) - 5/10 \times \log_2(5/10) - 1/10 \times \log_2(1/10) - 1/10 \times \log_2(1/10) = 1.6854(\text{bit})$$

第二，计算类别的条件熵、属性的信息增益和属性的信息熵。在计算这三项时需要对离散型属性参量和连续型属性参量区别考虑。对于离散型属性参量，如行政等级（$L$），参量的取值是离散的，因此按照单个属性值一一对应进行分割即可。对于连续型属性参量，如面积（$A$），则需要采取动态地定义新的离散值属性来实现。把连续值属性的值域分割为离散的区间集合。

| 面积($A$) | 358296.2 | 467694.1 | 487444.8 | 532788.1 | 545073.1 | 689527.9 | 730313.7 | 816701 | 835933.5 | 985704.2 |
|---|---|---|---|---|---|---|---|---|---|---|
| 类别($C$) | E | E | S | E | E | S | E | HA | SA | S |
| 阈值($W$) | | $w1$ | $w2$ | | $w3$ | $w4$ | $w5$ | $w6$ | $w7$ | |
| $w$取值 | | 477569.5 | 510116.5 | | 617300.5 | 709920.8 | 773507.4 | 826317.3 | 910818.9 | |

图 6.4　面积参量待选离散化阈值示例

例如，对于面积（$A$），算法可动态地创建一个新的布尔属性 $A_w$，如果 $A<w$，那么 $A_w$ 为真，否则为假。如此即将连续的参量面积（$A$）转化为一个关于某一阈值 $w$ 的布尔型离散参量，$w$ 直观表现为图 6.3（b）中的 $x$、$y$、$z$。阈值 $c$ 需尽量使得一分为二后的子集尽可能"纯正"（尽可能含有单一的类别），这等同于转化为布尔型离散参量后，该属性对应的信息增益 gain（$V$）最大。

如图 6.4 所示，面积第一次离散化的待选阈值有 7 个（用竖线分割表示）。为了方便计算待选阈值，一般取两个实例对应属性值的均值。从理论上来看，最大的信息增益绝对不会出现在两个同属一类的实例之间，因此图 6.4 虚线部分不作为一个待选阈值。各个阈值对应信息增益 $\text{gain}_{wi}$（$V$）。由于 $\text{gain}(V) = \text{info}(T) - \text{infov}(T)$，$\text{info}(T) = 1.6854\text{bit}$ 已知，所以求使得类别条件熵 $\text{infov}_{wi}(T)$ 最小的阈值即可。

$$\text{infov}_{w1}(T) = 2/10 \times \text{info}(T_1) + 8/10 \times \text{info}(T_2)$$

由（5）中公式可得

$$= 0.2 \times [-1 \times \log_2(1)] + 0.8 \times [-3/8 \times \log_2(3/8) - 3/8$$
$$\times \log_2(3/8) - 1/8 \times \log_2(1/8) - 1/8 \times \log_2(1/8)] = 1.811(\text{bit})$$

同理，计算得到结果如表 6.5。

表 6.5　离散阈值条件熵计算结果

| 阈值（$w$） | $w1$ | $w2$ | $w3$ | $w4$ | $w5$ | $w6$ | $w7$ |
|---|---|---|---|---|---|---|---|
| $\text{infov}_{wi}(T)$ | 1.8110 | 1.5650 | 1.3219 | 1.3509 | 1.0796 | 1.2390 | 1.4920 |

　　由以上结果可知，最优的离散阈值为 $w5 = 773507.4$，即面积在第一次被选作节点测试时划分成（$A>773507.4$）和（$A<773507.4$）两部分（注：集合发生分裂后需在新的子集下重复该判断过程）。经过以上判断过程，连续参量面积（$A$）转换成为离散参量，可采取与居民地等级（$L$）类似的计算方式计算增益率。以面积（$A$）、行政等级（$L$）和邻近居民地面积差（AD）三个参量为例，递归计算得到的增益率如表 6.6 所示。

表 6.6　属性参量的信息增益率

| 案例属性（$V$） | 根节点 | 节点 1 | 节点 2 |
| --- | --- | --- | --- |
| | gain（$V$） | gain（$V$） | gain（$V$） |
| $A$ | 0.6869 | 0.9999 | 0.0 |
| $L$ | 0.9994 | 0.0 | 0.0 |
| AD | 0.9989 | 0.9994 | 1.0 |

注：铺底纹和单元格数值为该列争议最大值

　　由表 6.6 可知，在根节点处应按照行政等级（$L$）划分，节点 1 处按照面积（$A$）是否大于 709920.8 划分，节点 2 处按照邻近居民地面积差（AD）是否大于 0 划分。值得注意的是，在根节点划分后，案例集合被划分成三个子集，面积的离散阈值需要在子集中重新计算，因此在节点 1 面积（$A$）按照阈值 709920.8 进行离散化，而不是按照之前的 773507.4。决策树生成结果如图 6.5 所示。

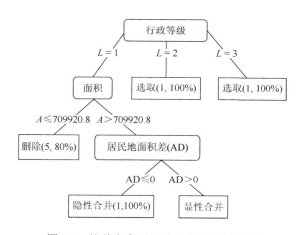

图 6.5　简单专家居民地综合决策树示例

　　如图 6.5 所示，决策树叶子节点即对应于一条规则，在叶子节点的括号中，左边数字表示案例数量，右边百分比代表置信度（案例子集中该综合操作的比率）。由该决策树我们可以很容易地得到一些直观的规则，如 If（$L=1$）and（$A\leqslant709920.8$）Then E（行政等级为 1 且面积小于 709920.8m$^2$ 的居民地删除）。在对较大数据量的居民地案例进行决策树构建时，C5.0 模型会自动对决策树进行适当的删减，剔除冗余、置信度较低的规则。

### 6.1.4　实验与分析

1．实验流程

采用决策树算法对专家居民地综合案例数据进行决策推理，可以挖掘出专家案例中隐含的综合规则，从而根据得到的规则对同类居民地对象进行智能选取。这个流程的具体步骤如下：

（1）数据预处理。例如，对待处理的数据进行质量分析，删除可能出现的重叠居民地；对同名道路进行接链处理，防止在居民地对同一条道路进行重复加权。

（2）计算居民地的六个属性描述参量，通过空间分析中的缓冲区分析、叠置分析等方法，得到居民地对象的六个输入参量值。并参照专家综合的结果，对作为案例的居民地进行目标参量赋值。

（3）运用 C5.0 算法对专家居民地综合案例构建决策树，并输出综合规则。

（4）根据生成的规则对同类型居民地进行智能综合。

（5）实验通过自动选取结果与专家综合结果对比的准确率以及混淆矩阵的 Kappa 系数评价智能综合的质量。

2．实验实例

居民地综合实验数据：河北省廊坊市、高碑店市地区 484 个居民地要素，综合的比例尺为 1：10 万～1：20 万。实验过程：实验首先将高碑店市附近 177 个居民地要素作为案例数据，推理得到的决策树如图 6.6 所示，综合规则如表 6.7 所示。

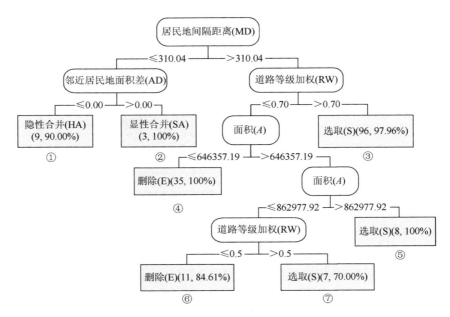

图 6.6　案例数据 C5.0 算法推理生成决策树示意图

表 6.7 由决策树导出的专家综合规则

| 决策树位置 | 编码 | 规则内容 | | 置信度 |
|---|---|---|---|---|
| 节点 1 | 规则 1 | If（MD≤310.04）and（AD≤0.00） | Then HA | 0.900 |
| 节点 2 | 规则 2 | If（MD≤310.04）and（AD>0.00） | Then SA | 1.000 |
| 节点 3 | 规则 3 | If（MD>310.04）and（RW>0.70） | Then S | 0.980 |
| 节点 4 | 规则 4 | If（MD>310.04）and（RW≤0.70）and（$A$≤646357.19） | Then E | 1.000 |
| 节点 5 | 规则 5 | If（MD>310.04）and（RW≤0.70）and（$A$>862977.92） | Then S | 1.000 |
| 节点 6 | 规则 6 | If（MD>310.04）and（RW≤0.50）and（646357.19<$A$≤862977.92） | Then E | 0.846 |
| 节点 7 | 规则 7 | If（MD>310.04）and（0.50<RW<0.70）and（646357.19<$A$≤862977.92） | Then S | 0.700 |

　　决策树的每个叶子节点及其茎干对应的判断条件即一条综合规则。因此，由图 6.6 可以得到，居民地综合案例经 C5.0 决策树模型推理后挖掘出的隐含居民地综合规则如表 6.7 所示。

　　为检验以上得到的专家综合规则的科学性和准确性，实验根据以上得到的规则，采用与专家综合案例区域特点相近的廊坊市进行实验，验证从专家案例库中得到的专家综合规则的科学性，并与专家的综合结果进行了对比，综合前后对比结果如图 6.7 所示。图 6.7 中深灰色居民地为选取对象，黑色部分为显性合并对象，灰白色区域为隐性合并对象。

 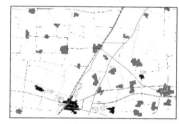 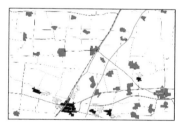

(a) 部分原始数据示例　　　　(b) 对应专家综合结果　　　　(c) 决策树推理综合结果

图 6.7 综合结果对比

　　将智能推理的综合结果与专家的推理结果进行一致性度量，计算得到该混淆矩阵的 Kappa 系数为 0.855，渐进标准误差为 0.029，说明推理的结果与专家操作结果有较高的一致性，即专家案例决策树生成的规则较好地还原了专家选取时的隐含规律，能够有效地对同类型居民地进行自动综合（表 6.8）。

表 6.8 专家操作与推理结果生成混淆矩阵

| C5.0 推理执行操作 | 制图专家执行操作 | | | |
|---|---|---|---|---|
| | 选取（S） | 删除（E） | 显性合并（SA） | 隐性合并（HA） |
| 选取（S） | 183 | 9 | 0 | 0 |
| 删除（E） | 9 | 81 | 0 | 0 |

| C5.0 推理执行操作 | 制图专家执行操作 | | | |
| --- | --- | --- | --- | --- |
| | 选取（S） | 删除（E） | 显性合并（SA） | 隐性合并（HA） |
| 显性合并（SA） | 0 | 0 | 8 | 1 |
| 隐性合并（HA） | 0 | 3 | 1 | 12 |

**3. 实验分析**

（1）总体上来说，本方法取得了较明显的效果。运用本方法可以在获得一定量的专家选取结果的情况下，迅速地对同类居民地进行有效综合。

（2）输入参量的设计是本方法能否取得理想效果的重要环节。通过观察实验中所得到的规则可以看出，邻近居民地等级差（LD）和行政等级（$L$）两个参量并没有参与最后规则的生成，说明这两个参量在本次实验所对应类型的居民地综合中不是决定综合结果的主要因素，但不排除这两个参量在其他类型的居民地综合中的作用。同时，除了本节所考虑的六个参量外，专家在选取的过程中很可能还考虑到了其他因素的影响，如居民地形状特征、居民地分布规律等。因此，需要与制图专家进行进一步沟通，增加有效的居民地描述参量，才能进一步改善推理规则的准确性。

（3）仍存在部分误判结果的原因有两个：一是训练样本（居民地综合案例）由于其数量和质量的限制，不能完全具有代表性；二是专家在选取过程中存在经验上的模糊性，即对于某些情况，类似的居民地在多次综合中不一定每次都采取相同的综合操作。这两方面影响都可以通过增加训练样本的数据进行有效改善。

## 6.1.5 小结

在专家的居民地综合经验难以形式化表达的情况下，本节提出采用决策树算法进行居民地自动综合的方法，提供了一种能够从专家综合经验中挖掘出综合规则的有效手段。本方法利用数据挖掘算法，从居民地案例库中生成居民地综合决策树，并归纳出有效的综合规则，完成了居民地综合经验从案例表达到规则表达的转化；所生成规则能够较好地还原专家的选取规律，并在同类型的居民地自动综合中取得了良好的效果，降低了获取专家制图综合规则的成本，为智能化自动综合提供了新的思路。

# 6.2　基于 KNN 算法的面状居民地智能选取方法

针对当前中小比例尺面状居民地选取方法中缺乏专家知识指导和制图综合中案例匹配机制研究的不足，本节提出了基于 KNN 算法的居民地案例推理选取方法。本方法中案例本身即制图综合知识，直接指导待决策居民地的选取结果，一定程度上避免了形式化过程中的知识畸变，能够有效地将专家案例转化为对未知结果的决策，决策正确率高，且相比于决策树方法受噪声影响更小，在案例库规模较小时仍能做出有效决策，实现了学习专家综合经验并模仿专家综合行为的目标。

## 6.2.1 KNN 算法基本思想及优势分析

### 1. KNN 算法基本思想

KNN（K-Nearest Neighbors，K 最邻近）算法是一种基于统计学习的分类方法，该算法最早由 Cover 和 Hart（1967）提出，是基于统计模式的有监督学习的类比算法。其核心思想是：首先，对整个案例库检索，计算待求解的目标案例与案例库中每个案例之间的相似度；然后，取 $K$ 个相似度高的案例，依次统计出这 $K$ 个案例对象的所属类别，找出包含最多个数的类别作为案例分类决策的结果（周伟达，2003）。其原理如图 6.8 所示，图中橘黄色样本类别未知：

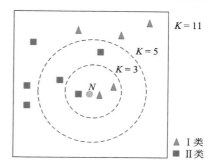

图 6.8 KNN 算法基本思想示意图

（1）若 $K=3$，则邻近三个样本中有两个 I 类、一个 II 类，依据 KNN 原理，橘黄色圆被判为 I 类；

（2）若 $K=5$，则邻近五个样本中有两个 I 类、三个 II 类，依据 KNN 原理，橘黄色圆被判为 II 类。

KNN 算法在居民地案例推理中的具体定义如下。

定义 1：专家选取居民地案例集合 $X=\{X_1, X_2, \cdots, X_n\}$，其中 $X_i$ 是集合 $X$ 中第 $i$ 个居民地案例，$n$ 为居民地案例的总个数。

定义 2：待决策居民地案例集合 $Y=\{Y_1, Y_2, \cdots, Y_n\}$，其中 $Y_i$ 是集合 $Y$ 中第 $i$ 个居民地案例，$n$ 为居民地案例的总个数。

定义 3：专家选取居民地案例 $X_i=\{a_{i1}, a_{i2}, \cdots, a_{ir}, \cdots, a_{im}\}$，其中 $a_{ir}$ 为专家选取居民地案例 $X_i$ 的第 $r$ 个属性，$m$ 为每个案例的属性总个数。

定义 4：待决策居民地案例 $Y_j=\{b_{j1}, b_{j2}, \cdots, b_{jr}, \cdots, b_{jm}\}$，其中 $b_{jr}$ 为待决策居民地案例 $Y_j$ 的第 $r$ 个属性，$m$ 为每个案例的属性总个数。

定义 5：待决策居民地案例 $Y_j$ 与专家选取居民地案例 $X_i$ 之间的相似值的计算采用欧式距离表达，即

$$D(X_i, Y_j)=\sqrt{\sum_{r=1}^{m}[b_{jr}-a_{ir}]^2} \tag{6.1}$$

定义 6：待决策居民地案例 $Y_j$ 的 $K$ 个最邻近对象集合：

$$U_K=\{X_i \mid X_i \in X, D(X_i, Y_j) \leqslant \text{MAX}_K, i \in \{1,2,3,\cdots,n\}\} \tag{6.2}$$

式中，$\text{MAX}_K$ 表示待决策居民地案例 $Y_j$ 与所有专家选取居民地案例相似度按从小到大排序的第 $K$ 个距离值。

2. KNN 算法的优势

KNN 算法在居民地案例推理选取方法中的优势总结如下:

（1）分类思想简单，易于实现。KNN 算法通过待决策居民地案例与案例库中 $K$ 个邻近案例的多数投票结果进行分类，是非参数分类算法，其分类思想简单，易于操作。

（2）一定程度上避免了经验在形式化过程中的知识畸变。知识以案例的形式表示，与泛化案例构建案例库的简单类比推理和采用决策树提取隐含规则的方法相比，KNN 算法不需要描述规则，案例本身即制图综合知识，直接指导待决策居民地，一定程度上避免了经验在形式化过程中的知识畸变。它对数据的一致性没有严格的要求，能够用于多种类型的数据。

（3）具有一定的抗噪能力。噪声数据是指制图专家疲劳、注意力不集中等导致的居民地选取的错误结果。这些噪声数据加入案例库后，若采用简单类比推理和归纳推理等方法的学习机制将会直接影响案例推理的效果。KNN 算法根据 $K$ 个近邻样本来预测待分类案例的类别，在一定程度上能有效降低噪声数据的干扰，从而使案例分类决策更为准确。

## 6.2.2　基于 KNN 算法的居民地案例的设计与构建

对于专家制图案例本身，如何对其进行合理、全面地描述，是首当其冲需要解决的问题。从专家选取结果到计算机可识别的专家选取案例的前提是对案例的合理表达、对案例属性特征的合理描述、对案例字符型属性和数值型属性的合理处理。案例的表达要有条理，以便于检索和查询；案例属性特征的描述要尽量周全，否则无法准确还原制图专家在选取时所考虑的因素；案例推理是案例与案例之间的相似度计算，故字符型属性和数值型属性的合理转换是进行案例推理计算过程的前提。同时，案例推理中，居民地案例的数据结构设计的科学性也有助于后期案例库的维护，提高专家案例库的数据质量。

1. 居民地案例的获取

本节研究的目标是获取并建立专家案例库：通过对专家案例库的类比推理学习来实现计算机对专家综合操作行为的模仿，将专家案例转换成计算机可识别的制图综合案例，从而指导计算机进行自动综合。也就是说，案例获取只需要制图专家进行部分数据的交互式综合操作，并把这些综合操作作为成功案例存储在专家案例库中，剩余的大量相似数据的综合任务可以让计算机通过模拟制图专家的综合操作行为或规律来自动完成。同时，还可以在制图综合实践过程中不断丰富、更新与完善制图案例库，使计算机综合的自动化和智能化程度不断提高。

建立案例库，首先要考虑的问题就是案例的获取。案例获取有两种途径，如图 6.9 所示，本节的案例实验数据，即制图专家交互选取的居民地数据是通过第二种对专家制图操作行为的记录来获取的。

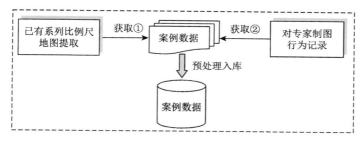

图 6.9　案例自动获取途径

**2. 居民地案例的描述**

在进行案例推理前,需要把获取到的专家选取结果转化为专家选取案例。采用三元表示法,即由制图综合案例对象(Object,O)、特征(Feature,F)以及综合标记(Label,L)组成的一条记录表示制图综合案例。其形式化的表示为

$$\text{Case}:\langle O,F,L\rangle \tag{6.3}$$

式中,案例对象是指具体操作的居民地对象,如 FID_068、FID_066;特征也称为描述性项或属性,指居民地选取时所顾及的重要性影响因子,包含居民地自身信息的描述以及通过空间分析获得的居民地所处的制图环境的描述,如居民地面积、居民地等级、全局密度、一阶邻近度、局部密度、邻近居民地距离、邻近居民地等级差和邻近道路等级来反映居民地自身属性、居民地之间的关系以及居民地与其他要素之间的关系;综合标记是指对居民地进行的综合操作,如选取(S)、删除(D)等,其中删除(D)在案例显示时应表现为面要素降维到点要素,为方便表示,文中将降维标记为删除,部分结果如表 6.9 所示。

**表 6.9　专家综合结果案例描述后示例(部分)**

| 案例对象 | 特征 | | | | | | | | | 综合标记 |
|---|---|---|---|---|---|---|---|---|---|---|
| | 名称 | 居民地面积/m² | 居民地等级 | 全局密度 | 一阶邻近度 | 局部密度 | 邻近居民地距离/m | 邻近居民地等级差 | 邻近道路等级 | |
| FID_01 | 高碑店市 | 13108007.91 | 4 | 0.995 | 8 | 0.039 | 1198.98 | 2 | 8.7 | S |
| FID_02 | 方官镇 | 482008.73 | 2 | 0.992 | 8 | 0.040 | 4398.30 | 1 | 2.4 | D |
| FID_03 | 永清县 | 3447732.07 | 3 | 0.981 | 9 | 0.034 | 7566.81 | 2 | 7.7 | S |
| FID_04 | 刘武营 | 707655.80 | 2 | 0.885 | 4 | 0.033 | 1367.95 | 1 | 0.9 | S |
| FID_05 | 艾蒲庄 | 170414.21 | 1 | 0.678 | 2 | 0.026 | 3042.74 | 0 | 0.8 | D |
| … | … | … | … | … | … | … | … | … | … | … |

采用三元描述法对专家选取居民地数据格式进行统一,确保在进行案例匹配时新的目标案例能够在案例库中匹配到综合结果,方便数据的检索、存储和管理。

### 3. 居民地属性的预处理

由于不同居民地属性间量纲不同，为了便于 KNN 相似度的计算，需对居民地属性进行数值化和归一化处理。居民地属性类型包括字符型和数值型两种。

首先，考虑字符型属性的处理，其中为方便计算，将居民地等级数值化为四个等级，从 4 到 1 分别对应市（一级）、县（二级）、乡镇（三级）、村庄（四级），然后进行归一化处理，结果如表 6.10 所示。

**表 6.10　居民地等级赋值并归一化处理**

| 居民地名称 | 居民地等级 | 归一化处理过程 | |
| --- | --- | --- | --- |
| | | 数值化表示（赋值） | 归一化处理 |
| 霸州市 | 一级 | 4 | 1 |
| 房山区 | 二级 | 3 | 0.75 |
| 胜芳镇 | 三级 | 2 | 0.5 |
| 大辛庄 | 四级 | 1 | 0.25 |

其次，对于数值型属性，采用 min-max 标准化（Min-Max Normalization）使结果映射到 0～1。标准化公式如下：

$$x' = \frac{x - \min}{\max - \min} \tag{6.4}$$

式中，max 为样本属性数据的最大值；min 为样本属性数据的最小值。

### 4. 居民地属性的筛选

居民地选取本身顾及的属性较多，属性选择的判定对于选取结果的质量起到决定性作用，而属性的选择又与数据类型、制图专家的主观判断密切相关。本节通过 206 个验证数据，采用逐步消元法解决居民地属性选取多少和选取哪些的问题，并用十折交叉验证法得出分类正确的百分比，将 10 次结果正确率的平均值作为最终实验结果。具体步骤是：首先从训练数据完整的属性集中移除单个属性，余下属性形成一个属性子集，对每个属性子集进行十折交叉验证，通过对比分类正确率确定最佳对象的属性子集，按照这种方式重复，即在逐步减少属性数量的同时进行十折交叉验证，记录分类正确率，结果如表 6.11 所示。

**表 6.11　不同属性子集的准确率统计**

| 属性数量 | 最佳子集的属性 | 分类正确率/% |
| --- | --- | --- |
| 8 | 居民地面积、居民地等级、全局密度、一阶邻近度、局部密度、邻近居民地距离、邻近道路等级、邻近居民地等级差 | 60.25 |
| 7 | 居民地面积、居民地等级、全局密度、一阶邻近度、局部密度、邻近居民地距离、邻近道路等级 | 70.26 |
| 6 | 居民地面积、居民地等级、全局密度、一阶邻近度、局部密度、邻近道路等级 | 67.08 |

续表

| 属性数量 | 最佳子集的属性 | 分类正确率/% |
|---|---|---|
| 5 | 居民地面积、居民地等级、全局密度、局部密度、邻近道路等级 | 79.86 |
| 4 | 居民地面积、居民地等级、全局密度、邻近道路等级 | 82.36 |
| 3 | 居民地面积、居民地等级、邻近道路等级 | 74.87 |
| 2 | 居民地面积、居民地等级 | 60.56 |
| 1 | 居民地等级 | 59.26 |

从实验结果可以看出，当属性个数为 4，属性组成为居民地面积、居民地等级、全局密度、邻近道路等级时分类正确率最高，由此确定参与决策的属性，并依此整理专家选取结果数据，构建居民地案例库。

## 6.2.3 基于 KNN 算法的居民地案例匹配机制设计

制图综合领域应用的案例推理方法中一般对专家制图案例进行典型化和泛化，生成制图综合的典型案例，待处理案例再与典型案例单一匹配确定最后唯一结果。制图综合规则本身是严谨的，使得典型化、泛化尺度难以把握，而单一匹配采用一刀切的方法有违制图综合的灵活性，故目前案例匹配机制还存在很大提升空间。本方法采用基于 KNN 算法的案例推理匹配机制，即通过训练模型，确定最终 $K$ 值，将情况相近的 $K$ 个案例综合参与决策未知案例的结果，更好地利用专家经验和已有的基础地理信息数据，提高案例匹配正确率和容噪能力。

### 1. $K$ 值的重要性

KNN 算法所有的计算都在分类过程中完成，该算法仅用到周围 $K$ 个近邻样本参与未知居民地的决策结果，故该算法中 $K$ 的取值直接影响模型的分类效果。

（1）$K$ 值取值过小，如图 6.10（a）所示，即用较小的邻域中的训练实例进行预测，参考的案例过少，可能因最邻近数较少而降低分类效果，从而影响决策结果。

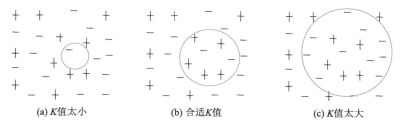

(a) $K$ 值太小　　　　　(b) 合适 $K$ 值　　　　　(c) $K$ 值太大

图 6.10　不同 $K$ 值对模型正确率的影响

（2）$K$ 值取值过大，如图 6.10（c）所示，即用较大邻域中的训练实例进行预测，参考的案例过多，可能因较大 $K$ 值的选择导致不相似的数据包含到最邻近中，增加噪声数据，从而降低分类效果。

故设置合适的 $K$ 值对于建立稳健的模型至关重要，如图 6.10（b）所示，设置 $K$ 值时参考其邻近的 $K$ 个目标。

### 2. $K$ 值的选择方法

本方法采用控制变量法和十折交叉验证法训练数据样本，通过查全率、查准率、$F_1$ 测度值和分类正确率四个指标来确定最佳 $K$ 的取值。评价指标值越大，说明 $K$ 近邻模型的分类性能越好，案例匹配的精度越高。

验证数据（206 个案例）采用不同 $K$ 值的实验结果，如图 6.11 所示，控制训练数据个数不变，改变 $K$ 值，寻找分类最大正确率时的 $K$ 值。

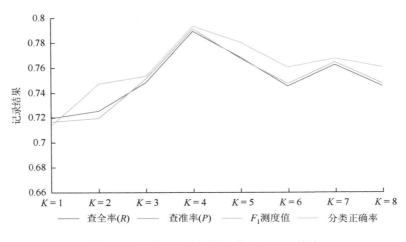

图 6.11　训练数据中不同 $K$ 值推理结果统计

从统计结果可以看出，当训练样本个数为 206、$K=4$ 时，采用 KNN 算法进行案例分类的正确率最高。

### 3. 最终 $K$ 值的确定

于瑞萍（2007）研究发现，最佳 $K$ 值一定程度上与案例的规模存在关联，$K$ 值取训练样本的 2%时可以取得最佳的分类效果。为了进一步探寻居民地选取案例推理最佳 $K$ 值的选择与案例库规模之间的关系，采取不同的 $K$ 值对其应用效果进行了测试，并采用不同的案例规模进行验证，依次确定每组训练数据的最佳 $K$ 值，实验结果如图 6.12 所示。

分析实验结果发现，在基于 KNN 算法的居民地推理选取模型中，KNN 算法的最佳 $K$ 值与案例库规模确实存在一定的趋势关系，在 $K$ 值取训练样本的 2%时可以取得最好的分类效果。

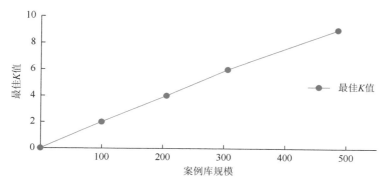

图 6.12　不同数量的训练数据的最佳 $K$ 值统计

## 6.2.4　实验与分析

### 1. 实验数据准备

为了验证本节提出的居民地智能选取方法的有效性和优越性，以综合的比例尺为 1：10 万～1：25 万，某地区及其周边专家交互选取的 500 个居民地作为案例库，将制图环境相似的某市附近 150 个居民地作为实验案例，此时最佳 $K$ 值为 10。

### 2. 实验流程设计

本方法主要针对中小比例尺面状居民地数据，采用基于 KNN 案例推理的居民地选取模型，其技术路线如图 6.13 所示。

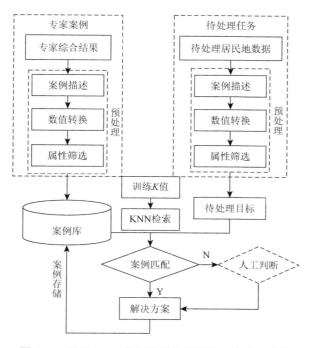

图 6.13　基于 KNN 案例推理的居民地选取技术路线

图 6.13 技术路线图中主要包括以下 5 个步骤。

步骤 1：案例描述。通过三元描述法对制图专家的居民地选取结果进行结构化描述，构建专家案例。

步骤 2：数值转换。将居民地案例输入案例库，对案例进行数值化、归一化等预处理。

步骤 3：属性筛选。采用逐步消元法，确定参与决策的最佳属性组合，构建格式统一的案例库。

步骤 4：案例匹配。训练数据，确定最佳 $K$ 值，启动案例推理和 KNN 检索机制，将每个待决策居民地案例与案例库中的案例依据相似度进行 KNN 匹配，并根据案例匹配结果得出待决策居民地的解决方案，依据解决方案指导居民地的选取。

步骤 5：人工处理。若 KNN 检索中判断案例类别个数相等，此时机器无法做出判决，则需进行人工处理。将人工处理后的居民地数据与成功匹配的居民地数据一起作为新案例加入案例库中。

将本方法选取结果与专家选取结果进行对比，分析选取效果。同时，设置两组对照实验：第一组加入随机噪声，将本方法与基于决策树的案例推理方法进行对比，查看正确率波动情况，验证本方法的抗噪性；第二组改变案例库的规模，将本方法和基于决策树的案例推理方法进行对比，查看正确率波动情况，证明决策树在案例库规模较小时难以构建稳健的决策树，验证本方法的优势。

3. 实验结果与分析

将某地区及其周边专家交互选取的 500 个居民地作为案例库，如图 6.14 所示。将制图环境相似的某市附近 150 个居民地作为测试案例，其部分如图 6.15 所示。数据预处理完成后，进行待决策案例与案例库的 KNN 匹配，图 6.16 为 KNN 实验自动综合的结果，专家交互选取结果如图 6.17 所示。

图 6.14　专家案例数据示例

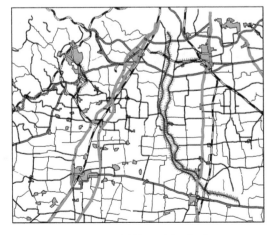

图 6.15　测试数据示例（部分）

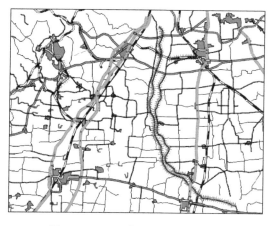

图 6.16　KNN 实验自动综合结果　　　　　图 6.17　专家交互选取结果

　　图中居民地选取的对象标记为红色，删除居民地对象标记为灰白色。可以看出，图 6.16 与图 6.17 对应居民地颜色大部分一致，即综合结果总体相似度很高，只存在少量不一致的情况。

　　为检验 KNN 算法综合结果的科学性和准确性，对该方法的综合结果与图 6.17 专家交互选取结果进行详细对比与分析。为方便比较，仅显示居民地要素，如图 6.18、图 6.19 所示，相关数据统计见表 6.12。

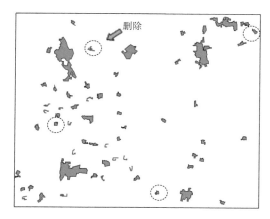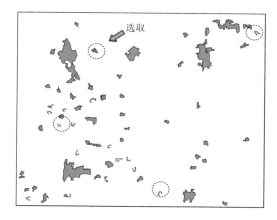

图 6.18　KNN 算法综合结果　　　　　　　图 6.19　专家综合结果

表 6.12　KNN 算法综合结果与专家综合结果对比统计表

| 比较项目 | 专家交互选取 | KNN 算法 |
|---|---|---|
| 选取个数/错误选取个数/个 | 107/0 | 95/11 |
| 删除个数/错误删除个数/个 | 43/0 | 29/13 |
| 人工处理个数/个 | 150 | 2 |

| 比较项目 | 专家交互选取 | KNN 算法 |
|---|---|---|
| 查全率（$R$）/% | 100 | 89.62 |
| 查准率（$P$）/% | 100 | 87.97 |
| $F_1$ 测度值 | 100 | 88.79 |
| 决策率/% | 100 | 98.67 |
| 决策正确率/% | 100 | 83.78 |

分析实验对比结果可知，基于 KNN 算法的案例推理方法与专家交互选取结果相比，综合后的居民地基本上保持了其整体分布特征，取得了较好的综合效果。在复杂的制图环境下，决策正确率达 83.78%，且忠于专家经验，很大程度上还原了专家的制图水平。查看结果发现，有两个居民地数据出现 10 个参考案例中删除与选取各 5 个的情况，系统无法做出决策，最终由人工处理，决策率达 98.67%，得到解决方案后作为新的经验存储到案例库中；仅存在极少量与专家选取不一致的综合结果，部分如图 6.18、图 6.19 箭头所示，进一步分析发现该部分居民地处在专家判断标准的边缘，存在不可避免的模糊性，因而导致错误的产生。

### 4. 对比实验与分析

进一步研究发现，案例库有存在噪声的可能，而当前制图综合中基于案例推理的居民地选取方法的容噪能力差，且案例库规模较少时难以构建稳健的模型，最终影响其指导解决新任务的质量。

本节提出的基于 KNN 算法的案例推理方法与依据案例归纳出规则的决策树方法相比，在一定程度上能允许噪声的存在，且在案例库规模较小时也能做出有效决策。该方法针对案例库中可能存在噪声、面状居民地数据规模有限等事实，弥补了目前案例推理模型在居民地选取中面临的案例库规模较小、难以构建有效模型的不足，验证了基于 KNN 算法的居民地案例推理选取模型的稳健性和普适性，其可以通过以下实验进行验证。

实验一：验证本方法的抗噪性。

为证明基于 KNN 案例推理的居民地选取方法在抗噪方面的优势性，在案例库中分别添加 2%、4%、6%、8%比例的随机噪声进行对比实验，将基于 KNN 算法的案例推理方法与基于决策树的案例推理方法选取效果做比较，决策正确率统计结果如图 6.20 所示。

分析实验结果可知，KNN 算法更为稳定。随着随机噪声数据的加入，决策树方法的决策正确率受影响较大，而使用 KNN 算法的决策正确率相对稳定，可见 KNN 算法在随机噪声干扰下鲁棒性更强。

进一步分析可知，传统决策树方法中每一个根节点到叶子节点的分枝都是一条由案例演绎归纳得到的规则，图 6.21（a）为无噪声专家居民地综合简单决策树示例。若加入错误的噪声案例，如将行政等级为 3、面积为 658956.7m² 的居民地案例由选取操作为删除，则会归纳出错误的规则，如图 6.21（b）灰色标志所示。而案例推理模型是将已解决的新问题不断加入案例库中，这种"滚雪球"式的发展会导致更多的错误案例入库，进而造成更多错误决策。

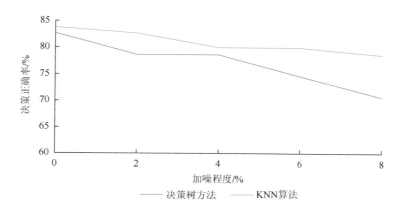

图 6.20　加噪后决策树方法与 KNN 算法决策正确率结果趋势

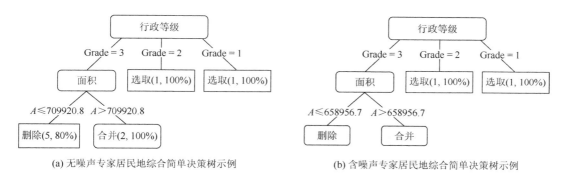

(a) 无噪声专家居民地综合简单决策树示例　　　　　　(b) 含噪声专家居民地综合简单决策树示例

图 6.21　两种情况决策树生成对比示例

由 KNN 算法的基本思想可知，KNN 算法是 $K$ 个案例参与决策待处理居民地案例结果，故决策时个别噪声的存在对判断结果影响甚微，即基于 KNN 算法的案例推理模型在一定程度上受噪声案例影响较小，能有效弥补目前案例推理模型在居民地选取中抗噪能力弱的缺点。

实验二：验证本方法在案例库规模较小时依然有效。

为验证本方法在案例库规模较小时的有效性，设置改变案例库规模，个数分别为 100、200、300、400、500，$K$ 值取案例库规模的 2%，以 20 个待决策居民地为验证数据，比较本方法与基于决策树的居民地选取方法的效果，其决策正确率统计如图 6.22 所示。

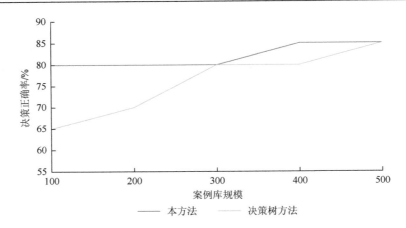

图 6.22　本方法与决策树方法在案例库规模改变后决策正确率统计图

　　由图 6.22 中实验结果可知，随着案例库规模的增大，两种方法的正确率均有所上升，但当案例库规模小于 300 时，决策树方法正确率较低且不稳定，而本方法决策正确率趋于平稳。考虑到面状居民地案例的数据特点，如沙漠地区，居民地案例数量有限，在案例库规模较少时依然能做出有效决策，体现了基于 KNN 算法的居民地案例推理选取模型的稳健性和普适性。

### 6.2.5　小结

　　本节提出一种基于 KNN 算法的居民地案例推理选取的方法，与已有的方法相比，该方法直接以制图专家对居民地交互选取结果为案例对象，一定程度上突破了知识获取的瓶颈，避免了形式化过程中的知识畸变，实现了学习专家综合经验并模仿专家综合行为的目的。同时，该模型决策正确率高，且相比于决策树方法受噪声影响更小，在案例库规模较小时仍能做出有效决策，为智能化居民地综合提供了新的参考思路。

## 6.3　顾及多特征的点群居民地 SOM 聚类选取算法

　　在中小比例尺地图上，点群状分布是一种常见的居民地分布模式，呈点群分布的居民地占据了较大负载量。居民地选取的目标是从大量原始居民地数据中选取更重要的、更能体现其空间和属性特征的居民地作为选取结果，其选取质量直接影响了地图信息传输能力的好坏，决定了地图的应用价值（王家耀等，1993）。
　　当前点群居民地大多采用空间距离关系或空间分布特征等单一指标进行选取，难以兼顾选取前后居民地的分布范围、邻接关系和属性信息等多方面特征的整体保持。为解决上述问题，本节提出一种顾及多特征的点群居民地 SOM 聚类选取算法。该算法充分考虑了居民地的空间结构特征和属性语义信息，利用 Delaunay 三角网"剥皮"方法，将居民地划分为外部轮廓居民地和内部普通居民地,分别对其进行选取,并在参考空间距离关系的基础上进一步顾及居民地的分布密度、一阶邻近度和居民地等级,以保持选取前后居民地边界轮廓的完整性、内部分布密度的一致性、拓扑关系及地理语义信息的完备性。

## 6.3.1　点群居民地分类

为更好地保持居民地选取前后的整体和局部特征,将居民地数据划分为外部轮廓居民地和内部普通居民地两类,该分类操作的重点在于准确提取居民地的外部轮廓。

居民地的分布范围是由边界居民地连接而成的多边形决定的。当前常用的提取点群外部轮廓的方法主要包括凸壳和 Delaunay 三角网两种。基于凸壳提取轮廓范围的方法容易忽略点群边缘的特征点,导致提取结果不够精确。为了弥补凸壳算法的这一缺陷,基于 Gestalt 邻近性原则,运用 Delaunay 三角网“剥皮”操作求取居民地的外部轮廓线,其提取结果能够不遗漏边界居民地,同时有效避免点群凹部区域被划分至外部轮廓区域,提取的轮廓线精确度较高。如图 6.23 所示,黑色边框是利用凸壳算法得到的外部轮廓,红色边框是利用 Delaunay 三角网算法得到的外部轮廓。

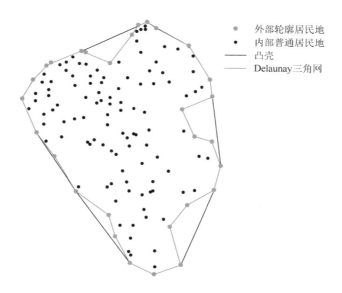

图 6.23　凸壳和 Delaunay 三角网提取的外部轮廓

## 6.3.2　外部轮廓居民地选取方法

外部轮廓居民地位于整个区域的轮廓线上,决定了整个区域的分布范围和轮廓特征,对保持整体分布范围一致性具有重要作用。相比等高线、河流、道路等具有复杂形态的线要素,外部轮廓居民地构成的轮廓线形态特征相对简单,其化简目的是保持整体闭合

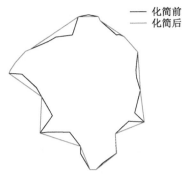

图 6.24　外部轮廓化简结果

轮廓形态的相似性，如基于遗传算法的线要素化简（武芳和邓红艳，2003）、基于小波变换的线要素化简（朱长青等，2004）和基于分维扩展的综合（龙毅等，2004）等方法，主要针对的是等高线、河流等复杂线要素的化简，其中有些方法的化简过程需要通过移动节点位置来保持线要素形态的一致性，无法直接套用到本方法实际情况中，但经典的 Douglas-Peucker 算法在特征点保持方面有较好的效果（Douglas and Peucker，1993），因此 Douglas-Peucker 算法可满足本方法关于外部轮廓线的化简需求，如图 6.24 所示。

### 6.3.3　内部普通居民地选取方法

内部普通居民地是选取的主体，具有数量多、分布密度不均、拓扑关系复杂等特点，如果不加以区分，直接将其视为一个整体进行选取，很容易造成选取不当的问题，因此采用"先聚类，后选取"的思想，将内部普通居民地划分为不同的选取单元，在每个选取单元内根据其多特征进行选取。

#### 1. 开方根模型

要对点群居民地进行选取，首先需要确定选取数量。本方法利用制图综合理论中的开方根模型计算目标地图的居民地数量，其计算公式如下：

$$n_e = K \times n_b \times \left( \frac{m_b}{m_e} \right)^{\frac{1}{p}} \tag{6.5}$$

式中，$n_e$ 为目标比例尺的居民地数量；$n_b$ 为现有比例尺的居民地数量；$m_e$ 为目标比例尺的分母；$m_b$ 为现有比例尺的分母；$K$ 和 $p$ 为调整系数，标准的开方根模型中 $K=1$、$p=2$。利用上述公式计算其他比例尺下居民地个数，确定最终的选取数量。

#### 2. SOM 聚类分析

聚类分析是数据分析中一种常见的算法，在内部普通居民地选取过程中，由于数据量较大，所以不能直接对整个区域的居民地进行处理，需要分成多个聚类单元分别进行选取。

由于 SOM 神经网络的非监督特性，可在没有训练样本的前提下，无监督地自组织学习输入数据中的潜在规律和根本属性，实现自动聚类，其智能化程度较高，较大程度上节约了选取的时间成本。同时，人工神经元网络的并行性、自适应性和容错性使得居民地选取速度更快，选取结果的正确率更高。基于上述 SOM 神经网络在聚类过程中的优势和特点，选择基于模型的 SOM 神经网络算法对居民地进行聚类。

SOM 神经网络的迭代过程（程博艳等，2013）主要包括：①对输入模式和输出权值向量进行预处理，设定优胜邻域和学习率初始值；②根据输入层与输出层向量的点积寻找获胜神经元；③以获胜神经元为中心，确定优胜邻域并调整输出层权值；④判断是否满足迭代结束条件（Allouche and Moulin，2005）。

迭代结束后，输出层权值向量的集合就是输入向量的选取结果，距离获胜神经元即聚类中心最近的点代表点群最终的选取结果。图 6.25 是某点群利用 SOM 神经网络的聚类结果，4 种颜色代表 4 类点群，圆形标注为聚类中心。

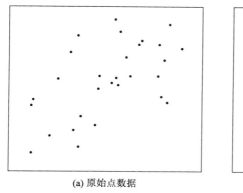
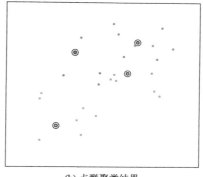

(a) 原始点数据　　　　　　　　　　　(b) 点群聚类结果

图 6.25　点群聚类

### 3. 顾及多特征的点群居民地选取算法

随着顾及大小和形状的居民地选取算法的不断发展，居民地数据中隐含的空间结构化信息也逐渐受到重视。评价居民地选取结果的标准是判断选取前后居民地整体分布特征的保持度，即选取前后居民地的数量发生变化时其空间分布范围和相对分布密度的保持度。在分析具体问题时，居民地的地理语义信息在选取过程中也十分重要。根据上述居民地选取过程中的需求，将在 SOM 聚类的基础上顾及分布密度、一阶邻近度和居民地等级因素对居民地进行选取。

#### 1）分布密度

分布密度是指单位面积内研究对象的数量（或固定数量的研究对象所占的面积）。利用居民地所在 Voronoi 多边形的面积定义分布密度（段佩祥等，2019），计算公式为

$$\rho_i = \frac{1}{S}(i = 1, 2, \cdots, n) \tag{6.6}$$

式中，$\rho_i$ 为该居民地的分布密度；$S$ 为该居民地对应 Voronoi 多边形的面积。

由于居民地数据形成的 Voronoi 图的外围是不封闭的，故边缘居民地的分布密度无法计算。为解决此问题，首先利用凸壳构造封闭多边形；然后沿着居民地区域中心与凸壳上居民地的连线方向向外延伸一定距离得到延伸点，将其添加至原始居民地数据中生成 Voronoi 图，从而保证边缘居民地的分布密度可以被计算出来（高凯等，2015），如图 6.26 和图 6.27 所示。

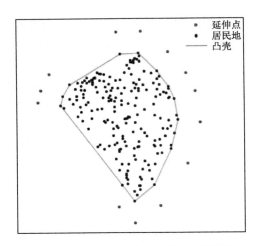

图 6.26　居民地凸壳及延伸点示意图

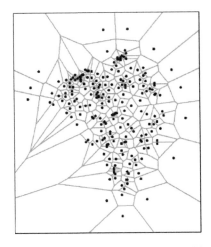

图 6.27　添加延伸点后的 Voronoi 图

2）一阶邻近度

居民地的选取除了需要参考分布密度和分布范围信息来保持选取前后的轮廓范围特征和分布密度特征外，还需要顾及居民地之间的邻接关系，进而体现居民地之间的相互影响和目标居民地的中心度。一阶邻近度是指目标居民地对应的 Voronoi 多边形的邻接 Voronoi 多边形个数的总和，体现了目标居民地的中心程度和重要性（谢丽敏等，2017），其计算公式如下：

$$F(i) = \sum_{j=1}^{n} \varphi_{ij} (i \neq j) \tag{6.7}$$

式中，$F(i)$ 为居民地 $i$ 的一阶邻近度；如果居民地 $j$ 与居民地 $i$ 具有邻接关系，则 $\varphi_{ij} = 1$，否则 $\varphi_{ij} = 0$。

根据居民地 Voronoi 图的邻接关系得到目标居民地对应多边形的一阶邻近度，一阶邻近度越大的居民地，与其周围居民地联系越紧密，即该居民地的中心度和重要程度越高，被选取的概率越大。

3）居民地等级

根据制图综合理论，居民地等级越高，该居民地被选取的概率就越大；反之，被删除的概率越大。根据目标居民地属性从高到低设置居民地等级 $G(i)$（胡慧明等，2016），如表 6.13 所示。

表 6.13　居民地等级

| 居民地类别 | 居民地等级 |
| --- | --- |
| 市级 | 5 |
| 县级城镇 | 4 |
| 乡、镇 | 3 |
| 行政村 | 2 |
| 街区、房屋和其他 | 1 |

4）联合参数的构建

基于制图综合理论，对居民地分布密度 $\rho_i$、一阶邻近度 $F(i)$ 和居民地等级 $G(i)$ 这三个特征因素作乘积，构建居民地选取的联合参数 $U(i)$。然后，将联合参数和基于 SOM 聚类产生的初始距离值相乘得到最终距离值，据此判断该居民地是否被选取。其中，需要综合联合参数与三个特征因素的关系，并对这三个因素进行归一化，其计算公式如下：

$$U(i) = \rho_i \cdot \frac{1}{F(i)} \cdot \frac{1}{G(i)} \qquad (6.8)$$

综上所述，顾及多特征的点群居民地 SOM 聚类选取流程如图 6.28 所示。

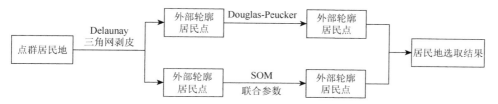

图 6.28 顾及多特征的点群居民地 SOM 聚类选取流程图

### 6.3.4 实验与分析

1. 实验数据与预处理

对某市具有居民地等级属性信息的 1：1 万点状居民地数据进行 SOM 聚类选取，数据分布情况如图 6.29 所示，共有 247 个居民点。

为了对外部轮廓居民地（简称外部居民地）与内部普通居民地（简称内部居民地）分别进行选取，基于 Gestalt 邻近性原则，运用 Delaunay 三角网"剥皮"操作提取居民地外部轮廓线，如图 6.30 所示。表 6.14 为分类后内外部居民地的数量统计情况。

图 6.29 1：1 万居民地数据　　　　　图 6.30 外部居民地与内部居民地划分结果

表 6.14   分类后内外部居民地数量

| 居民地总数量 | 外部居民地数量 | 内部居民地数量 |
|---|---|---|
| 247 | 39 | 208 |

基于 SOM 神经网络对内部居民地进行聚类，得到各居民地距离其最近聚类中心的初始距离值；计算居民地所在 Voronoi 多边形的面积并对其进行归一化，其倒数即该居民地的分布密度；根据 Voronoi 图的邻接关系，得到目标居民地对应 Voronoi 多边形的一阶邻近度；根据居民地数据的属性信息对其赋予居民地等级值。内部居民地数据预处理的部分结果如表 6.15 所示。

表 6.15   居民地数据预处理结果示例

| 居民地 ID | 与聚类中心的距离/$10^{-3}$ | 分布密度 | 一阶邻近度 | 居民地等级 |
|---|---|---|---|---|
| 1 | 0.43612 | 34.137652 | 5 | 2 |
| 2 | 0.30452 | 63.478100 | 4 | 1 |
| 3 | 0.53151 | 106.616920 | 6 | 3 |
| 4 | 1.58511 | 36.163319 | 6 | 2 |
| 5 | 0.20238 | 129.793598 | 6 | 3 |
| 6 | 0.10893 | 59.415525 | 7 | 2 |

2. 实验结果与分析

为对比选取前后居民地的分布范围和分布密度的变化，首先根据开方根模型计算 1：2.5 万、1：5 万、1：10 万比例尺居民地的选取数量。其次，采用 Douglas-Peucker 算法对外部点进行化简，化简过程中设置的阈值 Max_Dis 和化简前后外部居民地的数量情况如表 6.16 所示，外部居民地选取结果如图 6.31 所示。

表 6.16   外部居民地选取结果

| 比例尺 | 阈值 Max_Dis | 选取前居民地数量 | 选取后居民地数量 |
|---|---|---|---|
| 1：2.5 万 | 0.02 | 39 | 26 |
| 1：5 万 | 0.05 | 39 | 17 |
| 1：10 万 | 0.07 | 39 | 12 |

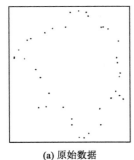 

(a) 原始数据          (b) 1：2.5万          (c) 1：5万          (d) 1：10万

图 6.31   外部居民地选取结果

　　然后，根据居民地的坐标对内部居民地进行 SOM 聚类，依据选取后居民地的数量设置聚类中心的数量，记录 SOM 神经网络聚类得到各居民地距离其最近聚类中心的初始距离值；在此基础上，利用居民地分布密度、一阶邻近度和居民地等级三个特征因素作乘积构造联合参数；并与初始距离值相乘得到最终距离值，据此判断居民地是否被选取。表 6.17 为不同比例尺选取前后内部居民地的数量，图 6.32 和图 6.33 分别为内部居民地聚类结果和选取结果。

表 6.17　内部居民地选取结果

| 比例尺 | 选取前居民地数量 | 选取后居民地数量 |
| --- | --- | --- |
| 1 : 2.5 万 | 208 | 130 |
| 1 : 5 万 | 208 | 93 |
| 1 : 10 万 | 208 | 67 |

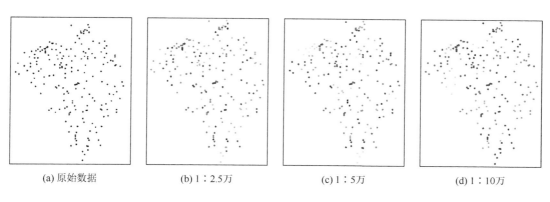

(a) 原始数据　　　　(b) 1 : 2.5万　　　　(c) 1 : 5万　　　　(d) 1 : 10万

图 6.32　内部居民地聚类结果

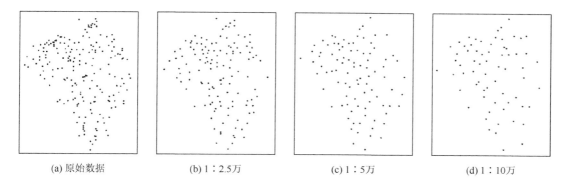

(a) 原始数据　　　　(b) 1 : 2.5万　　　　(c) 1 : 5万　　　　(d) 1 : 10万

图 6.33　内部居民地选取结果

　　根据上述实验步骤对居民地进行选取，最终选取结果如图 6.34。

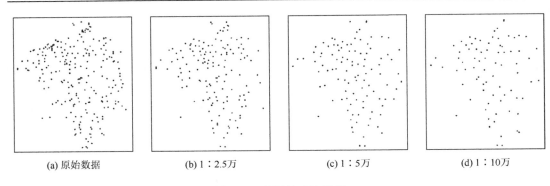

图 6.34　居民地选取结果

根据上述居民地选取结果对其进行以下三点分析。

1）分布范围分析

本方法在不同的比例尺下，选取结果均能保持整个区域的外部轮廓特征，特别是在比例尺较大时，其轮廓信息几乎保持一致；比例尺较小时，选取结果也能够较为完整地保持外部轮廓特征。由表 6.18 可知，当比例尺不低于 1∶5 万时，外部轮廓面积保持率能够保持在 100%左右；只有当比例尺为 1∶10 万时，外部轮廓面积保持率才下降至 89.71%。因此，本方法得到的居民地选取结果能够较好地保持原始居民地数据中的外部轮廓特征。

表 6.18　不同比例尺下外部轮廓的面积保持率

| 比例尺 | 外部轮廓面积/km² | 外部轮廓面积保持率/% |
| --- | --- | --- |
| 1∶1 万 | 104 | 100.00 |
| 1∶2.5 万 | 106 | 101.92 |
| 1∶5 万 | 100 | 96.15 |
| 1∶10 万 | 96 | 89.71 |

2）分布密度分析

对于内部居民地，通过 SOM 聚类将其划分为不同的选取单元，并且在选取过程中充分考虑并计算了居民地的局部密度，使得选取后的居民地分布能够保持原有居民地的局部分布密度特征。图 6.35 为根据内部居民地归一化后的分布密度制作的分级符号图，可以看出，分布较为密集的区域在不同的比例尺下对应的区域依然能够保持原始密度特点，因此本方法能够保持原始数据选取前后的分布密度。

3）一阶邻近度与属性信息分析

本方法充分顾及了居民地的一阶邻近度和居民地等级等属性信息，使得选取结果能体现居民地的邻接关系和地理语义信息对选取过程的影响。如图 6.36 所示，重要度较高［一阶邻近度较大（大于9）、居民地等级较大（大于3）］的内部居民地用红色圆圈圈出。

结合表 6.19 可以看出，重要度较高的居民地在选取结果中所占比例与在原始数据中所占比例逐渐升高，表明算法体现了居民地的中心度和等级重要性对选取结果的影响，这一特性符合制图综合中"保留重要要素，舍去一般要素"的综合规则。

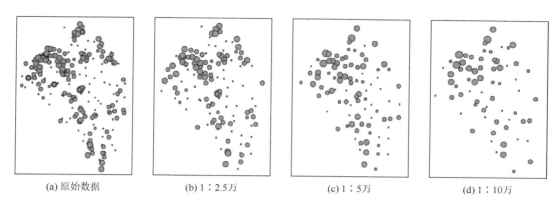

图 6.35　内部居民地归一化分布密度分级符号图

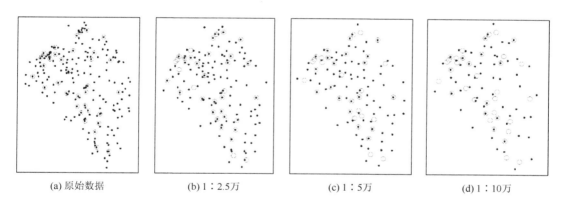

图 6.36　内部居民地重要点标识图

**表 6.19　重要居民地在选取结果中的占比**

| 比例尺 | 居民地总数 | 重要居民地数量 | 占比/% |
| --- | --- | --- | --- |
| 1∶1 万 | 208 | 36 | 17.31 |
| 1∶2.5 万 | 130 | 25 | 19.23 |
| 1∶5 万 | 93 | 18 | 19.35 |
| 1∶10 万 | 67 | 13 | 19.40 |

**3. 对比实验与分析**

本节选用基于极化变换的点群选取方法（钱海忠等，2005）与本方法进行对比分析，对相同的居民地数据进行基于极化变换的点群选取操作。由于基于极化变换的选取方法顾及的因素为要素在圆中的极坐标信息（即角度和半径），故选取后能够保持一定的整体性，但选取结果的局部相对分布密度变化程度较高。

如图 6.37 所示，红圈所示区域为选取前后密度发生较大变化的区域，当比例尺为 1：2.5 万时，极化变换的选取结果能够基本保持原始居民地的分布特征；当比例尺为 1：5 万时，选取结果能够基本保持原始居民地的分布范围，但是局部密度在红圈所示范围内会产生一定变化；当比例尺为 1：10 万时，选取结果的局部分布密度变得更加不均匀，居民地范围内出现了大量空白区域，并且在靠近图幅中心区域的点群密度明显高于其他区域，使得选取结果无法满足制图综合的要求。

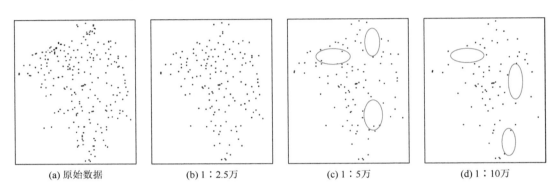

图 6.37　居民地的极化变换选取结果

相比之下，利用本方法得到的选取结果在各比例尺条件下，均能较好地保持外部范围的一致性与内部密度的不变性，尤其是当比例尺较小时，选取结果依然没有损失外部范围信息，内部局部密度也能得到保持，未产生明显变化，表明本方法能够基本适用于不同比例尺的要求，具有较好的稳定性。此外，基于极化变换的选取方法未考虑居民地等级等属性信息以及居民地之间的邻接关系，因此选取结果未能体现原始居民地的重要性和中心度。

根据对比实验结果和分析，本节提出的顾及多特征的点群居民地 SOM 聚类选取方法能够在满足制图综合的要求下，实现居民地的非监督自动聚类选取，其主要具有以下三个方面的优势：

（1）SOM 神经网络的非监督特性，使得本方法不需要先验知识即居民地选取案例就能自组织对数据进行聚类，消耗成本较低；

（2）将居民地划分为外部居民地和内部居民地并对其分别进行选取的方法使得选取结果能够同时保持外部轮廓特征和内部局部分布密度特征；

（3）在基于 SOM 聚类选取的基础上顾及分布密度、一阶邻近度和居民地等级因素，使得选取结果的分布特征、拓扑特征和属性特征得以保持。

### 6.3.5　小结

　　制图综合是一个复杂的智能化过程，目的是在有限的地图空间中尽可能地展现出更为重要的地理要素。本节针对点群居民地的分布特性提出了一种顾及多特征的点群居民地 SOM 聚类选取方法，通过区分外部轮廓居民地和内部普通居民地，对二者分别设计不同的选取策略，从而更好地保持群体分布上的结构化信息和个体间的重要程度差异，避免了直接对整个区域居民地选取的随意性和不确定性。本方法在利用 SOM 神经网络聚类的基础上，还同时顾及了居民地的分布范围、分布密度、邻接关系和语义信息，这样既能保持选取前后分布特征和拓扑结构，又可兼顾居民地的个体重要性，提高了基于 SOM 神经网络的居民地聚类选取方法的科学性和完备性。

## 6.4　顾及道路网约束的点群居民地 SOM 聚类选取算法

　　道路作为人类活动所必需的一种人造网络地理要素，对不同地物起着重要的连通作用，特别是对其周围居民地具有较大的辐射影响。因此，居民地与道路之间的联系十分密切，制图者在进行居民地综合时，不能忽视道路网对居民地的联动影响和约束作用（Yang and Zhang，2015）。

　　针对当前点群居民地选取方法难以兼顾选取前后居民地的多特征及道路网的约束作用，本节提出一种顾及道路网约束的点群居民地 SOM 聚类选取算法。本方法在顾及道路网眼分割约束作用的基础上，利用 SOM 对每个道路网眼区域中的居民地进行聚类选取，结合居民地分布密度、一阶邻近度、居民地等级及道路约束权重因子（道路交叉口约束、道路沿线约束）构建联合参数并作用于居民地聚类过程，最终实现居民地聚类选取。本方法在保持居民地选取前后分布特征的同时，其选取结果还能体现分布密度、一阶邻近度、居民地等级和道路网约束对居民地选取过程的影响。

### 6.4.1　道路在居民地选取中的约束作用

　　道路对居民地选取的影响和约束作用主要包括位于道路交叉口附近的居民地重要程度更高，位于道路沿线附近的居民地重要程度更高，居民地被道路分割为不同区域，可总结概括为道路网眼约束、道路交叉口约束以及道路沿线约束。

　　1. 道路网眼约束

　　道路网是由多条纵横交错的线状要素组成的，多条道路相交后形成的闭合多边形称为道路网眼，道路网眼将居民地所在区域分割成多个网眼单元（张云菲等，2013），本节根据"先分割后选取"的思想进行居民地选取能更好地保持选取前后整个居民地区域的分布结构特征（外部轮廓特征、分布密度和分布纹理特征），同时提高了选取结果的合理性和准确性，图 6.38 为道路网眼图。

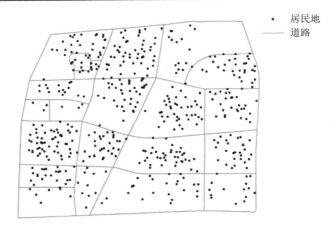

图 6.38　道路网眼图

### 2. 道路交叉口约束

道路交叉口是指两条或者多条道路相交形成的交点，是道路网中比较明显的空间结构特征。在点群居民地的选取过程中，位于道路交叉口或者附近的居民地位置的重要度更高，同等条件下应该优先选取。

本节以道路交叉口为中心、以固定值 $D_1$ 为半径进行缓冲区分析，建立道路交叉口约束权重因子 $R_i$，即位于道路交叉口缓冲区内的居民地重要度相对更高。图 6.39 为道路交叉口缓冲区示意图。

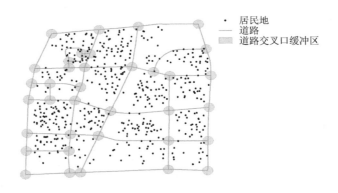

图 6.39　道路交叉口缓冲区

### 3. 道路沿线约束

道路作为地理要素之间沟通的桥梁，其作用主要包括日常出行、物资运输、文化旅游等，这说明位于道路沿线附近的区域是人类活动的重要途经地，所以以本章以道路中心线为中心，以固定值 $D_2$ 为半径进行缓冲区分析，建立道路沿线约束权重因子 $R_j$，即位于道路沿线缓冲区内的居民地重要度相对更高。图 6.40 为道路沿线缓冲区示意图。

图 6.40　道路沿线缓冲区

4. 道路约束权重因子的构建

根据道路等级为不同的道路约束权重因子赋值：道路交叉口约束权重因子计算公式如式（6.9）所示；道路沿线约束权重因子计算方式如式（6.10）所示。结合道路交叉口约束 $R_i$ 和道路沿线约束 $R_j$ 两个因素，构建道路约束权重因子 $R$，其计算公式如式（6.11）所示：

$$R_i = 1 + g_1 \times 1 + g_2 \times 1 + \cdots + g_i \times 1 + \cdots + g_n \times 1 \tag{6.9}$$

$$R_j = 1 + g_j \times 1 \tag{6.10}$$

$$R = R_i \times R_j \tag{6.11}$$

式中，$g_i$ 为道路交叉口处不同道路的等级；$g_j$ 为道路沿线的道路等级。此外，位于两类缓冲区外部居民地的道路约束权重因子为初始值 1。

## 6.4.2　顾及道路网约束的 SOM 聚类

1. SOM 聚类

基于 SOM 神经网络算法的理论，对道路网分割后各网眼区域内的居民地分别进行 SOM 聚类，同时依据开方根模型计算目标比例尺的居民地数量，并将其作为 SOM 聚类中设置的聚类中心数量，从而可初步得到各网眼内居民地与其最近聚类中心的初始距离。图 6.41 是某网眼区域内的点群居民地利用 SOM 神经网络的聚类结果，6 种颜色代表 6 类点群，圆形标注为聚类中心。

2. 顾及道路网约束的多特征联合参数构建

参考顾及多特征的点群居民地选取算法中居民地多特征的概念和原理，计算分布密度 $\rho_i$（利用居民地所在 Voronoi 多边形的面积定义，图 6.42、图 6.43 为居民地的凸壳及延伸点示意图和添加延伸点后的 Voronoi 图）、一阶邻近度 $F(i)$（居民地对应的 Voronoi 多边形的邻接 Voronoi 多边形个数的总和）和居民地等级 $G(i)$（根据居民地的属性信息从高到低设置）。

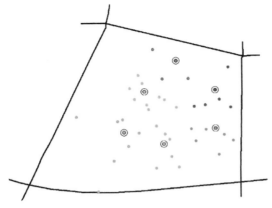

图 6.41　某网眼内居民地聚类结果

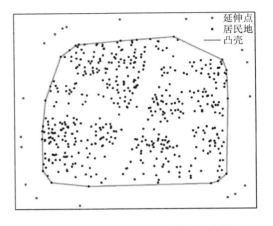

图 6.42　居民地凸壳及延伸点示意图

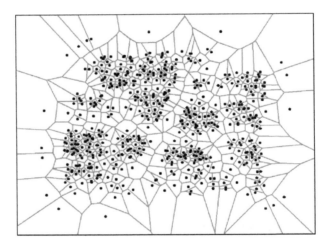

图 6.43　添加延伸点后的 Voronoi 图

基于居民地重要度与四个特征因素之间的增减关系，并结合本章建立的道路约束权重因子构建多特征联合参数 $U(i)$，其计算公式如下：

$$\rho_i = \frac{1}{S}(i=1,2,\cdots,n) \tag{6.12}$$

$$F(i) = \sum_{j=1}^{n}\varphi_{ij}(i \neq j) \tag{6.13}$$

$$U(i) = \rho_i \cdot \frac{1}{F(i)} \cdot \frac{1}{G(i)} \cdot \frac{1}{R(i)} \tag{6.14}$$

将联合参数与各网眼内居民地 SOM 聚类产生的初始距离值相乘得到最终距离值，据此度量该居民地与其聚类中心的距离，决定该居民地是否被选取。

综上所述，顾及道路网约束的点群居民地 SOM 聚类选取流程如图 6.44 所示。

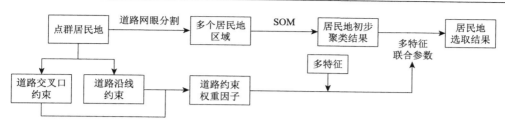

图 6.44　顾及道路网约束的点群居民地 SOM 聚类选取流程图

### 6.4.3　实验与分析

1. 实验数据与预处理

对某地 1：25 万比例尺点状居民地数据进行 SOM 聚类选取，包含 2987 个点状居民地，选择该地 1：25 万道路网数据作为选取的道路约束条件。首先对道路网数据进行预处理，利用 ArcGIS 将道路数据转换为基于路段（相邻两个道路交叉口之间的线段）的线性参考系统，并生成拓扑关系，得到有规则且互相有联系的道路数据，得到的数据分布如图 6.45 所示，图 6.46 为道路交叉口示意图。

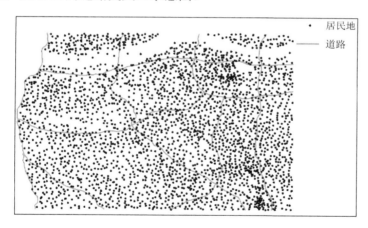

图 6.45　1：25 万居民地与道路实验数据

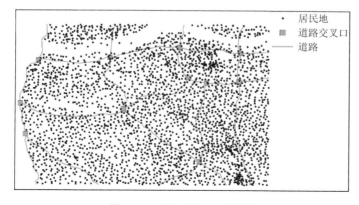

图 6.46　道路交叉口示意图

对道路交叉口以固定值 5km 为半径做缓冲区分析,如图 6.47 所示;对道路以固定值 2km 为半径做缓冲区分析,如图 6.48 所示。按照道路约束权重因子的计算公式为其赋值,结合分布密度、一阶邻近度和居民地等级属性的计算方式,可得到居民地的多特征参数。表 6.20 为部分居民地属性参数信息示例。

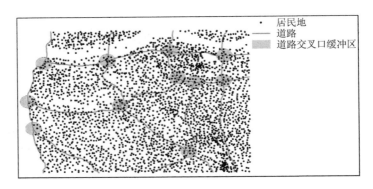

图 6.47　道路交叉口缓冲区

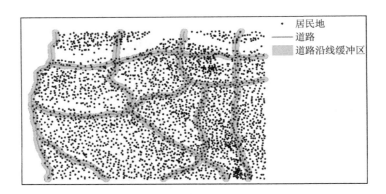

图 6.48　道路沿线缓冲区

表 6.20　居民地属性参数信息示例

| 居民地 ID | 与聚类中心的距离/$10^{-3}$ | 分布密度/$10^3$ | 一阶邻近度 | 居民地等级 | $R_i$ | $R_j$ |
|---|---|---|---|---|---|---|
| 1 | 0.93747 | 1.30208 | 6 | 3 | 1 | 1 |
| 2 | 1.19018 | 1.62602 | 5 | 2 | 16 | 1 |
| 3 | 0.36121 | 1.73611 | 5 | 3 | 1 | 1 |
| 4 | 0.21196 | 3.75939 | 6 | 1 | 1 | 1 |
| 5 | 0.76400 | 0.71633 | 8 | 1 | 1 | 1 |
| 6 | 0.37649 | 2.80112 | 5 | 2 | 1 | 1 |

对道路和居民地数据进行预处理后,将居民地数据划分至道路网眼区域内,如图 6.49 所示,居民地数据被分割至 14 个网眼中。

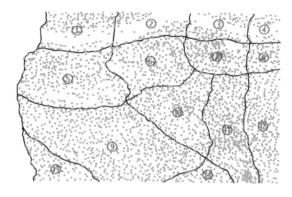

图 6.49　道路网分割及居民地分布

### 2. 实验结果与分析

为验证本节选取方法对选取前后居民地分布特征的保持效果，分别选择 1∶100 万、1∶200 万和 1∶250 万作为选取的目标比例尺，利用开方根模型计算每个网眼中居民地在对应目标比例尺下的选取数量（表 6.21）。

**表 6.21　目标比例尺选取数量**

| 网眼序号 | 原始居民地数量 | 1∶100 万 | 1∶200 万 | 1∶250 万 |
|---|---|---|---|---|
| 1 | 159 | 79 | 56 | 50 |
| 2 | 96 | 48 | 34 | 30 |
| 3 | 100 | 50 | 35 | 32 |
| 4 | 41 | 21 | 15 | 13 |
| 5 | 334 | 167 | 119 | 105 |
| 6 | 245 | 123 | 87 | 78 |
| 7 | 189 | 95 | 67 | 60 |
| 8 | 67 | 34 | 24 | 21 |
| 9 | 637 | 319 | 225 | 201 |
| 10 | 302 | 151 | 107 | 96 |
| 11 | 398 | 199 | 142 | 126 |
| 12 | 263 | 132 | 93 | 83 |
| 13 | 95 | 48 | 34 | 30 |
| 14 | 61 | 31 | 22 | 19 |
| 总计 | 2987 | 1497 | 1060 | 944 |

下面以网眼 5 为例进行 SOM 聚类选取实验的详细说明：首先，基于居民地的地理坐标对其进行 SOM 初始聚类，得到居民地与其最近聚类中心之间的初始距离；其次，将包含居民地分布密度、一阶邻近度、居民地等级和道路约束权重因子的多特征联合参数作用于初始距离，结合选取数量对其进行聚类，即可得到网眼 5 居民地在三种目标比例尺下的选取结果，如图 6.50 所示。

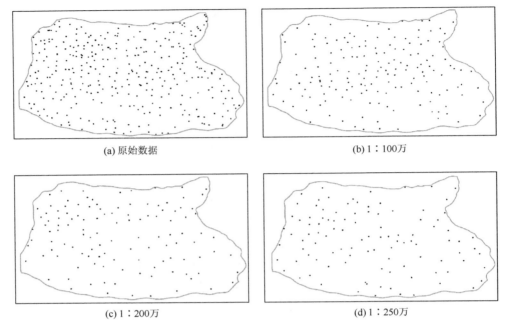

图 6.50　网眼 5 居民地选取结果

按照上述实验步骤，分别对其他道路网眼区域内的居民地进行 SOM 聚类选取，得到整个实验区域内居民地的选取结果，如图 6.51 所示。

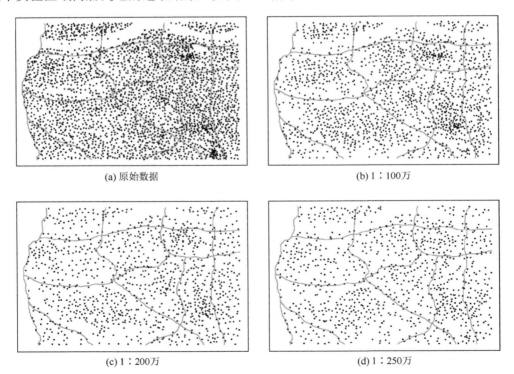

图 6.51　居民地选取结果

　　根据上述实验结果，分别对单个网眼内居民地选取结果以及整个区域内居民地选取结果进行分析评价，讨论本方法的选取效果，具体从分布密度、一阶邻近度、等级信息和道路约束权重这几个方面进行分析。

　　1）单个网眼内居民地选取结果分析

　　A. 分布密度

　　以网眼 5 为例，进行单个网眼内居民地选取结果分析。本方法采用的是"先聚类后选取"的选取策略，并且居民地的多特征因素中考虑了分布密度，使得居民地在选取前后能够较大程度地保持整体和局部的分布密度特征。图 6.52 为网眼 5 居民地归一化分布密度分级符号图，从图 6.52 中可以看出，该网眼内居民地在中轴线上方以及左上角区域分布较为密集，而在选取后的各目标比例尺中，居民地的密集区域与选取前基本一致。因此，本方法的选取结果保持了原始居民地的分布密度特征，符合"分布特征和密度对比的不变性"原则。

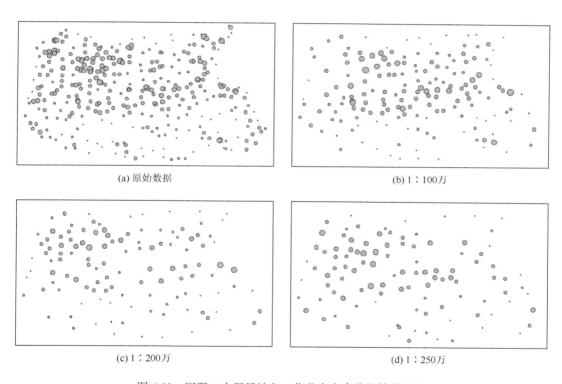

(a) 原始数据　　　　　　　　　　　　　　　　　(b) 1∶100万

(c) 1∶200万　　　　　　　　　　　　　　　　　(d) 1∶250万

图 6.52　网眼 5 中居民地归一化分布密度分级符号显示

　　B. 一阶邻近度与等级信息

　　本方法中多特征联合参数顾及了居民地的一阶邻近度和居民地等级这两个特征参数，使得选取结果可以较大程度地保持重要度相对较高的居民地。如图 6.53 所示，重要度相对较高［居民地等级最高（为 5）或者一阶邻近度较大（大于 9）］的居民地用红色实心圆代表；表 6.22 统计了选取后不同比例尺下重要度较高的居民地所占比重，由表 6.22

可知，随着比例尺缩小，重要居民地所占比例逐渐升高，说明本方法能够提高选取结果中重要居民地的选取概率，居民地的邻接关系和等级信息在选取过程中影响突出，符合"重要居民地保留率更高"的制图综合选取规则。

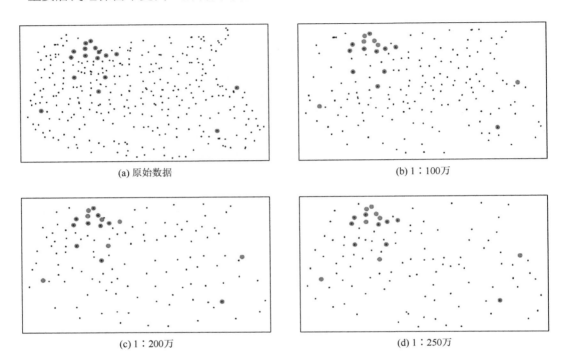

  (a) 原始数据             (b) 1∶100万

  (c) 1∶200万             (d) 1∶250万

图 6.53   网眼 5 重要居民地标识图

**表 6.22   重要居民地在选取结果中的占比**

| 比例尺 | 居民地总数 | 重要居民地数量 | 占比/% |
|---|---|---|---|
| 1∶25 万 | 334 | 18 | 5.3892 |
| 1∶100 万 | 167 | 11 | 6.5868 |
| 1∶200 万 | 119 | 10 | 8.4034 |
| 1∶250 万 | 105 | 9 | 8.5714 |

C. 道路约束权重

  本节提出的方法充分顾及了道路网对居民地选取的约束作用，包括道路网眼约束、道路交叉口约束和道路沿线约束，使得选取结果能够体现道路对居民地选取的约束作用，即位于道路交叉口附近和道路沿线两侧的居民地受道路约束作用更强，重要度相对更高。图 6.54 中红色实心圆标识的居民地受道路约束作用较强 [道路交叉口约束因子最大（为17）或者道路沿线约束因子最大（为9）]；表 6.23 显示了选取后不同比例尺下受道路约束作用较强的居民地在所有居民地中所占比重的计算结果，由表 6.23 可知，受道路约束作用较强的居民地在选取结果中所占的比重逐渐升高，表明本方法的选取结果能体现出道路对居民地选取过程较强的约束作用，并且在实际操作过程中，可以根据具体的选取条件，提高道路约束权重因子的比重来进一步突出道路的约束作用。

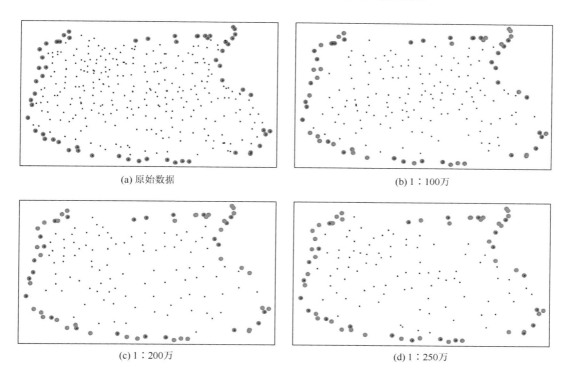

(a) 原始数据　　　　　　　　　　　　　　(b) 1：100万

(c) 1：200万　　　　　　　　　　　　　　(d) 1：250万

图 6.54　网眼 5 受道路约束作用较强的居民地标识图

表 6.23　受道路约束作用较强的居民地在选取结果中的占比

| 比例尺 | 居民地总数 | 重要居民地数量 | 占比/% |
| --- | --- | --- | --- |
| 1：25 万 | 334 | 66 | 19.76 |
| 1：100 万 | 167 | 34 | 20.36 |
| 1：200 万 | 119 | 25 | 21.01 |
| 1：250 万 | 105 | 23 | 21.90 |

2）整个区域内居民地选取结果分析

A. 分布密度

本方法利用道路网对居民地所在区域进行分割后再对各网眼中的居民地分别进行聚类选取，使得居民地的整体分布特征和轮廓特征在分割作用下能够基本保持不变。由表 6.24 可知，选取结果的外部轮廓面积保持率基本不变，表明选取前后居民地的轮廓范围基本一致。因此，本方法的选取结果能够较好地保持原始居民地的外部轮廓特征，符合"保持选取前后的分布范围"这一综合规则。

**表 6.24　不同比例尺下外部轮廓的面积保持率**

| 比例尺 | 外部轮廓面积/km² | 外部轮廓面积保持率/% |
|---|---|---|
| 1 : 25 万 | 14832 | 100.00 |
| 1 : 100 万 | 14607 | 98.48 |
| 1 : 200 万 | 14565 | 98.19 |
| 1 : 250 万 | 14481 | 97.63 |

B. 一阶邻近度与等级信息

与上述网眼 5 居民地一阶邻近度与等级信息分析类似，图 6.55 中重要度相对较高的居民地用红色实心圆标识，表 6.25 为不同比例尺下重要居民地的占比。由表 6.25 可知，重要居民地的占比逐渐升高，所以整个区域内居民地的选取结果也能很好地体现居民地的一阶邻近度和居民地等级对选取过程的影响。因此，本方法能够保证重要居民地的保留率相对更高。

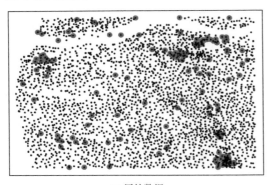

(a) 原始数据

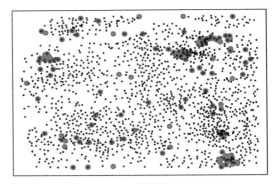

(b) 1 : 100 万

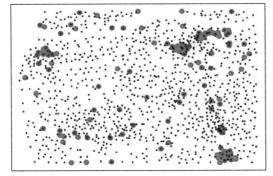

(c) 1 : 200 万

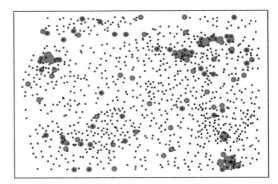

(d) 1 : 250 万

图 6.55　重要居民地标识图

**表 6.25　重要居民地在选取结果中的占比**

| 比例尺 | 居民地总数 | 重要居民地数量 | 占比/% |
|---|---|---|---|
| 1 : 25 万 | 2987 | 143 | 4.7874 |
| 1 : 100 万 | 1497 | 93 | 6.2124 |

| 比例尺 | 居民地总数 | 重要居民地数量 | 占比/% |
|---|---|---|---|
| 1：200 万 | 1059 | 73 | 6.8933 |
| 1：250 万 | 943 | 64 | 6.7869 |

C. 道路约束权重

与网眼 5 居民地选取结果的分析类似，本方法充分顾及了道路网对居民地选取的约束作用，使得选取结果能够体现道路交叉口约束和道路沿线约束对居民地选取产生的影响。结合图 6.56 与表 6.26 可知，选取后整个区域内受道路约束作用较强的居民地在总数中所占的比重逐渐升高，表明本方法的选取结果能突出表现道路对居民地选取过程较强的约束作用。

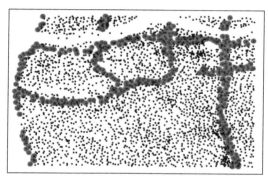
(a) 原始数据

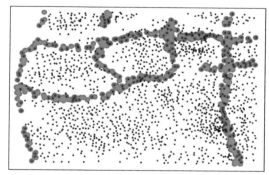
(b) 1：100万

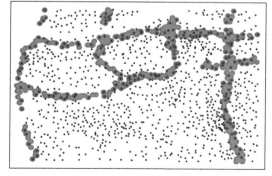
(c) 1：200万

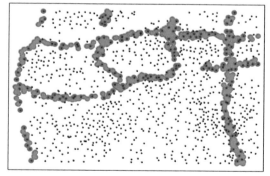
(d) 1：250万

图 6.56 受道路约束作用较强的居民地标识图

表 6.26 受道路约束作用较强的居民地在选取结果中的占比

| 比例尺 | 居民地总数 | 重要居民地数量 | 占比/% |
|---|---|---|---|
| 1：25 万 | 2987 | 487 | 16.30 |
| 1：100 万 | 1497 | 248 | 16.57 |

| 比例尺 | 居民地总数 | 重要居民地数量 | 占比/% |
|---|---|---|---|
| 1：200 万 | 1059 | 196 | 18.51 |
| 1：250 万 | 943 | 182 | 19.30 |

3. 对比实验与分析

为验证算法的科学性与合理性，本节选用相同的点群居民地数据，按照 6.3 节顾及多特征的点群居民地选取算法流程对其进行 SOM 聚类选取，该对比实验能直观地体现顾及道路网约束与否对选取结果的影响。

图 6.57 左侧为居民地的顾及道路网约束的 SOM 聚类选取结果，右侧为顾及多特征的 SOM 聚类选取结果，从右侧图可以看出，由于顾及多特征的聚类选取算法将居民地划分为内部居民地和外部居民地并分别进行选取，所以选取前后的分布范围特征保持较好，但通过对比两种算法的选取结果并结合道路网与居民地的相对位置可以看出，顾及多特征算法的选取结果在各网眼中分布不均，选取后各网眼内居民地在总数中的占比与选取前居民地的占比不呈正相关，居民地选取前后的分布密度和分布纹理特征发生了较大变化。与此同时，顾及多特征的 SOM 聚类选取结果集中分布在中间区域，导致有些网眼区域内出现只保留了一两个居民地的情况，与选取前居民地的分布特征相差较大，不满足点群选取中"分布特征和密度对比的不变性"这一综合规则。同时，由于该算法未考虑道路网约束信息，所以选取结果无法体现道路网约束对居民地选取的影响，不能很好地应用于实际的选取案例。

相比之下，图 6.57 左侧的顾及道路网约束算法的选取结果由于道路网的分割作用，使得各网眼选取数量占居民地总数的比例与选取前保持一致，分布特征和分布范围在各比例尺下均能很好地保持，能做到选取数量在符合制图综合要求的同时保证居民地选取的质量。同时，由于多特征联合参数的作用，本节的选取结果能很好地体现不同特征因素对居民地选取的影响，保证了重要居民地的保留率相对更高，符合制图综合选取规则。

(a) 原始数据（顾及道路网约束）　　　　　　　(b) 原始数据（顾及多特征）

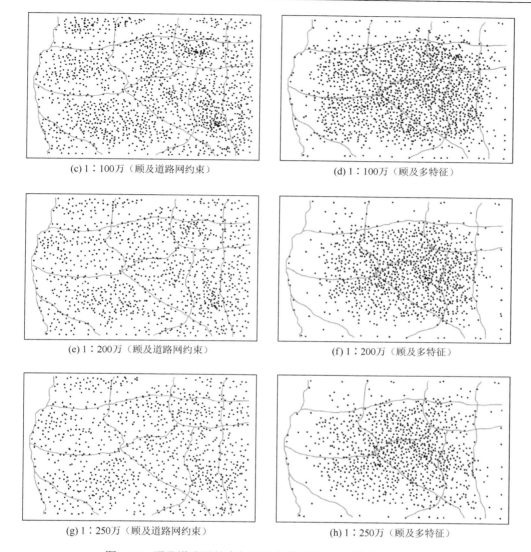

(c) 1:100 万（顾及道路网约束）　　　　　　　(d) 1:100 万（顾及多特征）

(e) 1:200 万（顾及道路网约束）　　　　　　　(f) 1:200 万（顾及多特征）

(g) 1:250 万（顾及道路网约束）　　　　　　　(h) 1:250 万（顾及多特征）

图 6.57　顾及道路网约束与顾及多特征的 SOM 聚类选取结果

通过对比实验及结果分析，本节顾及道路网约束的点群居民地 SOM 聚类选取算法具有以下优势：

（1）本方法利用的 SOM 神经网络具有非监督特性，使得本方法不需要先验知识，即居民地选取案例就能自组织对数据进行聚类，消耗成本较低，同时，人工神经元网络的并行性大大提高了居民地的选取速率。

（2）本方法利用道路网对居民地进行分割后再分别对各网眼居民地进行聚类选取的策略，使得选取前后单个网眼区域和整个网眼区域的居民地分布特征均能得到较好地保持，同时，选取前后的居民地分布范围不会发生较大改变，原始居民地的外部轮廓特征可以得到很好地保持。

（3）在顾及多特征的基础上考虑道路对居民地的约束作用，使得选取前后居民地的分布特征在得以保持的同时，选取结果还能体现分布密度、一阶邻近度、居民地等级和道路网约束对居民地选取过程的影响，验证了道路与居民地协同综合的优势及合理性，使得本方法更符合实际规律。

### 6.4.4    小结

道路网是城市高速发展的重要基础，且与居民地之间联系密切。本节针对点群居民地实际分布情况提出一种顾及道路网约束的点群居民地 SOM 聚类选取方法，利用道路网对居民地进行分割后再分别对各网眼区域内的居民地进行 SOM 聚类选取，能最大限度地保持选取前后的分布规律和分布范围，保证选取结果的分布特征与原始居民地相似。本节在顾及多特征的基础上考虑道路交叉口约束和道路沿线约束对居民地重要度的影响，使得选取结果既能保持选取前后的分布特征和拓扑特征，还能体现道路对居民地选取过程的约束作用，提高了点群居民地选取算法的合理性与完备性。

## 参 考 文 献

陈文翰. 2011. 地图道路与居民地协同综合方法研究[D]. 南京：南京师范大学.

程博艳, 刘强, 李小文. 2013. 一种建筑物群智能聚类法[J]. 测绘学报, 42（2）：290-294, 303.

邓红艳. 2003. 基于遗传算法的自动综合研究[D]. 郑州：中国人民解放军信息工程大学.

段佩祥, 钱海忠, 何海威, 等. 2019. 一种基于动态多尺度聚类的湖泊选取方法[J]. 武汉大学学报（信息科学版）, 44（10）：1567-1574.

高凯, 杨敏, 张跃鹏. 2015. 保持空间分布特征的散列式居民地综合选取方法[J]. 测绘科学技术学报, 32（6）：79-83.

郭敏, 钱海忠, 黄智深, 等. 2013. 采用案例归纳推理进行道路网智能选取[J].中国图象图形学报, 18（10）：1343-1353.

胡慧明, 钱海忠, 何海威, 等. 2016. 采用层次分析法的面状居民地自动选取[J]. 测绘学报, 45（6）：740-746, 755.

蒋艳凰, 赵强利. 2009. 机器学习方法[M]. 北京：电子工业出版社.

龙毅, 蔡金华, 毋河海, 等. 2004. 扩展分维模型在地图曲线自动综合中的应用[J]. 测绘信息与工程, 29（1）：1-4.

陆安生, 陈永强, 屠浩文. 2005. 决策树 C5.0 算法的分析与应用[J]. 电脑知识与应用, 9：17-20.

钱海忠, 武芳, 张琳琳, 等. 2005. 基于极化变换的点群综合几何质量评估[J]. 测绘学报, 34（4）：361-369.

盛文斌. 2010. 散列式居民地的自动选取研究[D]. 郑州：中国人民解放军信息工程大学.

石纯一, 黄昌宁, 王家康. 1993. 人工智能原理[M]. 北京：清华大学出版社.

田晶, 艾廷华, 丁绍军. 2012. 基于 C4.5 算法的道路网网格模式识别[J].测绘学报, 41（1）：121-126.

王菲. 2007. 基于汇编知识的电子地图居民地多尺度显示的研究[D]. 郑州：中国人民解放军信息工程大学.

王红, 李霖, 张晓通, 等. 2010. 数字地图制图中居民地和道路关系处理[J]. 辽宁工程技术大学学报（自然科学版）, 29（1）：40-43.

王辉连. 2005. 居民地自动综合的智能方法研究[D]. 郑州：中国人民解放军信息工程大学.

王家耀, 等. 1993. 普通地图制图综合原理[M]. 北京：测绘出版社.

王家耀, 李志林, 武芳. 2011. 数字地图综合进展[M]. 北京：科学出版社.

王美珍. 2008. 面向移动地图表达的居民地地图综合算法研究[D]. 南京：南京师范大学.

武芳, 邓红艳. 2003. 基于遗传算法的线要素自动化简模型[J]. 测绘学报, 32（4）：349-355.

谢丽敏, 钱海忠, 何海威, 等. 2017. 基于案例推理的居民地选取方法[J]. 测绘学报, 46（11）：1910-1918.

杨育丽. 2012. 基于属性的城市居民地综合方法研究[D]. 太原：太原理工大学.

于瑞萍. 2007. 中文文本分类相关算法的研究与实现[D]. 西安：西北大学.

张云菲, 杨必胜, 栾学晨. 2013. 语义知识支持的城市 POI 与道路网集成方法[J]. 武汉大学学报（信息科学版）, 38（10）：

1229-1233.

周伟达. 2003. 核机器学习方法研究[D]. 西安：西安电子科技大学.

朱长青，王玉海，李清泉，等. 2004. 基于小波分析的等高线数据压缩模型[J]. 中国图象图形学报，9（7）：77-81.

Allouche M K，Moulin B. 2005. Amalgamation in cartographic generalization using kohonen's feature nets[J]. International Journal of Geographical Information Science，19（8/9）：899-914.

Cover T M，Hart P E，1967. Nearest neighbor pattern classification[J]. IEEE Trans on Information Theory，13（1）：21-27.

Douglas D H，Peucker T K. 1993. Algorithms for the reduction of points required to represent a digitized line or its caricature[J]. Canadian Cartographer，10：112-122.

Kantardzic M. 2003. 数据挖掘-概念、模型、方法和算法[M]. 闪四清等译.北京：清华大学出版社.

Li J Y，Ni Z W，Liu X，et al. 2009. Case-Base Maintenance Based on Multi-Layer Alternative-Covering Algorithm[C]//Machine Learning and Cybernetics，2006 International Conference on IEEE. Berlin：Springer：2035-2039.

Quinlan J R. 1993. C4.5：Programs for Machine Learning[M]. San Francisco：Morgan Kauffman.

Yang B，Zhang Y. 2015. Pattern-mining approach for conflating crowdsourcing road networks with POIs[J]. International Journal of Geographical Information Science，29（5-6）：786-805.

# 第7章  河系智能化综合

## 7.1  基于朴素贝叶斯的树状河系分级方法

河系结构化是河系综合的基础，在进行河系综合前，首先需要完成河系的结构化。河系类型包括树状、羽毛状、平行状等，其中树状河系具有清晰的层次结构，主支流关系明显，对树状河系进行综合应充分反映河流的主支流关系，强调支流注入主流处的图形特点（王家耀等，1993）。因此，河系的结构化和分级是树状河系进行综合的关键步骤，其中对主支流的识别分类则是重中之重，也是研究的难点所在。对此，许多学者做出了行之有效的相关研究和探索，其方法大致可以分为两类：通过河段的局部空间关系分析方法（杜清运，1988；毋河海，1995）和通过多指标综合评价方法（郭庆胜，1999；赵春燕，2004；谭笑，2005；翟仁健和薛本新，2007；郭庆胜和黄远林，2008；李成名等，2018）来确定主支流关系。河系的主支流分类是相对而言的，存在一定的模糊性，没有绝对的主流和支流之分，对此计算机难以通过具体的模型和算法进行描述，而人的知识兼顾局部特征和整体特征，以及几何特征和语义特征，在主支流分类中起到重要作用。针对现有方法对综合知识利用较少的不足，本节从案例学习的角度出发，提出一种基于朴素贝叶斯的树状河系自动分级方法，通过案例将知识转化为分类模型来指导河段的主支流分类，达到遵从专家分类意图的目的，在主支流识别的基础上完成河系的结构化和分级。

### 7.1.1  基于朴素贝叶斯的树状河系分级方法原理

#### 1. 朴素贝叶斯的原理

朴素贝叶斯分类（Naive Bayes Classifier，NBC）模型发源于古典数学理论，有着坚实的数学基础，以及稳定的分类效率，并在实际应用中十分成功（王峻，2006）。该分类模型基于贝叶斯定理与特征条件独立的假设，其描述如式（7.1）所示，设有变量集 $U = \{x, y\}$，假设所有的条件属性 $x$ 都作为类变量 $y$ 的子节点。其中，$x = \{x_1, x_2, x_3, \cdots, x_n\}$ 包括 $n$ 个条件属性，$y = \{y_1, y_2, y_3, \cdots, y_k\}$ 包括 $k$ 个类标签，将一个样本划分到 $y_k$ 的可能性 $P(y_k \mid x_1, x_2, \cdots, x_n)$ 为

$$P(y_k \mid x_1, x_2, \cdots, x_n) = P(y_k) \prod_{(i=1)}^{n} P(x_i \mid y_k) \tag{7.1}$$

朴素贝叶斯分类模型的优点有：算法逻辑简单，易于实现；算法实施的时间、空间开销小；算法性能稳定，对于不同特点的数据其分类性能差别不大，即模型的健壮性比较好。

2. 基于朴素贝叶斯的树状河系分级策略

树状河系拥有典型的树结构特征，层次性明显，其主流有若干支流，支流又有若干

亚支流，通过识别河流的相对主支流关系，即可得到
河系的分级结果。如图 7.1 所示，树状河系由河流 $a$、
河流 $b$、河流 $c$、河流 $d$ 构成，河流 $a$ 由河段 1、河段
2、河段 3 构成，河流 $b$ 由河段 5、河段 6 构成，河流
$c$ 由河段 4 构成，河流 $d$ 由河段 7 构成，河段 1、河段
2、河段 5 由交汇点 $A$ 相连。由此可见，树状河系结构
可以概括为"河系—河流—河段"的三级结构，且每
个河段由交汇点相连。从该结构可以看出，河段间的

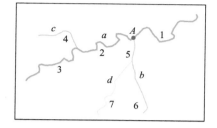

图 7.1　树状河系结构图

主支流关系识别是河流主支流关系识别的基础，河流主支流关系的识别是河系层次结构
化实现分级的基础。基于此思想，本节分级方法从河口出发，自下游向上游依次对交汇
点处各相连河段进行主支流关系识别，由河段的主支流关系逐级构建河流实体，完成河
系的层次结构化，从而实现自动分级。

河段间主支流识别的难点在于对多个主流特征的综合考虑，即在量化表达时如何科
学有效地选取相关指标和设定各指标的权重。对此，专家综合知识的有效利用是解决该
问题的有效途径。近年来，基于案例学习的方法，利用机器学习算法有效获取和利用了
专家综合案例中隐含的综合知识，在制图综合领域取得了较好的成效。本节从案例学习
的角度出发，从已有专家制图成果中获取主支流案例，从案例中获取综合知识，即利用
机器学习算法训练生成分类模型指导新树状河系的主支流识别。

下游河段的多个上游河段中有且只有一个河段是主流河段，其他则是支流河段。主
支流识别实际上是将上游河段中最符合主流特征的分类为主流河段，其他的分类为支流
河段的过程。故常用的机器学习分类方法并不完全适用于主支流识别过程，可能会出现
上游河段中不存在河段被分类为主流河段或者同时存在多个河段被分类为主流河段的情
况。但是在分类过程中，计算得出分类为主流类别的概率能定量评价各上游河段的主流
特征，可以根据分类概率值排序得出最优（即最符合主流特征）河段，并将其作为主流
河段。

需要说明的是，朴素贝叶斯算法基于贝叶斯定理，较其他分类算法而言，能更好地、
科学定量地计算出分类概率，易于实现，且分类性能和健壮性较好。因此，根据本方法
的特点和要求，选用朴素贝叶斯分类模型计算上游河段分类为主流类别的概率，选取概
率值最大的上游河段作为主流河段，其他则全部分类为支流河段。

综上所述，本节提出基于朴素贝叶斯的树状河系自动分级方法，从已有的树状河系
分级成果中自动获取主支流案例，采用朴素贝叶斯的方法对主支流案例进行学习来得到
NBC 分类模型，使用分类模型自下而上地对上游河段识别得到主流河流，层次结构化各
级河流，实现河系的自动分级。其具体流程如图 7.2 所示，具体步骤如下。

步骤 1：主支流案例的定义与获取。计算河段特征描述项，并将其作为主支流案例的
属性空间，把专家分级结果中对上游河段的主支流分类结果作为案例标记。

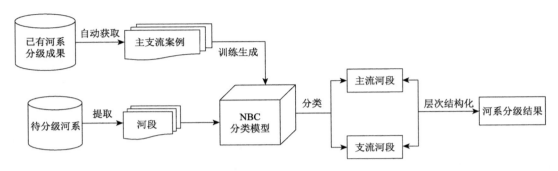

图 7.2　基于朴素贝叶斯的树状河系自动分级方法流程图

步骤 2：NBC 分类模型的训练。采用朴素贝叶斯的机器学习方法对主支流案例进行训练，得到 NBC 分类模型。

步骤 3：针对新的待分级树状河系的河段，利用 NBC 分类模型计算其分类为主流河段的概率，交汇点处主流概率最大的河段分类为主流河段，其余分类为支流河段。

步骤 4：连接各级主流河段构成各级河流实体，对各级河流进行层次结构化，进而完成河系自动分级。

## 7.1.2　主支流案例的设计和获取

### 1. 主支流案例的设计

本节将主支流案例的组成结构设计为：主支流案例对象、主支流案例特征和主支流案例标记。其中，案例对象是指具体的河段对象及其唯一序号，如河段_ID_001；案例特征中包含多项对河段的主流特征进行描述的量化指标，特征的确定与表达是案例设计的难点；案例标记是指对河段的分类标记，即主流（1）、支流（0）。

### 2. 主支流案例特征提取

主支流案例设计中，案例特征的提取是关键所在，只有选择正确的案例特征来充分反映河段的主流特征，才能获取隐含的主支流分类知识，从而利用机器学习算法训练得到行之有效的分类模型。

根据主支流识别的标准：主流往往是最长的河流（郝志伟等，2017），在汇合点处符合"180°假设"（Paiva et al.，1992），一般也拥有最多的支流数（谭笑等，2005）。本节参考相关文献，顾及语义特征、河段的局部几何特征和河流、河系的整体结构特征，选择以下 6 项指标作为主支流案例的案例特征，即主支流 NBC 分类模型的条件属性。

（1）语义一致性。语义一致性指河段间的名称是否相同。属于同一条河流的河段名称往往具有语义一致性，而主流与支流的河段名称一般不同。本方法对该指标值的计算方式如下：若下游河段与上游河段名称相同，则赋值为 1，否则赋值为 0。

（2）汇入角度。上下游河段的汇入角度是主支流识别的重要依据，汇入角度越接近180°，作为主流河段的可能性越大。本方法在计算上下游河段间夹角时，采用从交汇点处分别往外延伸 3 个节点所得钝角夹角的平均值作为最后的汇入角度（若少于 3 个节点则使用该河段全部节点）。

（3）河段长度。河段长度指河段的长度，长度值越大，作为主流河段的可能性越大。本方法计算上游河段两端节点（即交汇点）间的线要素距离作为河段长度值。

（4）河段分叉数。河段分叉数是指河段的上游河段数量。一般来说，河段分叉数越多，作为主流河段的可能性越大。

（5）河流最大长度。河流最大长度指从河段的交汇点向上游追溯所有河源点中的最大长度。河流长度越大，其作为主流河段的可能性越大。

（6）上游河源数。上游河源数指河段上游所有河源口的数量。上游河源数越多，作为主流河段的可能性越大。

### 3. 主支流案例获取

主支流案例自动获取方法流程如图 7.3 所示，具体步骤如下。

步骤 1：预处理。首先通过对河系中的双线河和湖泊等面状要素提取中心线并转化为线要素，然后与其上下游的河流线要素进行连接；其次，为避免原始数据中的河流流向错误，从河源出发，自上游向下游逐个河段检查河流流向是否一致，若上下游河段存在不一致，则改正下游河段的河流流向，并以河段为基本单元自动构建树结构。

步骤 2：案例特征和标记计算。遍历所有河段单元，计算其上游河段如本节所述的特征指标值；并判断其上游河段的等级与该河段是否相同，如果相同则案例标记为 1（主流），否则案例标记为 0（支流）。以图 7.1 中的交汇点 A 为例进行说明，河段 1 拥有上游河段 2 和上游河段 5，分别比较河段 1 和河段 2、河段 5 的河流等级，由于河段 1 和

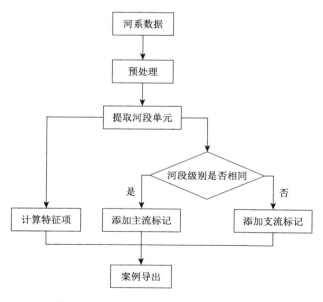

图 7.3　主支流案例自动获取方法流程图

河段 2 等级相同，将以河段 2 为对象的案例标记为 1（主流），而河段 5 等级低于河段 1，则以河段 5 为对象的案例标记为 0（支流）。

步骤 3：案例导出。对案例对象赋唯一序号作为标识码，并将其与案例特征和案例标记按设计格式导出。

为验证本节主支流案例自动获取方法的有效性，人工筛选出某流域河系分级地图中的所有树状河系专家分级数据作为主支流案例获取的数据源，该流域范围内包含多个树状河系，不同树状河系具有不同的结构和特征，能较好地反映主支流的一般关系和代表树状河系总体，其中部分河系如图 7.4（a）所示，图 7.4（b）为各级主流赋予不同颜色和宽度的可视化显示。

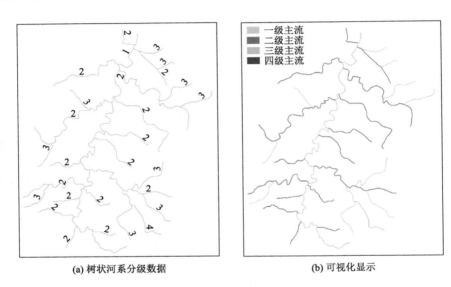

(a) 树状河系分级数据　　　　　　　　　　(b) 可视化显示

图 7.4　某流域树状河系分级数据

对该数据源使用本节案例获取方法一共得到 446 个主支流案例，其中主流案例为 223 个，支流案例为 223 个，部分主支流案例示例如表 7.1 所示。

表 7.1　部分主支流案例示例

| 案例对象序号 | 案例特征 | | | | | | 案例标记 |
|---|---|---|---|---|---|---|---|
| | 语义一致性 | 汇入角度/(°) | 河段长度/m | 河段分叉数 | 河流最大长度/m | 上游河源数 | |
| 1 | 0 | 173.40 | 2868.21 | 2 | 5029.39 | 2 | 1 |
| 2 | 0 | 142.57 | 2865.67 | 0 | 2865.67 | 1 | 0 |
| 3 | 1 | 151.93 | 221.74 | 2 | 14650.78 | 6 | 1 |
| 4 | 0 | 100.91 | 6421.30 | 2 | 10478.25 | 2 | 0 |
| 5 | 1 | 161.02 | 3859.36 | 2 | 37165.81 | 20 | 1 |
| 6 | 0 | 129.53 | 8712.62 | 2 | 16279.63 | 3 | 0 |
| ... | | ... | | | | | ... |

### 7.1.3　主支流 NBC 分类模型的训练和测试

将获取的主支流案例利用贝叶斯机器学习算法进行训练,生成主支流NBC分类模型。主支流案例数据总量为 446 个,按 2∶1 的比例随机分为训练集和测试集。

建立 NBC 有三种常用模型:高斯模型、多项式模型和多元伯努利模型。

高斯模型假设每一维特征都符合高斯分布,条件概率的计算公式如下:

$$P(x_i \mid y_k) = \frac{1}{\sqrt{2\pi\sigma_{y_k}^2}} \exp\left[-\frac{(x_i - \mu_{y_k})^2}{2\sigma_{y_k}^2}\right] \tag{7.2}$$

多项式模型中条件概率的计算公式为:$P(x_i \mid y_k) = \dfrac{N_{y_k x_i} + \alpha}{N_{y_k} + \alpha n}$,其中 $N_{y_k x_i}$ 是类别 $y_k$ 下特征 $x_i$ 出现的总次数;$N_{y_k}$ 是类别 $y_k$ 下所有特征出现的总次数。

多元伯努利模型中每个特征的取值是布尔型的,如果特征值 $x_i$ 为 1,则条件概率为 $P(x_i \mid y_k) = P(x_i = 1 \mid y_k)$;如果特征值 $x_i$ 为 0,则条件概率为 $P(x_i \mid y_k) = 1 - P(x_i = 1 \mid y_k)$。

本节对三个模型使用相同的数据样本进行训练和测试,根据分类效果对模型进行选择,其中对模型分类效果通过训练集分类正确率、测试集分类正确率和主流识别正确率三项指标进行衡量。训练集分类正确率和测试集分类正确率分别是分类模型在训练集和测试集上的分类正确率,主流识别正确率是指分类模型在测试集上能正确识别出上游的主流河段的比率,其中主流识别正确的定义为主流河段分类为主流类别的概率大于其他任何上游河段。经训练,对不同模型的 NBC 分类效果统计,如表 7.2 所示。

**表 7.2　不同模型下 NBC 分类效果统计**

| 类型 | 训练集分类正确率/% | 测试集分类正确率/% | 主流识别正确率/% |
|---|---|---|---|
| 高斯模型 | 85.382 | 82.759 | 96.552 |
| 多项式模型 | 86.379 | 80.670 | 84.828 |
| 多元伯努利模型 | 79.070 | 73.793 | 81.379 |

需要说明的是,测试集分类正确率不高,但并不影响本方法的主支流识别结果,其相对不高的原因是主支流分类的特殊性。由于主支流分类是相对的,并无绝对的分类标准,主支流识别实际上是将上游河段中最符合主流特征的分类为主流河段,其他的分类为支流河段的过程,故存在较多主流特征不明显的主流河段(同一交汇处的支流河段主流特征更不明显)和主流特征较为明显的支流河段(同一交汇处的主流河段主流特征更加明显)。而这些河段同样也作为案例出现在训练集和测试集中,从而导致主流特征不明显的主流河段被分类为“支流”,主流特征较为明显的支流河段被分类为“主流”,因而测试集的分类正确率不高。例如,表 7.3 中同一交汇处上游的 5 号和 6 号河段由于汇入角度、河段长度等主流特征均不明显,均被直接分类为支流河段;相反,另一交汇处上游的 8 号、17 号河段由于主流特征明显,均被直接分类为主流河段。该直接分类结果与案例原始的标记不符,所以造成了测试集分类正确率不高。

表 7.3　部分测试集案例分类结果

| 编号 | 上游河段编号 | 语义一致性 | 汇入角度/(°) | 河段长度/m | 河段分叉数 | 河流最大长度/m | 上游河源数 | 标记 | 直接分类结果 | 支流分类概率 | 主流分类概率 | 概率分类结果 |
|---|---|---|---|---|---|---|---|---|---|---|---|---|
| 5 | 1 | 0 | 116.87 | 3335.21 | 0 | 3335.21 | 1 | 主流 | 支流 | 0.99761767 | 0.00238233 | 支流 |
| 6 | 1 | 0 | 122.65 | 2531.75 | 0 | 2531.75 | 1 | 支流 | 支流 | 0.99633773 | 0.00366227 | 主流 |
| 8 | 7 | 0 | 159.98 | 2107.89 | 2 | 10554.61 | 3 | 支流 | 主流 | 0.4740857 | 0.5259143 | 支流 |
| 17 | 7 | 1 | 138.95 | 8156.74 | 2 | 17336.21 | 2 | 主流 | 主流 | 0.01456119 | 0.98543881 | 主流 |

也正是因为主支流分类的特殊性,本方法不是通过简单的直接分类来识别主支流,而是使用分类模型对待分类树状河系中的河段计算其分类为主流的概率,在每个交汇点处以概率最大的上游河段作为主流河段。例如,表 7.3 中的 5 号和 6 号河段二者计算所得的主流分类概率分别为 0.00238233 和 0.00366227,通过比较概率,将原本直接分类为"支流"的 6 号河段最终分类为"主流",而 8 号、17 号河段主流分类概率分别为 0.5259143 和 0.98543881,则将原本分类为"主流"的 8 号河段最终分类为"支流",从而避免了主支流分类模型直接分类所导致的错误识别结果。因此,较训练集分类正确率和测试集分类正确率而言,主流识别正确率指标能更好地衡量本方法中分类模型对主支流识别的效果。

由统计数据可以看出,多元伯努利模型的三项指标均为最低,说明其在主支流分类效果最差;多项式模型虽然其训练集分类正确率最高,但测试集分类正确率却略低于高斯模型,且主流识别正确率远低于高斯模型,这说明高斯模型的主支流分类的实用效果要强于多项式模型。因此,选用高斯模型训练得到主支流 NBC 分类模型。

### 7.1.4　实验与分析

为进一步验证本方法的有效性和实用性,分别对某流域典型树状河系 1、非典型树状河系 2(图 7.5)和复杂树状河系 3(图 7.6)进行主支流识别的实验(河系 1 为典型树状

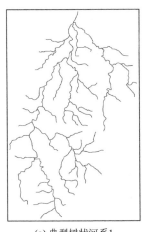
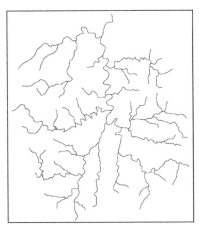

(a) 典型树状河系1　　　　　　　　　　(b) 非典型树状河系2

图 7.5　分级实验数据

河系，即河系的主流现象较为明显，各级河流之间的主流特征差别较大，共拥有 89 个河段；河系 2 为非典型树状河系，即河系的主流现象不明显，各级河流之间的主流特征差别较小，共拥有 97 个河段；河系 3 为某流域全部树状河系，其主支流关系较为复杂，共拥有 424 个河段），其中部分计算过程和数值如表 7.4 所示。

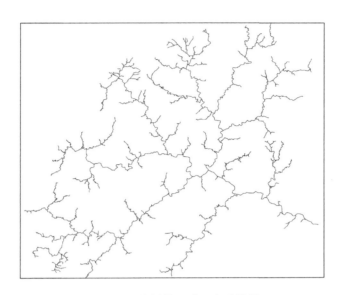

图 7.6　复杂树状河系 3 实验数据

表 7.4　部分计算过程及数值

| 编号 | 上游河段编号 | 语义一致性 | 汇入角度/(°) | 河段长度/m | 河段分叉数 | 河流最大长度/m | 上游河源数 | 支流分类概率 | 主流分类概率 | 分类结果 |
|---|---|---|---|---|---|---|---|---|---|---|
| 63 | 89 | 1 | 156.81 | 405.21 | 2 | 55564.07 | 39 | 0 | 1 | 主流 |
| 2 | 89 | 0 | 110.91 | 9313.63 | 2 | 32123.43 | 6 | 0.00000008 | 0.99999992 | 支流 |
| 1 | 63 | 0 | 128.26 | 5728.15 | 2 | 9063.36 | 2 | 0.94045304 | 0.05954696 | 支流 |
| 64 | 63 | 1 | 155.48 | 2870.18 | 2 | 55158.86 | 37 | 0 | 1 | 主流 |
| 5 | 2 | 0 | 166.58 | 7956.68 | 0 | 7956.68 | 1 | 0.98112118 | 0.01887882 | 主流 |
| 21 | 2 | 0 | 141.57 | 9914.59 | 0 | 9914.59 | 1 | 0.98951252 | 0.01048748 | 支流 |
| ... | | | | ... | | | | ... | | |

选用多准则决策方法和 Stroke 特征约束方法作对比，实验结果如图 7.7 和图 7.8 所示。图 7.7（a）、图 7.8（a）分别是典型树状河系和非典型树状河系的 Stroke 特征约束方法实验结果，图 7.7（b）、图 7.8（b）分别是典型树状河系和非典型树状河系的多准则决策方法实验结果，图 7.7（c）、图 7.8（c）分别为典型树状河系和非典型树状河系的本方法实验结果，其中蓝色线条为一级主流。本方法对复杂树状河系 3 的分级实验结果如图 7.9 所示。

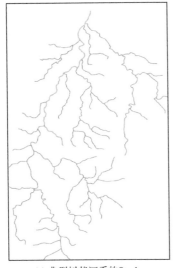  

(a) 典型树状河系的Stroke　　　　(b) 典型树状河系的多准则　　　　(c) 典型树状河系的本方法实验结果
　特征约束方法实验结果　　　　　　决策方法实验结果

图 7.7　典型树状河系的不同方法实验结果

(a) 非典型树状河系的Stroke　　　　(b) 非典型树状河系的多准则　　　　(c) 非典型树状河系的
　特征约束方法实验结果　　　　　　决策方法实验结果　　　　　　　本方法实验结果

图 7.8　非典型树状河系的不同方法实验结果

从主流识别结果可以看出：

（1）Stroke 特征约束方法通过长度优先性和方向一致性来确定主流，仅考虑上游河段的局部几何特征，而忽略了河流的整体结构特征，导致其主流识别趋向于局部的长度最大和方向一致，在典型树状河系和非典型树状河系中都存在将较长的支流河段误分类为主流河段的情况，其主流识别结果并不符合主流拥有最多、最复杂的支流的整体结构特征。

（2）多准则决策方法仅包含长度、角度、支流数三项指标，其权重设定较为模糊，没有考虑到最大河流长度、上游河源数等反映整体结构特征的指标，导致其主流识别结果在复杂情况下容易出现判断错误，尤其是对于主流与支流差异较小的非典型树状河系，误分类现象较为明显，且该方法识别每一级主流时都需要遍历河系全部河流，造成计算开销较大，主流识别效率较低。

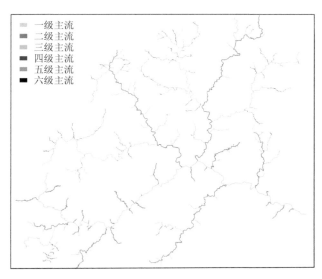

图 7.9　河系 3 的分级实验结果

（3）本方法的主流识别结果则有效兼顾了长度最大、角度最平缓和支流最多的主流特征，识别效果较上述方法更好，在典型树状河系、非典型树状河系和复杂树状河系中都能正确识别主支流，分类后所得主流的主流特征明显，与人工识别结果较为一致。

从分级结果可以看出，由于主支流识别合理，本方法对于典型树状河系、非典型树状河系和复杂树状河系的自动分级都取得了良好的效果，河系层次结构合理，各级主流等级关系分明，父子关系和左右支关系清晰，满足制图要求。

经分析总结，本节树状河系自动分级方法的特点如下：

（1）使用语义一致性、汇入角度、河段长度、河段分叉数、河流最大长度和上游河源数 6 项指标来描述河段的主流特征，兼顾了局部几何特征和整体结构特征，使 NBC 分类模型能更好地识别出主流河段。

（2）本方法是基于案例学习，采用了朴素贝叶斯的机器学习方法，对从已有分级成果中获取的主支流案例进行训练，较好地利用了专家分级经验和知识，有效地解决了多指标综合评价的权重设定模糊问题，提高了河系分级的智能化和知识化水平。

（3）本方法具有较强的学习能力，随着案例样本数据质量和数量的增加以及对河段主流特征的属性描述项的完善，本方法将会进一步提升获取主支流分类的综合知识的质量和数量，从而提高对河段的主支流分类性能，实现更好的分级效果。

## 7.1.5　小结

本节提出了一种基于朴素贝叶斯的树状河系自动分级方法，通过将上游河段分类为主流类别的概率来确定主流河段。首先，从已有分级成果中获取主支流案例，案例特征项对河段的主流特征描述兼顾了局部几何特征和整体结构特征；然后，使用朴素贝叶斯的机器学习方法训练得到 NBC 分类模型，将待分级河系中的河段自下游向上游进行主支流分类识别；最后，完成层次结构化实现自动分级。本方法 NBC 分类模型的分类正确率较高，主支流识别结果有效反映了长度最大、角度最平缓和支流最多的主流特征，较好地还原了专家意图，分级结果等级清晰、层次分明。整个分级过程实现了河系分级知识由专家分级成果至专家主支流案例再到主支流分类 NBC 分类模型的有效获取和表达，提高了树状河系分级的智能化水平。

## 7.2　规则约束下朴素贝叶斯辅助决策的树状河系选取方法

在树状河系的综合过程中，完成结构化以及分级后，需要进一步对树状河系进行选取。目前，对河系选取的研究成果已有一定积累。根据使用方法的不同，河流选取方法可以分为基于基础算法的选取方法（武芳，1994；Thomson and Richardson，1999；张青年，2006，2007；武芳等，2007；艾廷华等，2007；姜莉莉等，2015）、基于智能算法的选取方法（邵黎霞等，2004；翟仁健等，2006）和基于知识的选取方法（刘春和丛爱岩，1999；谭笑，2005；刘维妮，2007）。知识是制图综合的基础（钱海忠等，2012），河系综合知识能对河系选取起到重要的指导作用，但存在难以获取和表达的问题。河系综合知识包括河流属性特征、河流空间特征和河系综合规则，其中部分空间特征和综合规则难以通过指标进行量化表达来对综合过程产生约束。对此，本节提出了规则约束下朴素贝叶斯辅助决策的树状河系选取方法，首先对难以表达的部分空间特征和综合规则提取出具体规则来约束选取过程，然后基于案例学习的思想，使用朴素贝叶斯分类模型，通过专家河流选取案例进行训练后迭代，计算出待选取河流的删除概率并将其作为剔除选取的辅助决策。

### 7.2.1　规则约束下朴素贝叶斯辅助决策的树状河系选取方法原理

#### 1. 河系选取规则

为了保证河系选取对河流重要性、比例尺、层次结构、河网密度的保持，本节分别规定以下综合规则对选取进行约束。

**规则 1**：根据朴素贝叶斯分类模型计算出的删除概率，由高到低排序，依次对河流进行剔除。

需要说明的是，本节选择朴素贝叶斯算法计算删除概率的原因在于：朴素贝叶斯算法基于贝叶斯定理，较其他分类算法而言，能更好地、科学定量地计算出分类概率，易于实现，且分类性能和健壮性较好。朴素贝叶斯分类模型由专家河流选取案例训练所得，其计算出的选取概率和删除概率分别为待决策河流案例被朴素贝叶斯分类模型分类为选取或删除的可能性。河流的重要性越高，则转换成河流案例时各属性项的数值越高，因而分类模型计算出的选取概率越大、删除概率越小，也代表其被分类为选取的可能性越大。故选取概率和删除概率能较好地反映出河流的重要性，本方法根据删除概率依次对河流进行剔除。

**规则 2**：河系的选取数量由开方根规律决定，删除数量即河系的河流总数减去选取数量，满足删除数量后剔除选取过程终止。

开方根规律是经典的地物选取数量的计算公式（何宗宜，2004），其计算公式为 $N_B = N_A\sqrt{(M_A/M_B)}$，其中，$N_B$ 为综合后地图地物数量，$N_A$ 为原始地图地物数量，$M_A$ 为原始地图比例尺，$M_B$ 为综合后地图比例尺。使用开方根规律计算综合后选取数量，能有效保持河流数量与综合比例尺的一致性。本方法在被剔除河流的数量达到通过开方根规律计算所得的删除数量之后完成剔除选取过程。

**规则 3**：每次仅剔除无支流的河流，不直接剔除拥有支流的河流。

层次结构是树状河系的典型结构特征，主流和支流相互构成"父子"关系，若直接剔除拥有支流的河流会导致其支流全部被删除，从而不利于层次结构的保持，因此每次仅剔除无支流的河流。

**规则 4**：每次剔除一条河流后，若其存在同一主流下的同级同侧支流，则重新计算同级同侧支流的河间距和删除概率并排序。

河流的同级同侧支流的数量对比反映了河网密度的差异，河流剔除一般会改变其同级同侧支流的河间距，故需要重新计算河间距和删除概率，以避免连续剔除同级同侧支流对保持河网密度差异的不良影响。

2. 规则约束下朴素贝叶斯辅助决策的树状河系选取策略

河系选取需要以河流的重要性评价为依据，其关键在于对相关属性特征的选取和各自权重的设定。近年来，基于案例学习的综合知识表达和利用对解决类似问题取得了许多有效的成果。因此，本节从案例学习的角度出发，从已有的专家制图成果中获取河流选取案例，利用机器学习方法将案例转化为蕴含综合知识的分类模型。但是直接利用分类模型对河流进行选取或删除分类会导致选取结果无法得有效控制，难以保持选取结果与综合比例尺的一致性。故本节通过开方根规律计算出选取数量进行约束，并将朴素贝叶斯分类模型所得的待选取河流的删除概率作为剔除的辅助决策依据。

同时，对河系的选取需要顾及空间特征的保持（郭庆胜，2002）。目前提出的相关指标对河流空间特征的量化表达较差，难以充分反映出河系的层次结构和密度差异。因此，本节提取出相关选取规则对河系选取过程加以空间约束，通过规则 3 先支流后主流的剔除顺序来保持选取前后的层次结构，通过规则 4 减少同一主流下同级同侧支流的连续剔除来保持选取前后的密度差异。

综上所述，本节提出了规则约束下朴素贝叶斯辅助决策的树状河系选取方法，从已有的树状河系选取成果中自动获取河流选取案例，采用朴素贝叶斯的机器学习方法对河流选取案例进行学习得到 NBC 分类模型，使用分类模型计算得出选取河流的删除概率作为剔除的辅助决策依据，最后在相关规则的约束下实现河系的剔除选取。其流程图如图 7.10 所示，具体步骤如下。

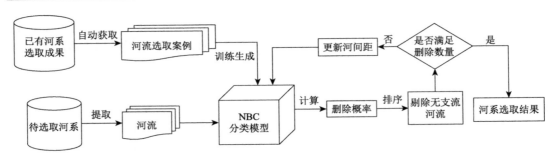

图 7.10　规则约束下朴素贝叶斯辅助决策的树状河系选取方法流程图

步骤 1：河流选取案例的定义与获取。计算河流实体特征描述项，并将其作为河流选取案例的属性空间，把专家制图成果中对河流实体的选取和删除操作结果作为河流选取案例的标记。

步骤 2：NBC 分类模型的训练。采用朴素贝叶斯的机器学习方法对河流选取案例进行训练，得到 NBC 分类模型。

步骤 3：针对新的待选取树状河系的河段，利用 NBC 分类模型计算其分类为删除的概率。

步骤 4：按照分类为删除的概率排序，剔除河系内无支流的河流，若被剔除河流的数量满足删除数量，则完成选取；否则重新计算被剔除河流的同级同侧支流的河间距和删除概率并排序。

## 7.2.2　河流选取案例的设计与获取

### 1. 河流选取案例的设计

河流选取案例，即对河流实体的属性特征及其选取结果的记录。本节将河流选取案例的组成结构设计为：河流选取案例对象、河流选取案例特征和河流选取案例标记。其中，河流选取案例对象是指具体的河流实体对象及其唯一序号，如 River_001；河流选取案例特征是指对河流实体的属性特征进行量化表达的指标，河流选取案例的特征提取是案例设计的关键；河流选取案例标记是指对河流实体的选取结果标记，即选取（1）和删除（0）。

### 2. 河流选取案例的特征提取

河流选取案例设计的重点在于特征提取。只有选取正确的指标来充分表达河流实体的属性特征，才能获取到案例中隐含的河流选取综合知识，从而利用朴素贝叶斯算法训练得到有效的分类模型。本节通过对河流选取相关文献的分析总结，使用等级、长度、河间距和湖泊连接数 4 个指标作为河流选取案例的案例特征，对河流实体的属性特征进行量化表述。各指标的具体描述如下：

（1）等级。等级指河流实体在河系层次结构中所处的层级。河流的等级越高，越有可能被选取。另外，为避免不同河系总层次结构的差异对案例量纲一致性的影响，对每一河系所得河流选取案例的等级进行归一化处理。

（2）长度。长度指河流实体的长度，本节计算河流实体首末节点间的线要素长度作为长度值。河流长度是最基本的选取指标，长度值越大，选取的可能性越大。

（3）河间距。河间距指河流实体与其同一主流下同级同侧河流的最短距离。若该河流不存在同级同侧河流，则取其主流的河流长度作为其河间距，若该河流既无同级同侧河流也无主流，则取其自身的河流长度作为其河间距。河间距越大，代表该河流附近的河流密度较小，选取的可能性越大。

（4）湖泊连接数。湖泊连接数指河流实体连接湖泊的数量。湖泊连接数越多，代表该河流地理位置越重要，选取的可能性越大。

### 3. 河流选取案例的获取

要想利用朴素贝叶斯算法得到可用的分类模型来指导河系选取，则需要获取数量足够多的河流选取案例。通过人工记录专家选取操作获取案例的方法效率较低，难以在短时间内得到大量案例用于训练。然而，已有的地图成果中蕴含了大量的专家综合操作，可以通过对比同一地区不同比例尺之间（即综合前后）的河系地图数据来自动获取河流选取案例。

因此，本节采用缓冲区匹配的方法对同一地区不同比例尺的河系数据进行同名实体匹配来自动获取河流选取案例，其流程如图 7.11 所示，具体步骤如下。

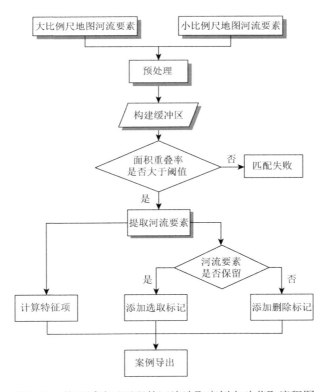

图 7.11　基于缓冲区匹配的河流选取案例自动获取流程图

步骤 1：预处理。对大比例尺和小比例尺地图中的河段要素通过断链、接链等方法构建一致的河流实体。

步骤 2：缓冲区匹配。对大比例尺和小比例尺地图中的所有河流线要素构建缓冲区，然后计算大比例尺地图中的河流缓冲区与小比例尺地图中的河流缓冲区的面积重叠率，若大于阈值，则匹配成功，添加匹配标识；否则匹配失败，不予添加匹配标识。

步骤 3：案例特征和标记计算。遍历大比例尺中所有河流线要素，通过空间分析计算如本节所述的指标值作为案例特征，若该河流线要素存在匹配标识，则视作该河流在综合过程中被选取，添加 1（选取）的案例标记；否则视作在综合过程中被删除，添加 0（删除）的案例标记。

步骤 4：案例导出。对案例对象添加唯一序号，并将其与案例属性和案例标记按统一格式导出。

为验证该案例自动获取方法的有效性，本节使用某流域 1：25 万比例尺和 1：50 万比例尺河系地图数据作为案例获取源数据，部分河系数据及缓冲区匹配结果如图 7.12 所示。对该数据使用本节案例获取方法共得到 234 个河流选取案例，部分案例如表 7.5 所示。

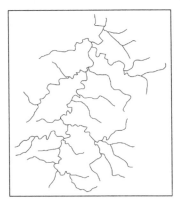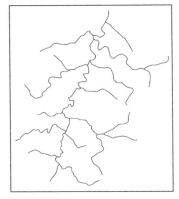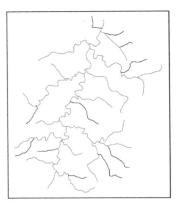

(a) 1：25 万比例尺河系数据　　　(b) 1：50 万比例尺河系数据　　　(c) 匹配结果

图 7.12　部分河系数据及缓冲区匹配结果

**表 7.5　部分河流选取案例示例**

| 案例对象序号 | 案例特征 | | | | 案例标记 |
|---|---|---|---|---|---|
| | 等级 | 长度/m | 河间距/m | 湖泊连接数 | |
| 1 | 1 | 43522.18 | 43522.18 | 0 | 1 |
| 2 | 0.67 | 4451.14 | 902.44 | 1 | 1 |
| 3 | 0.50 | 6323.47 | 2157.67 | 0 | 0 |
| 4 | 0.33 | 4793.57 | 1576.41 | 1 | 1 |
| 5 | 0 | 2033.42 | 4085.47 | 0 | 0 |
| … | | … | | | … |

### 7.2.3　河流选取 NBC 分类模型的训练与测试

将获取的河流选取案例利用朴素贝叶斯机器学习算法进行训练，生成河流选取 NBC

分类模型。河流选取案例数据总量为 234 个，按 2：1 的比例分为训练集和测试集。经过训练和测试，对分类模型的训练集分类正确率和测试集分类正确率进行统计，如表 7.6 所示。

**表 7.6　NBC 分类效果统计**　　　　　　　　　　　　　（单位：%）

| 数据集 | 训练集 | 测试集 |
| --- | --- | --- |
| 分类正确率 | 89.74 | 87.18 |

从统计结果可以看出，河流选取 NBC 分类模型在训练集的分类正确率达到 89.74%，说明该分类模型对训练集中的河流选取案例进行了较好的学习。同时，模型对测试集的分类正确率达到 87.18%，与训练集分类正确率的差距较小，说明其没有产生"过拟合"的现象，对新的案例也能正确地完成分类，即对待选取的河流能够进行正确地选取和删除分类，也说明了该模型计算的删除概率有较高的可信度。另外，NBC 分类模型的分类正确率小于 90% 的原因主要在于：河流选取案例的质量，由于在制图等过程中，制图专家会偶尔出现河流选取标准不一的情况，导致获取的河流选取案例存在不一致，从而影响了分类正确率的进一步提高。

值得注意的是，本方法并非通过直接分类对河系选取，而是通过河流选取 NBC 分类模型计算河流的删除概率来作为剔除的辅助决策依据。为了测试其实际的应用效果，使用另一相似区域的河系数据对本方法进行完整的选取实验。

## 7.2.4　实验与分析

为进一步验证本方法的有效性和实用性，分别对某流域的树状河系 1（图 7.13）和树状河系 2（图 7.14）进行综合比例尺为 1：50 万的选取实验。另外，选用 1：25 万和 1：

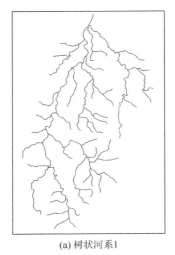
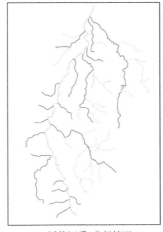

(a) 树状河系1　　　　　　　　　(b) 树状河系1分级情况

图 7.13　树状河系 1 数据

100 万河系数据获取案例,利用 NBC 分类模型再次训练得到另一综合比例尺为 1:100 万的河流选取实验,并使用单支流选取方法(武芳,1994)作为对比,选取结果如图 7.15、图 7.16 所示。

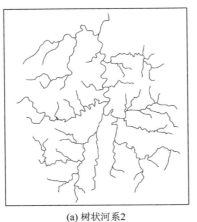 

(a) 树状河系2  (b) 树状河系2分级情况

图 7.14  树状河系 2 数据

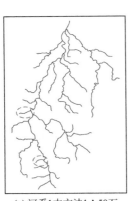 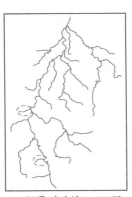 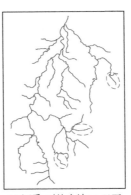 

(a) 河系1本方法1:50万  (b) 河系1本方法1:100万  (c) 河系1对比方法1:50万  (d) 河系1对比方法1:100万
选取结果　　　　　　　选取结果　　　　　　　选取结果　　　　　　　选取结果

图 7.15  树状河系 1 不同方法的选取结果

(a) 河系2本方法1:50万  (b) 河系2本方法1:100万  (c) 河系2对比方法1:50万  (d) 河系2对比方法1:100万
选取结果　　　　　　　选取结果　　　　　　　选取结果　　　　　　　选取结果

图 7.16  树状河系 2 不同方法的选取结果

另外，对各选取结果中不同等级的河流数量统计，如表 7.7、表 7.8 所示。

表 7.7　树状河系 1 选取结果统计

| 比例尺 | 河流总数 | 一级河流 | 二级河流 | 三级河流 | 四级河流 |
| --- | --- | --- | --- | --- | --- |
| 1：25 万（原始数据） | 45 | 1 | 19 | 17 | 8 |
| 1：50 万（本方法） | 32 | 1 | 19 | 12 | 0 |
| 1：100 万（本方法） | 22 | 1 | 14 | 7 | 0 |
| 1：50 万（对比方法） | 32 | 1 | 16 | 12 | 3 |
| 1：100 万（对比方法） | 22 | 1 | 13 | 7 | 1 |

表 7.8　树状河系 2 选取结果统计

| 比例尺 | 河流总数 | 一级河流 | 二级河流 | 三级河流 | 四级河流 | 五级河流 |
| --- | --- | --- | --- | --- | --- | --- |
| 1：25 万（原始数据） | 47 | 1 | 12 | 22 | 11 | 1 |
| 1：50 万（本方法） | 33 | 1 | 12 | 14 | 6 | 0 |
| 1：100 万（本方法） | 23 | 1 | 10 | 9 | 3 | 0 |
| 1：50 万（对比方法） | 33 | 1 | 11 | 14 | 7 | 0 |
| 1：100 万（对比方法） | 23 | 1 | 10 | 8 | 4 | 0 |

从选取结果和统计数据可以看出：

对比方法保留了许多长度较大的低等级河流，并删除了许多长度较小的高等级河流，破坏了河系的层次结构。另外，对比方法的选取结果中较多出现对河流的同一侧支流删除较多，而对另一侧支流保留过多的情况，使得两侧数量与原始河系的差异较大，无法反映河系的河网密度。

本方法通过对等级、长度综合考虑，使选取结果保留了更多的高等级河流，删除了更多的低等级河流，即较好地保持了层次结构。同时，通过河间距属性的计算和规则 4 的空间约束，河流的同侧同级河流的连续删除力度较小，维系了两侧支流删除力度的平衡，使得河系不同区域的河网密度差异得以保持。

经分析总结，本方法的特点如下：

（1）本方法使用等级、长度、河间距来描述河流重要性，采用了朴素贝叶斯的机器学习方法，对从已有选取成果中获取的河流选取案例进行学习，较好地利用了专家选取经验和知识，有效地解决了多指标综合评价的权重设定模糊问题。

（2）提出的规则较好地对选取过程进行空间约束，对低等级河流的剔除优先于高等级河流，同级同侧河流较少被连续删除，使选取结果较好地保持了层次结构和河网密度等空间分布特征。

（3）本方法对综合知识的利用结合了规则约束和案例学习，将难以量化表达的综合知识具体为规则对选取进行约束，将多属性指标对河流重要性综合评价的综合知识通过案例进行学习，拓展了综合知识利用的方式，从而提高了选取的效果。

### 7.2.5　小结

本节提出了规则约束下朴素贝叶斯辅助决策的树状河系选取方法，结合规则约束和案例学习两种综合知识利用方式对树状河系进行选取。首先，采用缓冲区匹配方法对同一地区不同比例尺的河系数据进行同名实体匹配来自动获取河流选取案例，采用朴素贝叶斯的机器学习方法对河流选取案例进行学习，得到河流选取 NBC 分类模型，使用分类模型计算得出选取河流的删除概率并将其作为剔除的辅助决策依据，最后在相关规则的约束下实现河系的剔除选取。本方法训练所得的河流选取 NBC 分类模型分类正确率高，计算得到的删除概率能较好地反映出河流重要性，在此基础上，规则约束下的选取结果有效保持了层次结构、河网密度等空间分布特征。

## 7.3　基于支持向量机的河流化简方法

在完成河系的选取后，需要对河系进行线要素化简，以完成河系综合的主要过程。当前对于河流要素采取的化简方法，其原理基本与曲线化简一致。线要素化简方法按智能化程度大致可以划分成两类：一类是基于普通算法的线要素化简方法，其中以节点为化简单元的有 Douglas-Peucker 算法（Douglas and Peucker，1993）、Li-Openshaw 算法（Li and Openshaw，1992）、弧比弦法、垂比弦法及它们的改进算法等（Chrobak，2000；Nakos and Mitropoulos，2003；Teh and Chin，2004；朱鲲鹏等，2007；邓敏等，2009；刘慧敏等，2011）；还有以弯曲为化简单元的，如张青年和廖克（2001）提出的基于复合弯曲分析的曲线化简方法，钱海忠等（2007）提出的采用斜拉式弯曲划分的曲线化简方法，黄博华等（2014）提出的保持曲线弯曲特征的曲线化简算法，钱海忠等（2017）提出的基于三元弯曲组的曲线化简方法等。另一类是基于智能算法的线要素化简方法，如遗传算法（武芳和邓红艳，2003）、SOM 等智能算法（Jiang and Byron，2003）。本节将线要素的化简视为线要素化简单元的取舍二分类问题，从案例学习的角度出发，提出了基于支持向量机的河流化简方法，利用支持向量机的机器学习方法对已有化简成果进行学习训练，得到支持向量机分类模型，利用训练得到的支持向量机分类模型对河流线要素中的特征化简单元进行选取，对非特征化简单元进行删除，从而实现不同制图环境下河流线要素的自适应化简。

### 7.3.1　基于支持向量机的线化简方法原理

#### 1. 支持向量机的原理

支持向量机（Support Vector Machine，SVM）是具有很多优秀性能的两类机器学习方法，其主要思想是：给定训练样本，支持向量机建立一个超平面作为决策曲面，使得正例和反例之间的隔离边缘被最大化（周志华，2016）。如果样本是线性不可分的，SVM 则使用所谓的核技巧，通过非线性映射，将样本映射到高维特征空间中，有效地进行非线性分类（图 7.17）。

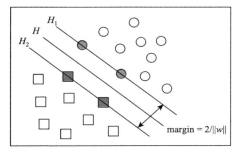

图 7.17　支持向量机原理示意图

$w$ 为超平面的法向量

支持向量机是目前最常用、效果最好的分类器之一，在解决小样本、非线性及高维模式识别中具有独特的优势，且具有较好的泛化推广能力，故本节采用 SVM 算法学习训练得到分类器来解决线节点的取舍二分类问题。

### 2. 基于支持向量机的线要素案例学习化简策略

线要素化简实际上就是分析曲线的几何特征，选取特征点，删除非特征点，从而裁弯取直，概括曲线的碎部并揭露其整体特点（王家耀等，1993）。近年来，随着对线要素综合问题认知的不断深入，将弯曲作为曲线的基本结构单元被认为更符合制图综合的一般规律。同样，若以弯曲作为化简单元，线要素化简也是选取特征弯曲、删除非特征弯曲的过程。

在实际的制图综合环境中，制图专家所要考虑的影响因素并不是单一的，且评价化简单元的多指标间存在模糊的关系，难以用单一的数学模型或算法进行描述。这些模糊关系隐藏在制图专家的已有化简成果中，若将某一制图综合环境下制图专家的化简结果作为案例，通过训练机器学习模型，即可得到适用于同一制图综合环境，且与制图专家思维相近的综合决策模型。因此，引入基于案例学习的智能化制图综合方法是一个值得研究的思路，是解决该问题的有效途径。

需要说明的是，由于支持向量机是目前最常用、效果最好的分类模型之一，在解决小样本、非线性及高维模式识别中具有独特的优势，泛化推广能力较好，符合线要素化简过程中考虑的属性描述项较多的特点，故本节采用支持向量机算法学习训练得到分类模型来解决线要素化简单元的取舍二分类问题。

综上所述，本节提出了基于支持向量机的线要素案例学习化简方法，将线要素的化简问题转化为线要素中化简单元的取舍分类问题，从制图专家的线要素化简成果中自动获取线节点化简案例和线弯曲化简案例，采用支持向量机的方法对化简案例进行学习来得到支持向量机分类模型，以指导新的线要素化简。该方法实施的具体步骤如下，其具体流程如图 7.18 所示。

步骤 1：化简案例的定义与获取。对化简单元提取特征描述项作为化简案例的特征空间，把专家综合成果中对化简单元取舍的分类结果作为化简案例的标记。

步骤 2：支持向量机分类模型的训练。采用支持向量机的机器学习方法对化简案例进行训练，得到 SVM 分类模型。

步骤 3：利用支持向量机分类模型对新的线要素的化简单元进行取舍分类，从而实现线要素化简。

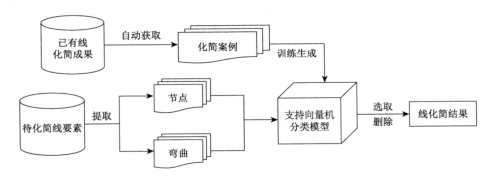

图 7.18　基于支持向量机的线要素化简方法流程图

## 7.3.2　化简案例的设计及获取

### 1. 化简案例的设计

本节将化简案例的组成结构设计为:化简案例对象、化简案例特征和化简案例标记。其中,化简案例对象是指具体操作的化简单元对象,Point_1 表示序号为 1 的节点,Bend_1 表示序号为 1 的弯曲;化简案例特征也称为描述项或属性,包含化简单元对自身信息描述的多个特征项;化简案例标记是指化简单元所处的综合操作,1 表示选取(S),0 表示删除(D)。

本节分别从节点和弯曲两个方面进行基于支持向量机的线要素化简,并分别提取不同的特征项对其所处的综合环境进行描述,还原制图专家化简时考虑的因素。

### 2. 线节点化简案例的特征提取

目前,许多线要素化简算法是以节点为化简单元,计算节点的某项指标值并将其作为判断是否化简的依据。本节通过对线要素化简相关文献的分析总结,使用前点距离、后点距离、弦长、垂距、角度、弧比弦、垂比弦、面积变化值和角度变化值 9 个指标对节点的特征进行量化表达,具体描述如表 7.9 所示,并以图 7.19 中节点 *B* 为例,说明各特征项的计算方法。

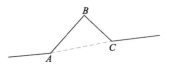

图 7.19　线节点化简案例特征项计算举例

需要说明的是,本方法仅对曲线中非首末端点的节点进行取舍分类,化简过程中默认保留曲线的首末端点,故线节点化简案例的特征项提取、设计和案例获取也仅针对非曲线首末端点的线节点。

表 7.9　线节点化简案例特征项说明

| 特征项 | 说明 |
| --- | --- |
| 前点距离 | 该节点与前一节点的距离,即线段 *AB* 的长度 |
| 后点距离 | 该节点与后一节点的距离,即线段 *BC* 的长度 |
| 弦长 | 该节点的前一节点和后一节点间的所连线段的长度,即线段 *AC* 的距离 |

| 特征项 | 说明 |
| --- | --- |
| 垂距 | 该节点到前一节点和后一节点所连线段的垂直距离，即节点 $B$ 到线段 $AC$ 的垂直距离 |
| 角度 | 该节点到前一节点所成射线与到后一节点所成射线间的夹角，即 $\angle ABC$ 的角度值 |
| 弧比弦 | 该节点的弧长与弦长之比，即线段 $AB$ 和线段 $BC$ 的长度之和与线段 $AC$ 长度的比值 |
| 垂比弦 | 该节点的垂距与弦长之比，即节点 $B$ 到线段 $AC$ 的垂直距离与线段 $AC$ 长度的比值 |
| 面积变化值 | 删除该节点后曲线的面积变化值，即三角形 $\triangle ABC$ 的面积值 |
| 角度变化值 | 删除该节点后曲线局部的角度变化值，即 $\angle BAC$ 的角度值 |

### 3. 线弯曲化简案例的特征提取

基于弯曲进行线要素化简，首先需要对曲线的弯曲进行识别。目前，主要的弯曲识别算法有拐点法、单调链法、塑形法等（Wang and Muller，1998；毋河海，2003；郭庆胜等，2008）。顾及曲线的弯曲识别效率，采用拐点法对曲线进行弯曲提取，以此为例来设计、获取线弯曲化简案例和验证本节弯曲化简方法。通过对以弯曲为化简单元的线要素化简相关文献的分析总结，使用弯曲面积、弯曲基线长度、弯曲弧长、弯曲深度和弯曲度 5 个指标对弯曲的特征进行量化表述，具体描述如表 7.10 所示，并以图 7.20 中弯曲 $ABCDEF$ 为例说明各特征项的计算方法。

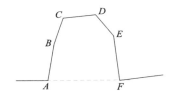

图 7.20　线弯曲化简案例特征项计算举例

**表 7.10　线弯曲化简案例特征项说明**

| 特征项 | 说明 |
| --- | --- |
| 弯曲面积 | 弯曲与基线围成的面积，即构成弯曲的多边形 $ABCDEF$ 的面积 |
| 弯曲基线长度 | 弯曲基线的长度，即线段 $AF$ 的长度 |
| 弯曲弧长 | 弯曲弧线的长度，即弧线 $ABCDEF$ 的长度 |
| 弯曲深度 | 弯曲顶点到基线的垂直距离，即弯曲顶点 $D$ 到线段 $AF$ 的垂直距离 |
| 弯曲度 | 弯曲弧长与弯曲基线长度之比，即弧线 $ABCDEF$ 的长度与线段 $AF$ 的长度的比值 |

### 4. 化简案例的自动获取

要想通过支持向量机等机器学习方法得到可用的"智能模型"（即分类模型）来指导综合，需要数量足够大的案例来进行训练。目前，案例获取一般来源于对制图专家的综合操作的实时自动记录，但该方法需要较多的人工操作、效率低下。而已有的地图数据是经过制图专家完成综合操作后的成果，其中蕴含了大量的制图综合行为（即专家综合案例），故可以通过对比同一地区综合前后（即不同比例尺之间）的地图数据来自动获取专家综合案例。

　　因此，本节提出了一种新的案例自动获取方法，采取缓冲区匹配的方法对两幅地图数据中同名线要素进行匹配，从匹配成功的线要素中自动获取线节点化简案例和线弯曲化简案例，其流程如图 7.21 所示，具体步骤如下。

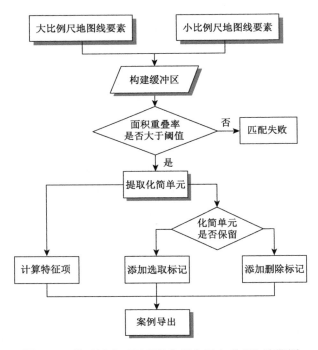

图 7.21　基于缓冲区匹配的化简案例自动获取流程图

　　步骤 1：缓冲区匹配。对小比例尺地图和大比例尺地图中的所有线要素分别构建缓冲区，若大比例尺地图中某线要素与小比例尺地图中某线要素的缓冲区面积重叠率大于阈值，则匹配成功，添加匹配标识并相互关联；否则匹配失败，视作未被选取。

　　步骤 2：化简案例计算。该步骤根据节点案例和弯曲案例的不同，又分为线节点化简案例计算和线弯曲化简案例计算。

　　（1）线节点化简案例计算。对大比例尺地图中有匹配标识的线要素遍历其节点，通过空间分析计算如本节所述的节点特征项并将其作为案例属性，遍历与之关联的小比例尺线要素中节点，判断是否存在坐标相等或在一定偏差范围内的节点，若是则视作该节点在化简过程中得以保留，添加 1（选取）的案例标记；否则视作该节点在化简过程中被删除，添加 0（删除）的案例标记。

　　（2）线弯曲化简案例计算。对大比例尺地图中有匹配标识的线要素提取弯曲，通过空间分析计算如本节所述的弯曲特征项并将其作为案例属性，依次对弯曲上的节点通过坐标比对，判断它在与之关联的小比例尺线要素中是否得到保留。判断的依据是，小比例尺中保留的节点距离原始弯曲基线的距离 $d$ 接近于弯曲的深度 $h$，本方法将接近程度定义为 $d>0.7h$，则认为该弯曲在化简过程中得以保留（即为特征弯曲），添加 1（选取）的案例标记；否则视作该弯曲在化简过程中被删除（即为非特征弯曲），添加 0（删除）的案例标记。

步骤 3：案例导出。对案例对象赋唯一序号作为标识码，并将其与案例特征和案例标记按设计格式导出。

为验证基于缓冲区匹配的案例自动获取方法的有效性，本节选取某地区 1∶10 万和 1∶100 万河系地图数据（图 7.22）作为实验数据进行案例自动获取。

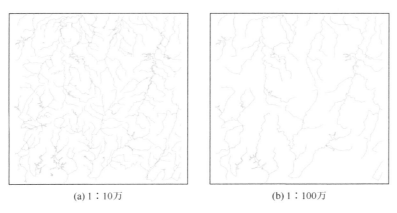

(a) 1∶10万　　　　　　　　　　　　(b) 1∶100万

图 7.22　某地区系列比例尺地图数据

经过缓冲区匹配步骤，1∶100 万数据中有 135 条线要素与 1∶10 万中的线要素匹配成功，如图 7.23（a）所示。遍历 1∶10 万数据中成功匹配的线要素，共采集 2354 个节点，通过节点坐标判断，对其中 726 个节点添加选取标记，对 1761 个节点添加删除标记，如图 7.23（b）所示（其中绿色表示被删除节点，红色表示被保留节点），并通过空间计算获取上文所述的节点特征项，最后导出线节点化简案例，如表 7.11 所示。同时，共提取 1133 个弯曲，通过弯曲判断对其中 442 个弯曲添加选取标记，对 691 个弯曲添加删除标记，如图 7.23（c）所示（其中绿色表示被删除弯曲，红色表示被保留弯曲），并通过空间计算获取上文所述的弯曲特征项，最后导出线弯曲化简案例，如表 7.12 所示。

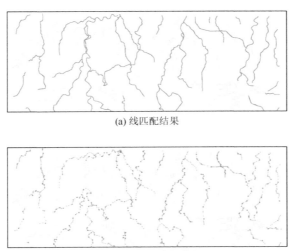

(a) 线匹配结果

(b) 线节点化简案例获取

(c) 线弯曲化简案例获取

图 7.23　化简案例自动获取过程

**表 7.11　部分线节点化简案例示例**

| 案例对象 | 案例特征 | | | | | | | | | 案例标记 |
|---|---|---|---|---|---|---|---|---|---|---|
| | 前点距离/m | 后点距离/m | 弦长/m | 垂距/m | 角度/(°) | 弧比弦 | 垂比弦 | 面积变化值/m² | 角度变化值/(°) | |
| Point_1 | 848.424 | 638.542 | 1480.207 | 70.094 | 168.958 | 1.0046 | 0.0473 | 51876.88 | 4.738 | 1 |
| Point_2 | 606.763 | 609.223 | 1212.053 | 48.861 | 170.780 | 1.0032 | 0.0403 | 29611.37 | 4.618 | 0 |
| Point_3 | 380.256 | 493.263 | 852.511 | 94.372 | 154.600 | 1.0246 | 0.1106 | 40226.81 | 14.369 | 1 |
| Point_4 | 493.263 | 667.922 | 1128.870 | 134.380 | 152.584 | 1.0286 | 0.1190 | 75848.91 | 15.808 | 1 |
| Point_5 | 638.542 | 900.643 | 1531.761 | 74.385 | 168.572 | 1.0048 | 0.0485 | 56970.48 | 6.689 | 0 |
| Point_6 | 900.643 | 796.402 | 1695.563 | 35.387 | 175.201 | 1.0008 | 0.0208 | 30000.54 | 2.251 | 0 |
| ... | | | | | ... | | | | | ... |

**表 7.12　部分线弯曲化简案例示例**

| 案例对象 | 案例特征 | | | | | 案例标记 |
|---|---|---|---|---|---|---|
| | 弯曲面积/m² | 弯曲基线长度/m | 弯曲弧长/m | 弯曲深度/m | 弯曲度 | |
| Bend_1 | 108759.60 | 1579.867 | 1601.208 | 100.196 | 1.0135 | 0 |
| Bend_2 | 553495.26 | 1990.910 | 2224.964 | 431.328 | 1.1175 | 1 |
| Bend_3 | 42519.32 | 2531.927 | 2533.009 | 33.586 | 1.0004 | 0 |
| Bend_4 | 541052.90 | 2852.760 | 2952.271 | 366.230 | 1.0348 | 1 |
| Bend_5 | 681425.24 | 2169.790 | 2456.572 | 520.864 | 1.1321 | 1 |
| Bend_6 | 97053.21 | 2128.995 | 2136.809 | 91.172 | 1.0036 | 0 |
| ... | | | ... | | | ... |

### 7.3.3　SVM 分类模型的训练

获取化简案例完成后，即可进行学习生成用于线要素化简的 SVM 分类模型。选取 7.3.2 节中自动获取的线节点化简案例和线弯曲化简案例分别用于训练和测试，数据总量分别为 2354 个和 1133 个，按 2：1 的比例分为训练集和测试集。

训练 SVM 分类模型的重点在于两个要素的确定：①核函数的选择。核函数的作用是将数据映射到高维空间，来解决在原始空间中线性不可分的问题，包括：高斯核函数、

Sigmoid 核函数、多项式核函数、线性函数等。②惩罚系数 $C$ 的选择。$C$ 代表的是在线性不可分的情况下，对分类错误的惩罚程度。$C$ 值越大，分类模型发生错误的代价越高，但 $C$ 值过大时容易造成过拟合；而 $C$ 值过小时，分类模型由于犯错的代价太小而导致分类性能较差。本节根据比较 SVM 训练过程的分类正确率来自动获得分类模型的最优参数值，以得到拥有最高分类正确率的 SVM 分类模型。

经测试，针对本节训练数据，核函数为高斯核函数和 Sigmoid 核函数时，SVM 分类模型将测试集全部分为一类，即训练结果无效；核函数为多项式核函数时，SVM 分类模型无法得到收敛，即无法得到训练结果；核函数为线性函数时，SVM 分类模型成功收敛，能有效进行分类。因此，最终获得的最优核函数为线性函数。另外，分别对节点案例测试集和弯曲案例测试集在不同惩罚系数下的分类正确率统计，如表 7.13 所示，故最终获得的最优惩罚系数为 0.8，此时得到的 SVM 线节点分类模型和 SVM 线弯曲分类模型在测试集的分类正确率分别达到 81.275% 和 83.133%。

表 7.13　不同惩罚系数时 SVM 训练分类正确率统计　　　　（单位：%）

| 不同分类模型 | 分类正确率 | | | | |
|---|---|---|---|---|---|
| | $C=0.6$ | $C=0.7$ | $C=0.8$ | $C=0.9$ | $C=1.0$ |
| SVM 线节点分类模型 | 81.142 | 81.142 | 81.275 | 80.877 | 81.142 |
| SVM 线弯曲分类模型 | 82.289 | 81.024 | 83.133 | 81.627 | 81.325 |

值得注意的是，SVM 分类模型的分类正确率是指其在测试集对专家化简案例的分类正确率，该指标反映了分类模型的训练效果。本节训练所得线要素化简 SVM 分类模型达到了较高的分类正确率，说明其对专家化简案例进行了较好的学习。对专家化简案例测试集的分类正确率在一定程度上反映了模型的训练效果，为测试其实际应用效果，使用另一地区的河系数据对该方法进行完整的化简实验，并选用 Douglas-Peucker 算法作为对比。

### 7.3.4　实验与分析

实验数据为相邻区域 1∶10 万河系要素地图数据，如图 7.24 所示。遍历所有线要素中非首末端点的节点并计算特征项，共获得 3381 个待分类的节点对象，对所有线要素提取弯曲并计算特征项，共获得 1560 个待分类的弯曲对象。通过 7.3.3 节训练得到的 SVM 线节点分类模型和 SVM 线弯曲分类模型分别对获得的节点和弯曲进行分类，分类结果如表 7.14 所示。不同方法对实验数据的化简结果如图 7.25 所示。

图 7.24　化简实验数据

表 7.14    不同化简单元分类结果

| 化简单元 | 总数 | SVM 分类模型分类结果 | |
| --- | --- | --- | --- |
| | | 选取 | 删除 |
| 节点 | 3381 | 1104 | 2277 |
| 弯曲 | 1560 | 577 | 983 |

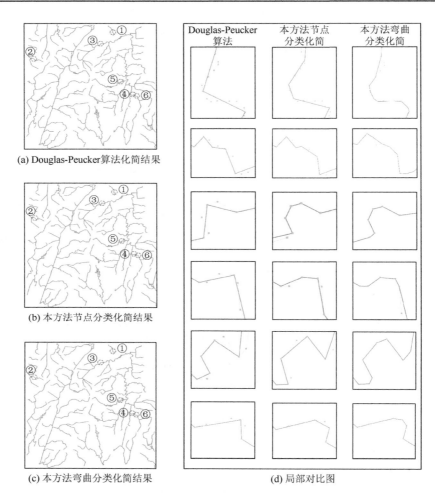

(a) Douglas-Peucker算法化简结果

(b) 本方法节点分类化简结果

(c) 本方法弯曲分类化简结果

(d) 局部对比图

图 7.25    不同方法化简结果

根据 SVM 线节点分类模型对实验数据中线节点的取舍分类结果进行节点删选，得到的化简结果如图 7.25（b）所示。根据 SVM 线弯曲分类模型，对实验数据中线弯曲的取舍分类结果来进行弯曲删选，得到的化简结果如图 7.25（c）所示。选用 Douglas-Peucker 算法对化简效果进行对比，将 Douglas-Peucker 算法的阈值参数设置为 200m，化简后节点压缩率为 69.504%，与本方法的化简力度基本一致，其化简结果如图 7.25（a）所示。

对本方法和 Douglas-Peucker 算法所得化简结果的长度变化比、位置误差、缓冲区限差三项化简精度评估指标［指标设定参见文献（武芳和朱鲲鹏，2008）］进行统计，如

表 7.15 所示。长度变化比为化简后曲线长度与原始曲线长度的比值，用于衡量曲线几何特征的改变。位置误差为化简后曲线和原始曲线所围成的面积与原始曲线长度的比值，缓冲区限差是指化简后曲线落在化简前曲线所构建的缓冲区内的比例，这二者用于衡量曲线位置精度的改变。

**表 7.15　不同方法化简精度评估指标统计结果**

| 方法分类 | 长度变化比/% | 位置误差 | 缓冲区限差/% |
|---|---|---|---|
| Douglas-Peucker 算法 | 97.397 | 17.17 | 35.368 |
| 本方法节点分类化简 | 97.046 | 16.85 | 33.574 |
| 本方法弯曲分类化简 | 95.679 | 15.03 | 32.896 |

曲线的形态保持关键在于其中复杂弯曲的形态保持，本节定义复杂弯曲为弯曲面积大于阈值且弯曲度大于阈值[阈值设定参见文献（黄博华等，2014）]的弯曲，并统计本方法和 Douglas-Peucker 算法对化简曲线中复杂弯曲的节点保留率来量化评价曲线的形态保持，如表 7.16 所示。

**表 7.16　不同方法特征弯曲节点保留率统计结果**　　　（单位：%）

| 评价指标 | Douglas-Peucker 算法 | 本方法节点分类化简 | 本方法弯曲分类化简 |
|---|---|---|---|
| 弯曲节点保留率 | 65.298 | 82.596 | 90.457 |

本节使用压缩率来衡量化简力度，即被删除化简单元的数量占总化简单元数量的比率。对于线节点取舍分类，专家化简结果的节点压缩率为 69.159%，本方法化简结果的节点压缩率为 67.347%。对于线弯曲取舍分类，专家化简结果的弯曲压缩率为 63.013%，本方法化简结果的弯曲压缩率为 60.989%。

为进一步验证本方法保持制图专家化简力度一致性的效果，选用 1∶10 万和 1∶25 万两幅地图数据获取化简案例训练得到 SVM 分类模型 2（区别于前文中目标比例尺为 1∶100 万的 SVM 分类模型），并对实验数据中线要素的化简单元作取舍分类。在不同化简环境下，本方法实验结果的化简力度（压缩率）与专家化简结果的比较如表 7.17 所示。

**表 7.17　本方法不同化简环境下压缩率统计结果**　　　（单位：%）

| 统计对象 | 1∶10 万至 1∶25 万 | | 1∶10 万至 1∶100 万 | |
|---|---|---|---|---|
| | 节点压缩率 | 弯曲压缩率 | 节点压缩率 | 弯曲压缩率 |
| 专家化简结果 | 49.687 | 30.388 | 69.159 | 63.013 |
| 本方法化简结果 | 50.902 | 27.654 | 67.347 | 60.989 |

由实验结果可以看出：

（1）从表 7.15 中可以看出，本方法和 Douglas-Peucker 算法在这三项评估指标的数值上均好于 Douglas-Peucker 算法，说明本方法在化简精度上优于 Douglas-Peucker 算法，能在化简后较好地保持原始曲线的几何特征和位置精度。

（2）从表 7.16 中可以看出，Douglas-Peucker 算法对复杂弯曲的节点保留率明显低于本方法，对复杂弯曲的化简力度过大，而本方法则较好地保留了复杂弯曲中的节点，使曲线形状特征得到了较好的保持。在整体相同的化简力度下，本方法较 Douglas-Peucker 算法对复杂弯曲的节点保留率高，说明本方法对非复杂弯曲的线段（即较为平缓的线段）化简力度较大。总的来说，本方法对曲线段较好保留形状特征的同时，对平缓线段则作出较大力度的化简，这也符合线要素的化简要求。

（3）由图 7.25（d）局部对比图也可以看出，Douglas-Peucker 算法往往仅保留曲线中垂距较大的点，忽略两侧垂距稍小而角度变化明显的拐点，导致化简结果中锯齿状较为严重，破坏了曲线的关键形态。而本方法中，以节点为化简单元时，线节点化简案例中特征描述项的充分量化表达，对这类特征点进行了有效识别和选取，使得曲线的几何特征得到更好的保持，且化简结果更为平缓光滑；以弯曲为化简单元时，对弯曲的正确选取和整体保留，使得曲线的弯曲特征保持得更为明显，但与此同时也保留了较多的不重要碎部。

（4）由统计数据可以看出，对于不同的目标比例尺，无论化简单元是节点还是弯曲，本方法化简结果的压缩率与专家化简结果的压缩率大致相同，证明 SVM 能够对化简案例进行较好地学习，化简结果较好地还原了制图专家的化简力度。

经分析总结，本方法的特点如下：

（1）本方法中 SVM 分类模型能较好地识别出曲线中的特征单元和非特征单元，通过选取特征单元保留了曲线的重要几何特征，通过删除非特征单元去除了曲线的不重要碎部，有效完成了线要素化简。由统计指标可以看出，较 Douglas-Peucker 算法，本方法化简精度较高，且对曲线形态保持有明显优势。

（2）对于在不同化简环境下的案例数据，本方法 SVM 分类模型的相关参数根据比较分类正确率自动调整获得最优参数，确保了参数设置的简便性和最优性，而传统的线要素化简方法大多需要根据不同比例尺、不同区域等设置不同的算法参数，并通过人工检查化简效果得出不同化简环境下的最优参数，参数的设置存在很大的模糊性。本方法在整个化简过程中无须人为操作和干预，不需要选择特定的综合算法，降低了时间成本，提高了化简效率。

（3）由于本方法是基于案例学习，采用 SVM 的机器学习方法对线节点化简案例和线弯曲化简案例进行学习，具有较强的学习能力。只需要学习部分案例，即可用来化简类似区域的大量数据。因而可构建不同用途、不同比例尺、不同区域特点的案例库，满足各种情形的自动线要素化简任务。

（4）随着案例数据质量和数量的增加以及特征描述项的完善，本方法将会进一步提高对化简单元的取舍分类性能，从而实现更好的化简效果。

### 7.3.5 小结

本节提出了一种基于 SVM 的河流化简方法，将线要素化简转化为线要素化简单元的取舍分类问题，通过对已有线要素化简成果（即同一地区不同比例尺地图）采用基于缓冲区匹配的案例自动获取方法来获取线要素化简案例，使用 SVM 的机器学习方法训练得到 SVM 分类模型，将待化简的线要素节点进行取舍分类，从而实现线要素化简。本方法 SVM 分类模型的分类正确率较高，通过对化简单元的取舍分类，有效地完成了线要素化简，化简结果较好地还原了制图专家的化简意图，实现了线要素化简知识由专家化简成果至专家化简案例再到线要素化简 SVM 分类模型的有效获取和表达，且化简过程中减少了人工调参等操作，提高了线要素化简的自动化和智能化水平。

# 参 考 文 献

艾廷华, 刘耀林, 黄亚锋. 2007. 河网汇水区域的层次化剖分与地图综合[J]. 测绘学报, 36（2）: 231-236, 243.

邓敏, 陈杰, 李志林, 等. 2009. 曲线简化中节点重要性度量方法比较及垂比弦法的改进[J]. 地理与地理信息科学, 25（1）: 40-43.

杜清运. 1988. 地图数据库中的结构化河网及其自动建立[J]. 武汉测绘科技大学学报, 13（2）: 70-77.

郭庆胜. 1999. 河系的特征分析和树状河系的自动结构化[J]. 地矿测绘, 4: 7-9.

郭庆胜. 2002. 地图自动综合理论与方法[M]. 北京: 测绘出版社.

郭庆胜, 黄远林. 2008. 树状河系主流的自动推理[J]. 武汉大学学报（信息科学版）, 33（9）: 978-981.

郭庆胜, 黄远林, 章莉萍. 2008. 曲线的弯曲识别方法研究[J]. 武汉大学学报（信息科学版）, 6: 596-599.

郝志伟, 李成名, 殷勇, 等. 2017. 一种启发式有环河系自动分级算法[J]. 测绘通报, 10: 68-73.

何宗宜. 2004. 地图数据处理模型的原理与方法[M]. 武汉: 武汉大学出版社.

黄博华, 武芳, 翟仁健, 等. 2014. 保持弯曲特征的线要素化简算法[J]. 测绘科学技术学报, 31（5）: 533-537.

姜莉莉, 齐清文, 张岸. 2015. 河流自动选取中的分级优化[J]. 武汉大学学报（信息科学版）, 40（6）: 841-846.

李成名, 殷勇, 吴伟, 等. 2018. Stroke 特征约束的树状河系层次关系构建及简化方法[J]. 测绘学报, 47（4）: 537-546.

刘春, 丛爱岩. 1999. 基于"知识规则"的 GIS 水系要素制图综合推理[J]. 测绘通报,（9）: 21-24.

刘慧敏, 樊子德, 徐震, 等. 2011. 曲线化简的弧比弦算法改进及其评价[J]. 地理与地理信息科学, 27（1）: 45-48.

刘维妮. 2007. 基于知识的树状河流地图综合研究[D]. 西安: 长安大学.

钱海忠, 何海威, 王骁, 等. 2017. 采用三元弯曲组划分的线要素化简方法[J]. 武汉大学学报（信息科学版）, 42（8）: 1096-1103.

钱海忠, 武芳, 陈波, 等. 2007. 采用斜拉式弯曲划分的曲线化简方法[J]. 测绘学报, 4: 443-449, 456.

钱海忠, 武芳, 王家耀. 2012. 自动制图综合及其过程控制的智能化研究[M]. 北京: 测绘出版社.

邵黎霞, 何宗宜, 艾自兴, 等. 2004. 基于 BP 神经网络的河系自动综合研究[J]. 武汉大学学报（信息科学版）, 29（6）: 555-557.

谭笑. 2005. 基于知识的线状水系要素自动综合研究[D]. 郑州: 中国人民解放军信息工程大学.

谭笑, 武芳, 黄琦, 等. 2005. 主流识别的多准则决策模型及其在河系结构化中的应用[J]. 测绘学报, 34（2）: 154-160.

王家耀, 等. 1993. 普通地图制图综合原理[M]. 北京: 测绘出版社.

王峻. 2006. 朴素贝叶斯分类模型的研究与应用[D]. 合肥: 合肥工业大学.

毋河海. 1995. 河系树结构的自动建立[J]. 武汉测绘科技大学学报, 20（S）: 7-14.

毋河海. 2003. 数字曲线拐点的自动确定[J]. 武汉大学学报（信息科学版）, 3: 330-335.

武芳. 1994. 数字河流数据的自动综合[J]. 解放军测绘学院学报, 11（1）: 38-42.

武芳, 邓红艳. 2003. 基于遗传算法的线要素自动化简模型[J]. 测绘学报, 4: 349-355.

武芳, 谭笑, 王辉连, 等. 2007. 顾及网络特征的复杂人工河网的自动选取[J]. 中国图象图形学报, 12（6）: 1103-1109.

武芳, 朱鲲鹏. 2008. 线要素化简算法几何精度评估[J]. 武汉大学学报（信息科学版）, 6: 600-603.

张青年. 2006. 顾及密度差异的河系简化[J]. 测绘学报, 35（2）: 191-196.

张青年. 2007. 逐层分解选取指标的河系简化方法[J]. 地理研究, 26（2）: 222-228.

张青年, 廖克. 2001. 基于结构分析的曲线概括方法[J]. 中山大学学报（自然科学版）, 40（5）: 118-121.

赵春燕. 2004. 水系河网的 Horton 编码与图形综合研究[D]. 武汉: 武汉大学.

周志华. 2016. 机器学习[M]. 北京：清华大学出版社.

朱鲲鹏，武芳，王辉连，等. 2007. Li-Openshaw 算法的改进与评价[J]. 测绘学报，4：450-456.

翟仁健，薛本新. 2007. 面向自动综合的河系结构化模型研究[J]. 测绘科学技术学报，24（4）：294-298，302.

翟仁健，武芳，邓红艳，等. 2006. 基于遗传多目标优化的河流自动选取模型[J]. 中国矿业大学学报，35（3）：403-408.

Chrobak T. 2000. A numerical method for generalizing the linear elements of large-scale maps，based on the example of rivers[J]. Cartographica：The International Journal for Geographic Information & Geovisualization，37（1）：49-56.

Douglas D H，Peucker T K. 1993. Algorithms for the reduction of points required to represent a digitized line or its caricature[J]. Canadian Cartographer，10：112-122.

Jiang B，Byron N. 2003. Line Simplification Using Self-Organizing Maps[R]. HongKong：A Working Paper Presented at ISPRS Workshop on Spatial Analysis and Decision Making.

Li Z L，Openshaw S. 1992. Algorithms for objective generalization of line features based on the natural principle[J]. International Journal of Geographical Information Systems，6（5）：373-389.

Nakos B，Mitropoulos V. 2003. Local length ratio as a measure of critical point detection for line simplification[A]. Paris：Symposium of the 5th ICA Workshop on progress in Automated Map Generalization.

Paiva J，Egenhofer M J，Frank A U. 1992. Spatial Reasoning about Flow Directions：Towards an Ontology for River Networks[C] // Proceedings of the XVII International Congress for Photogrammetry and Remote Sensing. Vienna：ISPRS：224-318.

Teh C H，Chin R T. 2004. On the detection of dominant points on digital curves[J]. IEEE Transactions on pattern Analysis and Machine Intelligence，11（8）：859-872.

Thomson R C，Richardson D E. 1999. The Good Continuation Principle of Perceptual Organisation Applied to the Generalisation of Road Networks[C]//Proceedings of 19th International Cartographic Conference. Ottawa：ICA，1215-1223.

Wang Z S，Muller J C. 1998. Line generalization based on analysis of shape characteristics[J]. Cartography and Geographic Information Systems，25（1）：3-15.

# 第8章　基于CGC的制图综合知识服务架构及系统实现

从知识编码的角度来看，单个案例本身就是一条关于某个要素对象的制图综合知识（郭艳红和邓贵仕，2004；汤文宇和李玲娟，2006）。一定数量的CGC，通过不同的机器算法可以转化为不同类型的具有一定普适性的制图综合知识，并且随着案例的积累和更新，CGC的潜能将被进一步放大。

在制图综合知识库的研究中，长期以来，其以产生式规则作为制图综合知识的表达形式，或是以模型化、算法化的方式进行知识建模，知识库管理的对象主要是规则或者模型，缺乏对CGC的有效组织和管理，从而难以为当前CGC驱动的智能化制图综合提供科学支持（郭庆胜，1999；谭笑，2005；宋鹰和何宗宜，2009）。面对基于案例的新型制图综合知识获取手段，需要研究适配于CGC组织和管理的制图综合知识管理系统。

据此，本章提出以CGC为核心的制图综合知识服务架构，根据CGC描述型、几何型和视觉型的三类划分，设计了基于CGC的制图综合知识模型，针对不同种类案例和衍生知识类型存储的数据结构，制定了案例组织、管理和使用的基本流程，设计了基于案例的制图综合知识库系统的逻辑架构，开发实现了基于CGC的自动制图综合实验系统，使得以CGC形式存在的制图综合经验数据能被有效地组织、管理和利用，从而为案例驱动的智能化制图综合提供支撑。

## 8.1　基于CGC的制图综合知识模型

### 8.1.1　基于CGC的知识模型组成

知识模型（Knowledge Model）就是将知识进行形式化和结构化的抽象。传统制图综合系统中采用产生式表示法表示制图综合知识，即将知识形式化表达为产生式规则的形式。由于案例类型和机器学习算法的多样性，基于案例得到的制图综合知识其表现形式也多种多样。当前CGC按照表达类型划分为三类，分别为：描述型CGC、几何型CGC、视觉型CGC，它们分别涵盖了语义描述、几何描述和图形描述三种常见的地理空间实体表达方式。由三种不同类型CGC进行推理和学习得到的衍生知识类型包含典型案例、产生式规则和分类模型三类。在CGC类型划分的基础上，本节设计了基于CGC的制图综合知识模型（图8.1），其由内外两部分组成。

（1）内部。案例库（包含描述型、几何型和视觉型3种类型的CGC）。

（2）外部。知识库（包含典型案例、综合规则、分类模型、阈值规则和视觉分类模型5种类型的知识）。

对基于 CGC 的制图综合知识模型进行科学架构是设计基于案例的制图综合知识库的基础，知识库将按照以上的知识模型设计对案例数据及其衍生知识进行组织和管理。

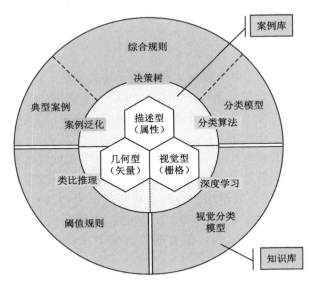

图 8.1　基于 CGC 的制图综合知识模型

值得说明的是，本节提出的基于 CGC 的制图综合知识模型是针对 CGC 及其衍生知识的管理所提出的，其目的是作为制图综合知识体系的补充，并不表示将其替代所有类型的制图综合知识。例如，当前在制图综合过程中发挥重要作用的各类算法和模型仍是十分重要的制图综合知识类型。

### 8.1.2　三种案例及其衍生知识特点

在以 CGC 为核心的知识服务架构中，不同类型的案例与推理方式的组合生成不同类型的衍生知识。例如，描述型案例通过案例泛化产生的典型案例对应于知识表示中的框架表示法（赵卫东等，2000）；描述型案例利用决策树算法生成的规则对应于知识表示中的产生式规则知识；由几何案例类比推理得到的最优阈值设置，可以看作是以制图综合环境描述为前置条件、阈值设置为推理结果的产生式规则知识；通过其他机器学习算法得到的分类模型以及视觉案例训练得到的机器视觉分类模型则属于知识的过程表示法。三种类型的 CGC 推理方式及其衍生知识类型对比如表 8.1 所示。

表 8.1　三种类型 CGC 推理方式及其衍生知识类型归纳表

| 案例类型 | 主要推理方式 | 衍生知识类型 |
| --- | --- | --- |
| 几何型 | 类比推理 | 产生式规则 |
| 描述型 | 类比推理、监督学习 | 典型案例、产生式规则、分类模型 |
| 视觉型 | 机器视觉 | 视觉分类模型 |

不同类型的 CGC 及其衍生知识有其特定的适用范围和特点，在使用时需根据具体的制图综合任务进行选择。三种类型的 CGC 的适用范围、优势和局限对比如表 8.2 所示。

**表 8.2　三种类型 CGC 适用范围、优势和局限归纳表**

| 案例类型 | 适用范围 | 优势 | 局限 |
|---|---|---|---|
| 几何型 | 要素几何形态变化问题 | 案例形式简单，易获取 | 依赖于相似性指标设计 |
| 描述型 | 多指标模糊判断（分类）问题 | 推理方式多样，衍生知识类型丰富 | 需人工设计特征项 |
| 视觉型 | 存在复杂干扰的模式识别问题 | 鲁棒性强，无须人工设计特征 | 案例（视野）为固定的正方形区域 |

综上所述，基于 CGC 的制图综合知识模型是多种知识类型的综合体，各类知识在解决制图综合阈值推理、多指标模糊决策以及模式识别等方面发挥作用。随着研究的深入，还将可能有其他类型的案例衍生知识出现，并加入基于 CGC 的制图综合知识服务架构中。

## 8.2　CGC 的获取及存储

### 8.2.1　案例来源

CGC 可以看作是专家对制图综合问题决策的记录。从记录产生的手段来看，可以分为两种案例获取方式：一种是实时记录专家制图综合操作；另一种是从多尺度数据中自动提取。这两种方式主要针对的是描述型案例和几何型案例。视觉型案例的获取则需要设计自动采样方法并对采集的样本进行人工标记。

不同类型 CGC 的案例采集方式对比如表 8.3 所示。前文已经对从多尺度数据中提取以及采用矢量计算进行批量采样的自动案例获取方式进行了介绍，在此不再赘述。下面着重介绍案例采集的实时控制原理，以及案例建库流程。

**表 8.3　三种类型 CGC 的案例采集方式**

| 案例类型 | 案例主体采集方式 | 案例标记采集方式 |
|---|---|---|
| 描述型 | 实时记录、自动提取 | 实时记录、自动提取 |
| 几何型 | 实时记录、自动提取 | 人工设计相似性计算函数 |
| 视觉型 | 自动采样 | 人工标注、自动提取 |

#### 1. 案例采集的实时控制原理

对专家的制图综合过程进行记录是最直接的案例获取手段。将专家的制图综合过程转化为案例的关键在于，对操作对象和操作结果进行记录，并能够实时地与专家当前的综合结果保持同步。考虑到制图综合过程往往不是一次性完成的，有时候制图专家需要反复修改，撤销之前的操作。因此，对于案例的实时记录而言，需要一个能够实现与制图专家实时同步的策略。为了提高实时案例记录的便捷性，下面设计了基于 CGC 的控制链（简称"CGC 控制链"）的案例半自动采集工具，如图 8.2 所示。

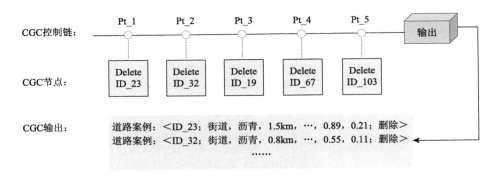

图 8.2　CGC 控制链示意图

自动制图综合链的概念最早由钱海忠（2006 年）提出，目的是把抽象的制图综合操作过程化、任务化、步骤化，并把制图综合任务转化为计算机环境下自动执行与优化的操作链（钱海忠等，2012）。CGC 控制链的概念为：由时间序列上的多个制图综合操作案例节点组成的一连串案例的集合。CGC 控制链采用链表式的数据结构，其主要功能包括：

（1）添加节点，将制图员每一步的制图综合操作和操作对象作为节点，依次存储；

（2）查找节点，通过链表的查找功能，实现对历史综合操作的回溯；

（3）删除节点，制图员可通过删除任意节点实现对指定综合操作的撤销，相应的案例记录也被删除；

（4）修改节点，制图员可以直接对节点的综合操作记录进行修改，从而改变案例的综合标记（$L$）记录的值；

（5）节点输出，将 CGC 节点对应的目标对象、综合操作及其特征描述项组合，输出为案例格式的记录，保存到案例库中。

利用 CGC 控制链对专家制图综合过程进行记录、管理、查看和输出，制图员能够灵活地控制整个制图综合过程，对每一步制图综合操作进行有效地存储、查看、撤销和修改，并将最终 CGC 链输出成案例格式，分类存储在案例库中。

案例实时采集与从成果数据中自动提取案例这两种案例获取手段并不矛盾，而是相互补充的关系。这几种自动、半自动的 CGC 采集方法可以在短时间内获得大量的专家综合案例。

2. 案例建库流程

CGC 知识库需要针对两种不同的案例获取方式提供不同案例入口。案例入口的工作流程如图 8.3 所示。

一旦确定了案例的表达形式，同一工作组下的制图员都可以成为案例的提供者，通过统一的案例库入口将采集的案例进行汇总。同时，面向系统的使用者，设计向导式的案例获取工具，降低案例录入的难度。

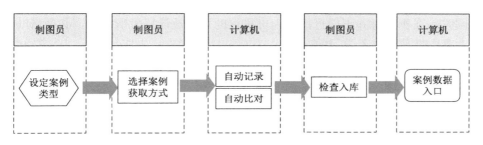

图 8.3　案例入口的工作流程

## 8.2.2　存储格式

案例的形式和内容具有多样性，在设计案例的数据结构时需要考虑系统的维护、复用以及拓展方面的需求。在本章基于 CGC 的知识系统中，采用面向对象的设计方法，设计了两层的 CGC 数据结构：案例库类（Case-base Class）和案例类（Case Class），如图 8.4 所示。

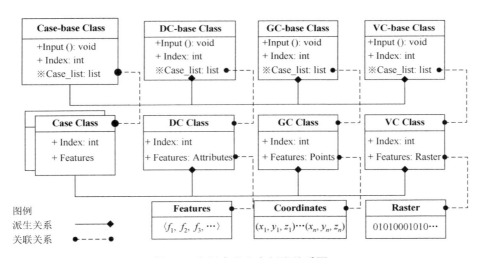

图 8.4　案例库类和案例类关系图

案例表达类型的不同导致案例存储方式存在差别。案例库类的基本成员包括案例导入函数［Input（）］、案例库编号（Index）和案例链表（Case-list）。案例类的基本成员包括案例编号（Index）和案例对象主体（Features）。案例对象以链表的形式存储在案例库对象中。不同类型的案例对象存储的案例主体不同，描述型案例存储的是制图综合要素对象的属性描述值，几何型案例存储的是案例对象的坐标信息，视觉型案例存储的是作为样本的栅格数据。

## 8.3　CGC 知识库组织管理和使用

在获取了各类 CGC 后，有效地组织和管理案例是有效利用案例数据进行知识挖掘的关键。同时，案例本身并不能直接作为可执行的知识被计算机所利用，必须借助检索机制，或者案例推理和机器学习的方式。

### 8.3.1 案例预处理

案例预处理的目的主要是对案例的格式进行统一，以及对案例数据集进行优化。针对不同的案例类型特点，需采取不同的预处理手段。

1. 描述型案例预处理

描述型案例的预处理操作主要针对的是案例的特征项，以及根据特征项进行噪声案例的剔除。其主要包括两个方面：

（1）对案例特征项的格式进行数值化和标准化（归一化）。数值化也就是将特征项中的标准型特征项转化为数值型特征项，其目的是便于案例推理过程中的计算；标准化的目的是消除各个特征项之间不同量纲对计算的影响。不同算法对于是否需要数值化和标准化的要求不尽相同，需要根据算法要求进行选择（表 8.4）。

表 8.4 不同监督学习算法的特征项预处理要求

| 预处理要求 | KNN | 线性回归 | 决策树 | NB | SVM | 神经网络 |
|---|---|---|---|---|---|---|
| 是否需要数值化 | Yes | Yes | No | Yes | Yes | Yes |
| 是否需要标准化 | Yes | Yes | No | No | Yes | Yes |

（2）对案例特征项进行补充和筛选（降维）。在自动获取描述型案例后，为了优化案例的特征空间，需要对案例特征项进行补充。同时，消除冗余的特征项，也称为特征项筛选或降维。在案例推理过程中，某个特征项对推理结果影响很小或多个特征项之间存在较强关联，都称为特征项冗余。大量冗余的特征项不仅增加存储负担，而且影响机器学习的泛化性能和运行效率。因此，需要通过特征过滤去除掉多余的特征项，特征过滤的评价方法主要有：方差法、相关性法、信息增益法等，其中信息增益法为最为常见的特征选择方法（孙鑫，2013）。

2. 几何型案例预处理

几何型案例的预处理主要是在案例的自动获取过程中，剔除可能存在的噪声案例。例如，①作为案例来源的不同尺度数据的部分要素间存在较大的位置偏差，导致匹配结果的不完整；②要素数据存在拓扑错误，出现断开的情况导致无法正确地进行接链，从而影响案例要素的完整性。

3. 视觉型案例预处理

视觉型案例预处理主要依赖于人工检查，主要包括三个方面：①案例标记检查，对错误的标记进行更正；②案例顺序打乱，进行随机排列，以消除在训练时可能产生的系统误差；③案例数据增强，根据制图综合视觉案例的方向不变性，对案例进行旋转、镜像的变换得到新的案例。

## 8.3.2　案例库元数据和索引

设计元数据和索引的目的是提高案例库管理的自动化程度。案例管理的元数据是关于制图综合专家案例数据的描述数据，包括案例的来源、适用范围、可信度和权威性等信息，其是有效组织、管理和利用 CGC 的关键信息。通过案例库元数据信息，案例的使用者可以清楚地掌握该案例的适用范围和预期效果，便于使用者对案例进行正确选择。

如图 8.5 所示，通过元数据信息，案例的管理者和使用者可以直观地了解案例的基本信息，指导其对案例的使用。在元数据的基础上，通过提取关键词的方式建立案例库索引，从而对案例库进行有效组织。不同的案例库主要是依据不同的案例类型、综合环境以及比例尺来区分的。本节以元数据中案例类型、地图类型、地区类型和比例尺范围为关键字建立多级索引，如图 8.6 所示。索引的建立能够方便案例管理者和制图员快速地找到所需要的案例，提高管理和维护制图综合专家案例库的效率。

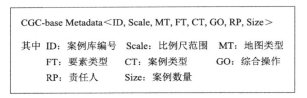

图 8.5　案例库元数据信息示意图

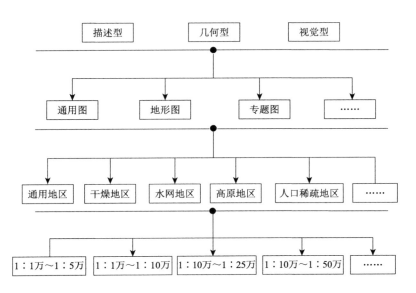

图 8.6　制图综合专家案例库索引示例

### 8.3.3　案例知识转化

知识是案例学习和推理的最终产物，案例的有效利用在于将案例通过机器学习和案例推理等方法转化为计算机可执行的制图综合知识。如图 8.7 所示，下面将知识转化的实现分为两个模块：一是学习工具管理模块，二是衍生知识管理模块。

1. 学习工具管理

按照案例衍生知识类型的不同，将 CGC 的推理方式划分为三种（图 8.7）：一是采用案例类比推理的学习方式；二是采用案例归纳推理的学习方式；三是采用机器学习方法建立分类模型的学习方式。

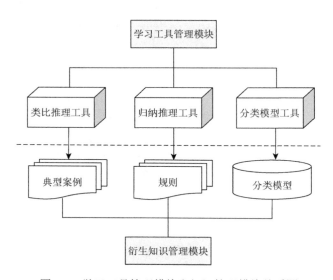

图 8.7　学习工具管理模块和知识管理模块关系图

三种方式所依赖的不同学习手段统称为推理机，由 CGC 知识库中的"学习工具"模块进行统一管理。案例在不同类型推理工具作用下能够得到不同类型的制图综合知识：类比推理工具的主要功能是对案例的快速检索和基于案例的相似性计算，以泛化后的典型案例作为新生成的知识；归纳推理工具的核心是决策树方法，生成可用于指导制图综合决策的 If-Then 类型规则，产生的规则作为制图综合知识进行管理；分类模型工具的核心是各种机器学习的算法，如支持向量机（SVM）、朴素贝叶斯模型、人工神经网络、深度神经网络等，生成的分类模型作为制图综合知识进行管理。

2. 衍生知识管理

根据基于 CGC 的制图综合知识模型，可知衍生知识管理的对象包括两部分：原型案例和衍生知识。原型案例是通过案例获取手段得到的未经过加工的原始案例数据。衍生知识是由原型案例通过各种案例推理和机器学习方法得到的用于执行自动制图综合过程的知识。根据知识转化手段的不同，衍生知识管理模块管理的知识对象分为三种类型：典型案例、典型规则和分类模型。三种类型的内容、存储方式和文件格式的对比如表 8.5 所示。\*.data、\*.rul 和\*.mod 为本节设计的不同知识类型的文件格式。

**表 8.5　三种不同类型的案例衍生知识对比**

| 知识类型 | 内容 | 存储方式 | 文件格式 |
| --- | --- | --- | --- |
| 典型案例 | 泛化后的案例库 | 以案例的形式进行存储 | *.data |
| 典型规则 | 由案例生成的 If-Then 规则 | 以规则语句的形式进行存储 | *.rul |
| 分类模型 | 利用机器学习方法得到的分类模型 | 以描述文件 + 参数文件的形式进行存储 | *.mod + 参数文件 |

### 8.3.4　知识库更新与共享

一个健康可持续使用的知识库需要实时地更新和维护。知识库的组织和管理不仅要使知识成为有结构和有组织的体系，还应该使其易于学习和分享，即便于更新和共享。基于案例的制图综合知识在更新和共享方面具备天然的优势（李建洋等，2007）。

#### 1. 更新机制

CGC 库采用增量更新的机制，在旧案例的基础上补充新的案例，并利用学习工具更新案例的衍生知识。案例的更新可分为三种不同的方式：①采集新的 CGC；②制图员对案例库直接进行修改；③案例应用于综合实践后的反馈。

新的案例入库前，为了确保加入正确的案例库以及案例格式的统一性，需要进行案例的一致性检查，主要检查项如表 8.6 所示。下标 a 表示入库前的某原始案例库各项元数据信息，下标 b 表示即将入库的案例数据各项元数据信息。若属于同一案例库，则将新案例库中的案例加入旧案例库中；若不属于同一案例库，则需要新建新的案例库对其进行存储。第三条检查项专门针对描述型案例，以确保案例内部格式的统一。

**表 8.6　案例更新检查项**

| 检查项 | 检查语句 | 说明 |
| --- | --- | --- |
| 制图综合环境一致性 | If(Scale$_a$ = Scale$_b$ & MT$_a$ = MT$_b$ & FT$_a$ = &GO$_a$ = GO$_b$) | 若否，则属于不同案例库 |
| 案例的类型一致性 | If(CT$_a$ = CT$_b$) | 若否，则属于不同案例库 |
| 案例特征项一致性 | If($F_a \in F_b$) | 若是，去除多余特征项；若否，补充缺失项 |

制图综合的主观性决定了知识应来源于制图综合专家或是经验丰富的制图者。一直以来，传统的产生式规则库依赖于制图研究者的手动更新，且需要经历与制图专家交流

以及形式化表达的过程。然而，让算法的研究者对制图综合知识库进行持续更新是十分困难的，且很多知识隐藏于作业的过程中具有一定的模糊性，作为非作业人员的研究学者很难领会这些知识并将其形式化表达。基于制图综合专家案例的知识库为制图综合知识更新这一难题找到了一条新的出路。案例形式的制图综合知识直接来源于制图者，避开了制图者与研究人员的转述环节，在一定程度上避免了信息畸变。

### 2. 共享机制

制图员脑海里的单个经验知识是孤立的、共享性弱的知识。而制图综合对于制图员的知识积累要求较高，往往具有多年制图经验的制图员才能很好地完成制图综合任务。案例的共享特性决定了其在知识积累速度上的优势，各个制图员的制图综合操作案例可以集中到统一的案例库中，基于案例推理学习到的衍生知识可以通过知识调用接口实现共享（图 8.8）。案例形式的知识收集方式能够提高团队制图作业的效率，达到集思广益的效果，实现整个制图工作组成员良性互动的协作综合机制。

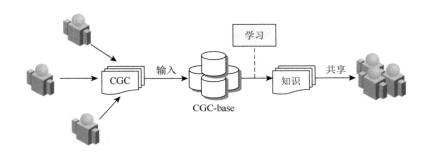

图 8.8　以 CGC 为核心的知识流

制图综合过程是一个团队协作的过程，知识在其中发挥纽带作用。而当前的制图综合系统中缺乏相关的知识共享机制，且由于传统的制图综合知识依赖于研究者的预先设定，制图员在使用过程中难以对知识库进行补充、修改以及更新。在案例的集群共享机制的辅助下，单个制图员的综合效率将会得到显著的提高，特别是业务生疏的新手能够在短时间内在 CGC 库和知识库的辅助下快速提高综合的效率和准确性。随着知识库的积累，案例库的指导能力日渐强大，实现了知识管理与生产作业的良性互动。

## 8.4　CGC 知识管理服务系统设计

综上，本节设计了 CGC 知识管理服务系统的逻辑架构（图 8.9）。为了便于功能的拓展，系统采用模块化的构建方式，共分为五个功能模块，即案例获取模块、案例管理模块、学习工具模块、知识管理模块和知识调用模块。

系统运行的流程如下：①通过案例获取模块提供的案例获取接口获得原始案例；②由案例管理模块进行案例数据的预处理和案例增强，并在入库时生成案例元数据和索引；③案例库文件由学习工具模块进行案例知识的加工，生成可用于制图综合的典型案例、典型规则和分类模型；④知识管理模块对典型案例、典型规则和分类模型进行建库管理，按照案例库的索引方式建立知识库索引；⑤制图员通过知识调用接口对各类知识进行调用，并且通过知识共享接口进行分发。

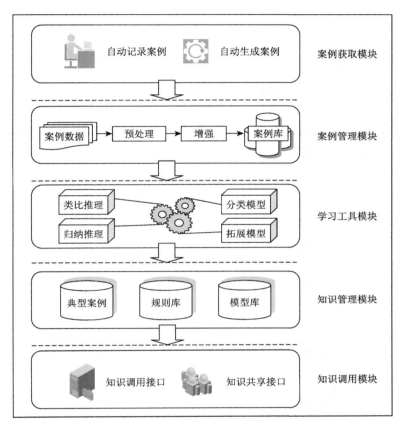

图 8.9　CGC 知识管理服务系统的逻辑架构

构建以 CGC 为核心的制图综合知识服务架构，其目的和意义体现在以下几个方面：

（1）让制图员成为制图综合经验知识的收集和管理者。通过各功能模块的使用，制图员也可以实现制图综合知识的自主收集、管理和使用，而不是完全被动地依赖于研发人员提供固定的知识模型，其提高了自动制图综合系统的扩展性、适用性和灵活性。

（2）为制图综合案例的知识转化提供友好的环境。按照不同案例类型设计的案例获取和知识学习工具，能够为 CGC 转化为规则、模型的过程提供便利条件，从而为案例驱动的制图综合广泛应用提供技术支撑。

（3）赋予制图综合系统不断增长的生命力。在制图的交互过程中，通过案例收集和知识挖掘过程，制图综合系统具备了源源不断的知识积累和共享能力，使其在后续的各类制图综合任务中不断自我丰富和增强，进而逐步提高制图综合系统的自动化和智能化水平。

# 8.5 基于 CGC 的自动制图综合系统

## 8.5.1 实验系统概述

### 1. 系统编程环境

硬件环境与操作系统：英特尔酷睿 i5 四核处理器、8GB 内存，Windows7 系统；
软件平台：GenerMap 二次开发平台、Scikit-learn、Caffe；
编程语言：C++、Python。

系统围绕 CGC 和衍生知识的管理与应用进行功能设计，提供可选择的学习算法，以及交互式的案例编辑和应用界面。系统采用工具集成、向导辅助以及可视化显示等方式进行功能实现。

### 2. 系统组成

根据上文所归纳的系统功能框架，本节对基于案例学习的自动制图综合实验系统进行了编程实现。除基本图形操作功能外，系统分别实现了案例获取、案例管理以及案例应用等重要功能。该系统交互界面的组成主要包括三个部分，如图 8.10 所示。

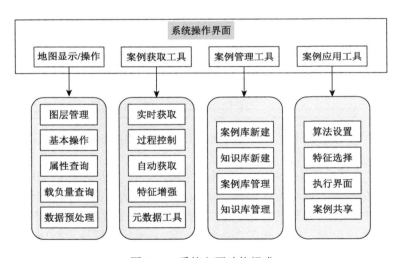

图 8.10 系统主要功能组成

### 3. 系统主界面

系统主界面如图 8.11 所示。主要的核心功能区为菜单栏、CGC 工具栏以及 CGC 信息栏，分别对应图中①②③所示区域，其中 CGC 信息栏用于案例实时采集时对案例进行查看和编辑操作；其他区域为常规的地图显示和地图操作功能区。

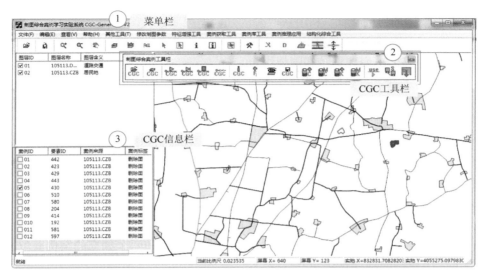

图 8.11　系统主界面

1）菜单栏介绍

菜单栏主要为案例自动采集、案例管理以及案例应用的功能入口（图 8.12）。

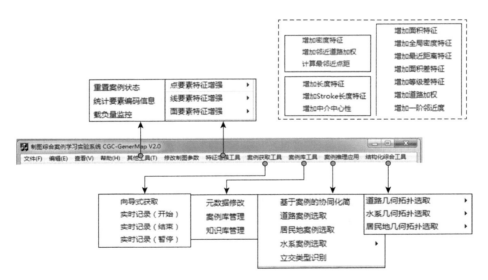

图 8.12　实验系统菜单栏功能说明

（1）通用案例获取功能。其提供了针对点、线、面要素的案例自动探测功能。目前能够自动获取到的案例主要为描述型案例（选取、删除和合并），以及几何型线要素化简案例。可自动按照给定的点坐标位置，导出不同参数大小的无标记视觉型案例（视觉型案例的标记依赖于人工）。

（2）面向要素的案例推理。利用获取到的描述型案例对常见的道路、居民地以及水系要素进行案例推理。推理的实现方式包括案例类比推理、KNN 以及决策树。

（3）基于案例的协同化简。利用获取到的几何型线要素化简案例，自动得到 Douglas-Peucker 算法、Li-Openshaw 算法、三元弯曲组算法最优阈值设定。或者通过一键式的智能化简功能自动筛选出最佳算法和阈值组合。

（4）案例库工具。主要提供构建与管理案例库和知识库的功能。包括自动化的案例获取及建库向导；对当前案例库的元数据进行修改；对案例库进行管理；根据案例库生成知识库并对知识库进行管理。

（5）特征计算工具和其他工具。用于描述型案例的特征增强，以及提供一些用于辅助要素综合的算法工具及用于辅助案例获取的查询工具。例如，重置案例状态、统计要素编码信息以及负载量可视化显示。

2）CGC 工具栏介绍

工具栏主要包括两个部分：基本操作工具栏和 CGC 工具栏，如图 8.13（a）、图 8.13（b）所示。其中，CGC 工具栏划分为三组不同的案例工具和两个独立的案例获取工具。下面对 CGC 工具栏的功能进行简要介绍。

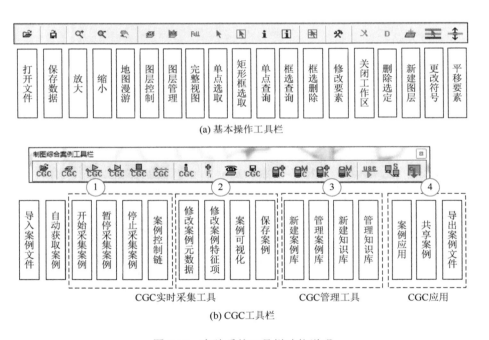

（a）基本操作工具栏

（b）CGC工具栏

图 8.13　实验系统工具栏功能说明

（1）案例文件导入。支持不同格式的案例文件导入，包括带标记的图层数据格式*.shp文件、本系统设定的案例格式*.data 文件、逗号分隔值文件格式*.csv（Comma-Separated Values）文件，以及常见的 Weka 机器学习软件使用的*.arff 格式文件。

（2）自动获取案例向导。该工具对点、线、面类型的描述型和几何型案例获取功能进行了集成，提供了向导对话框式的一键获取功能。

（3）案例实时获取工具组。如图 8.13（b）中①②所示，案例实时获取工具组用于实时采集制图员的综合操作并输出为案例格式。主要包括：新建案例采集流、修改案例元数据、修改案例特征项、案例控制链可视化显示、显示案例要素、保存案例为案例库等工具。

（4）CGC 管理工具组。该工具组功能与对应菜单栏的案例库工具功能相一致，为方便使用添加到工具栏中。

（5）案例应用工具组。该工具组的主要功能包括案例应用向导、案例共享以及导出案例文件。

4．系统业务流程

使用该实验系统进行基于案例推理的制图综合流程如图 8.14 所示。

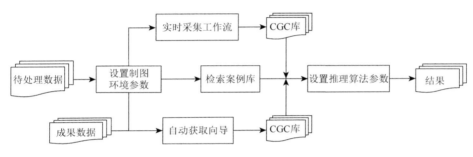

图 8.14　实验系统业务流程

实验系统执行基于案例推理的制图综合主流程为：设置制图环境参数，检索相应的案例库，设置推理参数（算法选择、算法参数设置），然后执行得到结果。除主流程相关功能外，实验系统还提供了实时采集和自动获取两种 CGC 数据获取手段，并提供案例库工具对 CGC 及其衍生知识进行管理。

## 8.5.2　系统核心功能实现

设计了多个交互对话框以方便实验系统的使用，主要功能对话框为：案例读取对话框、案例控制链对话框、案例生成向导对话框、新建案例库对话框、案例库查看与管理对话框、知识库查看与管理对话框，以及案例与知识应用对话框。

1．新建案例库文件

1）读取已有案例文件

系统提供了支持多种格式的案例文件读取工具（图 8.15），可通过该工具读取已有的案例数据文件。

2）实时采集与过程控制

将图层设置为可编辑状态，点击"开始采集案例"工具按钮，即开始记录当前编辑的要素及其相关案例信息。记录内容包括要素 ID、所在图层和制图综合操作标记。

采集过程可通过案例控制链对话框，对每一个步骤进行可视化显示和查询，如图 8.16 所示。

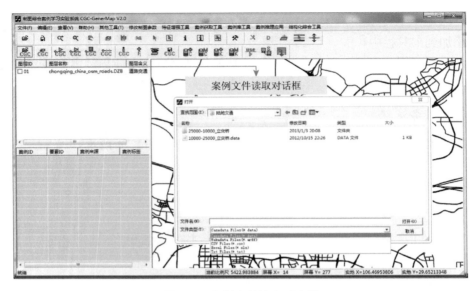

图 8.15　案例文件读取示意图

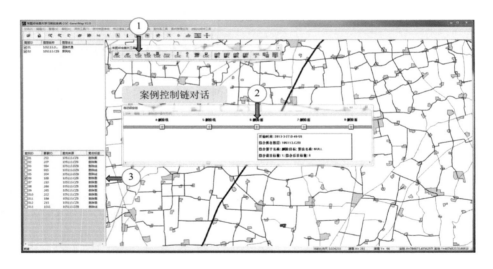

图 8.16　CGC 采集控制链可视化窗口

通过点击对话框中任意节点（图 8.16 中②）可定位到该案例要素，并显示该案例要素的相关信息。进一步地，可通过删除节点的方式对任意案例对象的操作进行撤销，确保案例采集的可控性和准确性。

3）向导式自动采集

如图 8.17 所示，通过案例获取向导，可以设置案例生成的方式以及案例类型、要素类型以及案例来源图层等信息（图 8.17 中①）；点击存储位置按钮（图 8.17 中②）弹出新建案例库对话框，导入目标库可由新建案例库对话框进行新建（图 8.17 中③），或是直接在案例库列表中勾选已经存在的案例库作为导入目标库。

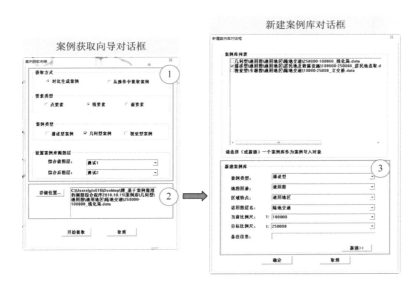

图 8.17　案例获取向导和新建案例库对话框

各类型案例采用不同的案例文件形式进行存储。如图 8.18 所示，描述型案例以.data 格式文件存储，不需要额外存储其他格式文件。在案例库应用对话框中可以查看到描述型案例记录的所有信息。

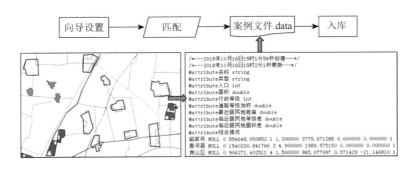

图 8.18　描述型案例采集过程示意图

如图 8.19 所示，几何型案例在存储时，案例的主体以图层的形式记录几何坐标信息，附加关联案例图层的描述文件*.info 在同一目录存放，用于数据库的读取和管理。描述文件中记录了案例的 ID、长度，以及节点数量等信息，便于在案例库管理对话框中进行预览。

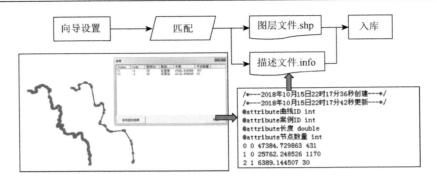

图 8.19　几何型案例采集过程示意图

如图 8.20 所示，视觉型案例除描述文件外，*.info 在同一目录下存放测试集、训练集数据（*jpg），以及相应标记文件（*.txt）。系统通过读取描述文件，将案例加载到案例对象中。

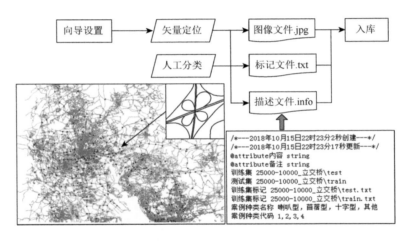

图 8.20　视觉型案例采集过程示意图

4）描述型案例特征项管理工具

A. 案例特征项增强工具

描述型案例在采集前，需根据具体制图综合任务需求对要素特征属性进行增强，增加必要的与综合操作相关的特征描述参量。计算结果记录在属性表中，其随案例的获取过程最终导出为案例特征项（图 8.21）。

B. 案例特征项管理工具

系统提供了案例的特征项定制功能，如图 8.22 所示。制图员可根据要素综合时所考虑的不同因素对案例的描述项进行添加和删改；对需要进行数值化的要素项进行赋值；利用归一化功能对特征值进行归一化处理。

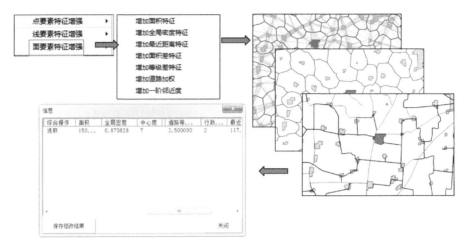

图 8.21　描述型案例特征项增强工具示意图

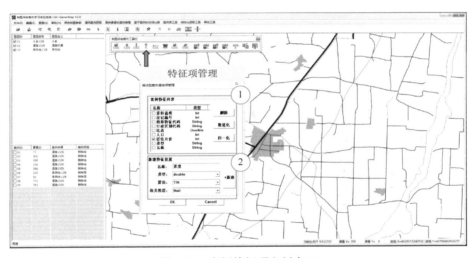

图 8.22　案例特征项定制窗口

**2. 案例库和知识库新建与管理**

**1）案例库管理窗口**

图 8.23 为案例库查看与管理窗口，其提供案例新建、移除、合并以及共享等操作，案例库和知识库采取共享目录的方式实现同一局域网络下的共享，或通过直接导出描述文件及其附属文件的方式进行共享。点击对话框的"生成规则"或"训练模型"按钮，将弹出案例推理算法参数设置窗口。

**2）案例推理算法参数设置和知识库管理窗口**

由于各算法的参数数量和格式均不相同，本系统采用读取参数文件的方式进行算法参数设置。窗口提供了不同的机器学习算法选择以及导入算法的参数文件（*.set）功能，并针对描述型案例提供了特性项筛选功能，可手动或者自动筛选案例特征项。生成的知识库文件由知识库管理窗口（图 8.24）进行管理。

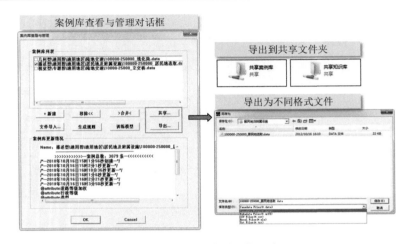

图 8.23　案例库查看与管理窗口

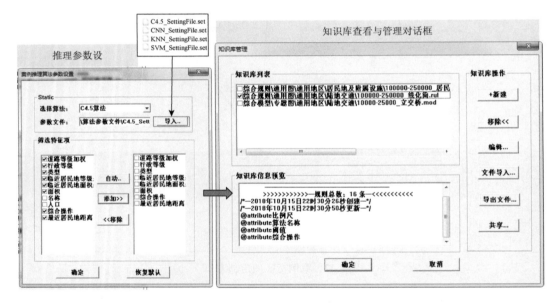

图 8.24　知识库管理窗口

知识库文件分为规则（*.rul，图 8.25）和模型（*.mod，图 8.26）两种。由于各种分类模型的格式难以统一，因此模型文件中记录的内容为生成的分类模型名称、存放位置，以及训练正确率等信息。模型的使用通过调用机器学习接口并输入模型文件来实现。

3. 案例与知识的应用

1）案例库与知识库预览

窗口采用多级索引的方式对案例库和规则库进行展示，如图 8.27①②所示。窗口提供了案例和知识文件的预览功能（图 8.27③），如双击案例内容预览中的视觉型案例测试集或训练集，即可查看训练集和测试集中的视觉案例图像。

(a)描述型CGC生成的居民地综合规则文件

(b) 几何型CGC生成的线要素化简规则文件

图 8.25　以规则（记录）形式存储的制图综合知识

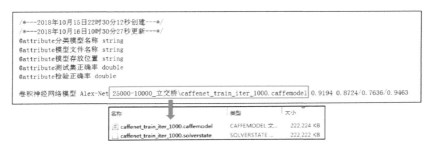

图 8.26　以分类模型形式存储的制图综合知识

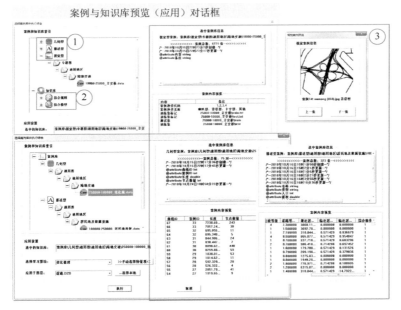

图 8.27　案例库和知识库查看与应用窗口

2）算法调用

系统中的学习算法采用调用外部接口的形式来实现。接口主要来源于以下两款软件：

（1）Python 环境下的 Scikit-Learn（sklearn）。利用 sklearn 系统初步集成了：KNN、C4.5、NB 等基础的监督学习算法，目前系统采用在 C++环境中调用.py 文件的方式使用 sklearn 中的各类算法。

（2）C++环境下的 Caffe。调用深度神经网络开源平台 Caffe 提供的可执行文件和超参数文件，实现卷积神经网络的训练和使用，目前系统采用在 C++环境中执行 system（）语句实现命令行调用。

调用语句相关代码如图 8.28 所示。

```
{···//                                              调用Scikit-Learn中的监

   pModule = PyImport_ImportModule("UseC4.5_Test");

   pFunc = PyObject_GetAttrString(pModule, "c4.5Trian");

}

{···//                                              调用Caffe中的CNN训练

  {

   Cstring str =
"E:\\caffe\\caffe-master\\Build\\x64\\Debug\\caffe.exe  train
--solver=E:/caffe/caffe-master/examples/myfile4/solver.prototxt

   pause  "

   System(str);

  }

  {
```

图 8.28　机器学习算法的调用示例

3）案例应用

可在案例与知识库预览（应用）对话框中选择案例库、推理方式和应用的目标图层。如图 8.29 所示，图中展示了利用三种不同类型 CGC 执行自动制图综合任务的过程。

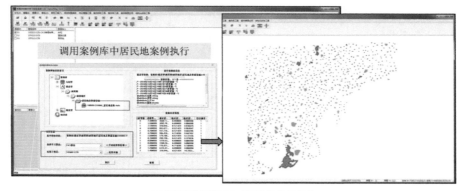

(a) 利用描述型CGC对居民地进行综合

(b) 利用几何型CGC对线要素进行化简

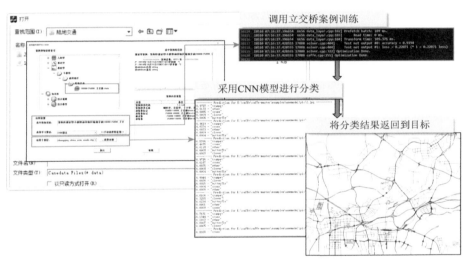

(c) 利用视觉型CGC对立交桥进行识别

图 8.29　制图综合知识应用

　　选中的案例库一旦执行过一次综合，系统将自动生成规则或者模型参数保存在知识库中，再次使用该案例时，则自动调用算法对应的综合规则或综合模型；制图员也可以直接选择已经生成的知识库执行自动综合操作。

# 8.6　小　　结

　　基于 CGC 的制图综合知识获取，制图综合知识的来源更加多元化。本章提出的以 CGC 为核心的制图综合知识服务架构，弥补了传统的基于规则的知识模型在知识获取、更新和共享上的不足。其中，重点阐述了 CGC 的获取、管理、更新和共享的工作原理和流程，提出了 CGC 知识库的系统架构设计，为案例驱动的智能制图综合方法实现提供了技术和理论支撑，使基于案例的制图综合知识能够在统一的系统框架下进行获取、管理、使用、更新和共享。通过以 CGC 为核心的知识服务架构，制图员能够自主管理和利用制图综合经验数据，制图综合系统能够在地图生产的同时进行制图综合知识的积累和共享，从而不断丰富制图综合知识的内容，提升系统的学习优化能力，增强系统的适用性、拓展性以及自动化和智能化水平。

同时，本章设计开发了基于 CGC 的自动制图综合实验系统，初步实现了案例的获取、存储、管理和使用，系统实现的重点在于案例的自动获取、动态记录、预处理与增强、案例和知识的文件管理以及机器学习算法的调用。为增强易用性，系统采用模块化和向导的方式对各项功能进行了实现。

# 参 考 文 献

郭庆胜. 1999. 地图综合知识的获取方法与应用策略分析[J]. 测绘信息与工程，2：27-31.

郭艳红，邓贵仕. 2004. 基于事例的推理（CBR）研究综述[J]. 计算机工程与应用，40（21）：1-5.

李建洋，陈雪云，刘慧婷，等. 2007. 基于案例推理中案例表示的研究[J]. 合肥学院学报（自然科学版），17（3）：26-29.

钱海忠，武芳，王家耀. 2006a. 自动制图综合链理论与技术模型[J]. 测绘学报，35（4）：400-407.

钱海忠，武芳，王家耀. 2006b. 自动制图综合链与综合过程控制模型[J]. 中国矿业大学学报，35（6）：787-791.

钱海忠，武芳，王家耀. 2012. 自动制图综合及其过程控制的智能化研究[M]. 北京：测绘出版社.

宋鹰，何宗宜. 2009. 基于粒计算的制图综合知识获取模型研究[J]. 武汉大学学报（信息科学版），34（6）：748-751.

孙鑫. 2013. 机器学习中特征选问题研究[D]. 长春：吉林大学.

谭笑. 2005. 基于知识的线状水-系要素自动综合研究[D]. 郑州：中国人民解放军信息工程大学.

汤文宇，李玲娟. 2006. CBR 方法中的案例表示和案例库的构造[J]. 西安邮电学院学报，11（5）：75-78.

赵卫东，李旗号，盛昭瀚. 2000. 基于案例推理的决策问题求解研究[J]. 管理科学学报，4：29-36.